ライブラリ 物理学グラフィック講義＝別巻4

グラフィック演習
量子力学の基礎

和田 純夫 著

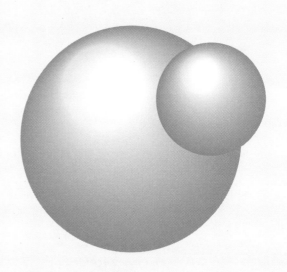

サイエンス社

サイエンス社のホームページのご案内
http://www.saiensu.co.jp
ご意見・ご要望は　rikei@saiensu.co.jp　まで．

まえがき

　本書は演習書なので，授業の補足として，あるいは教科書の理解を深めるために使っていただければ幸いである．構成は姉妹書である『グラフィック講義』に合わせているが，他の教科書にも合った内容にしたつもりである．

　本書では問題は各章ごとに，レベルを3つに分けてある．第1段階の「理解度のチェック」は，その章を理解するために必要な基礎的知識をチェックすることが主な目的である．第2段階の「基本問題」は，まさにその章で学ぶべき知識の主要部分である．そして第3段階の「応用問題」は，基礎と名付けられている本書にしては，ややレベルアップした問題．理解の進み具合に応じて読んでいただければいいと思う．

　量子力学は簡単ではない．数学が得意な人は，物理というよりは数学の問題として理解が進むかもしれない．しかし物理として現象をしっかり理解しなければ気が済まない人は，かえって袋小路に陥る可能性もある．実際，量子力学が何であるか，専門家の間でもコンセンサスができていない．そのあたりの事情を第0章で書いた．何を言っているのかすぐにわからないかもしれないが，専門家間でさえ結論が出ていない問題に悩んで，前に進めなくなってしまうことのないようにすることが第0章の目的でもある．

　本書の構成はほぼ，姉妹書の『グラフィック講義』に沿っている．本書第5章の前後半はほぼ独立した内容だが，姉妹書のほうで単一の章にまとめたのでここでもそうした．姉妹書の第6章の内容は演習にしにくいので，本書では補章Aと補章Bにしてある．また補章Cの経路積分は，姉妹書第2章の最後に少しだけ書いたテーマである．理解が難しい量子力学を直観的にイメージするための最良の方法が経路積分だと私は思うが，少しレベルの高い話でもあるので補章Cとして分離させた．また，同じ対象が複数の章でさまざまな側面から扱われる．それについては第0章の最後を見ていただきたい．

　繰り返すが，量子力学は簡単ではないので，問題が難しいと思ったら最初から解答をちらちら見ながら解いてもいい．ただしその場合でも，自分なりの式を書いて，解答に書かれていることを納得しながら先に進んでいただきたい．実際に手を動かしながら考えるということは，演習書を学ぶときに非常に重要なことである．読者諸君の健闘を祈る．

2016年7月

和田純夫

目次

第0章　いかにして量子力学を理解するか	1
第1章　波と粒子	6
ポイント	6
理解度のチェック	10
基本問題	14
応用問題	20
第2章　シュレーディンガー方程式	22
ポイント	22
理解度のチェック	24
基本問題	28
応用問題	40
第3章　束縛状態	48
ポイント	48
理解度のチェック	52
基本問題	60
応用問題	76
第4章　角運動量とスピン	88
ポイント	88
理解度のチェック	92
基本問題	100
応用問題	110

第5章　ブラケット表示と多体系　　120

- ポイント　1. 線形代数とブラケット表示 120
- 理解度のチェック　1. 線形代数とブラケット表示 122
- 基本問題　1. 線形代数とブラケット表示 128
- 応用問題　1. 線形代数とブラケット表示 136
- ポイント　2. 多体系（多電子原子・分子） 142
- 理解度のチェック　2. 多体系（多電子原子・分子） 144
- 基本問題　2. 多体系（多電子原子・分子） 148
- 応用問題　2. 多体系（多電子原子・分子） 156

補章A　ボルンの規則・確率・相対頻度　　164
補章B　エンタングルメント・実在・デコヒーレンス　　172
補章C　経路積分　　182

類題の解答　　190
索　引　　209

第0章 いかにして量子力学を理解するか

　初めて学ぶ人にとって，量子力学は非常に奇妙な学問に見えるだろう．しかしそれは専門家にとっても同様で，量子力学とは何かということについて，基本的な点でまだコンセンサスができていない．第0章では，何が問題なのか，覚悟しておいてもらうという意味で量子力学の考え方の奇妙な点について簡単に解説をしておく．いったい何を言っているのかと思うかもしれないが，後できっと役立つはずである．

I. 現象のイメージ？

　このライブラリ（『グラフィック演習』）各巻の第0章では，物理の問題を理解するにはまず，現象がどのようなものであるか，そのイメージを把握することが重要だということを強調してきた．しかし量子力学については，ストレートに，「現象をイメージせよ」とは言えない．そもそも，20世紀の初頭に原子分子についての情報が蓄積してきたとき，それが我々の日常感覚的なイメージ，つまりそれ以前の力学（古典力学）のイメージでは理解できないことがわかったことが，量子力学出現の理由だった．

　中心に正電荷の原子核があり，その周囲に負電子の電子が存在していることがわかったときに誰でも考えた原子像は，星の周りの軌道を惑星が回るという太陽系的なイメージだった．しかしそれではうまくいかなかった．そこで，イメージはそのままだが軌道に対して条件を付け加えることが考えられ（ボーアの量子条件），さらに，その条件を説明するために，電子を，軌道を回る粒子ではなく，波として計算するという提案がなされた（ドブロイの物質波仮説…ここまでが第1章）．そして，波に対する方程式，つまり量子力学の基本方程式であるシュレーディンガー方程式が出現する（第2章）．

　しかし波として計算するにしても，電子を実際に観測すると波のようには見えない．たとえば1つの電子をスクリーンにあてると，衝突による点状の痕跡が1か所だけに出現する（ただし適切な条件のもとで無数の電子をスクリーンに当てると，無数の痕跡による波状の縞模様を生じるが…2スリット実験）．

　電子という粒子が波として計算されるのならば，同様にミクロな粒子である原子核も同様であり，原子全体も波となる．しかし多数の原子から構成されているはずの身の周りの物体は，到底，波のようには見えない．では，我々は粒子や物体に対してどのようなイメージを描けばいいのだろうか．

II. 確率波？

　イメージはともかくとして，量子力学は2本立ての理論として実用化された．1つ

の柱は**シュレーディンガー方程式**であり，これによって，粒子の状態を表す関数 $\psi(x)$ というものが計算される．ψ（プサイ）は通常，波動関数と呼ばれ，波のような形をしているが，実数とは限らず一般には複素数の値をもつ．

そしてもう 1 つの柱が**ボルンの規則**である．1 つの粒子を表す波動関数 $\psi(x)$ が広がった波になっているにしても，位置を観測すればどこか 1 か所だけに観測されるが，x という位置に観測される確率は $|\psi(x)|^2$ に比例し，観測した瞬間には，ψ は x に局在する波に収縮すると考える．これを**波の収縮**という．そして ψ は**確率波**であると言われるようになった（ボルンの規則についての詳しい解説は補章 A 参照）．

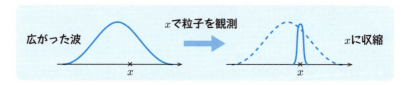

しかしここで次のような疑問が生じる．

疑問 1：観測といっても，何らかの観測装置と，観測される粒子の相互作用である．装置が原子分子から構成されているとしたら，なぜ，波の収縮という，シュレーディンガー方程式からは説明されない別個のプロセスを持ち出さなければならないのだろうか．

疑問 2：ボルンの規則の確率とは，粒子を観測したときの結果に対する確率であり，検出確率とも呼ばれる．観測する前に粒子がどこに存在するかを表す，存在確率ではない．では粒子を観測する前の ψ とは，いったい何を表しているのか．

冒頭でも述べたように，これらの疑問に対する解答に関して，専門家の間にコンセンサスはない．1920 年代末の量子力学確立期に，ボーアを中心として提唱された立場によれば，2 本立てであることは容認し，また検出前の ψ が何を表しているかは，人間の認識からはずれることなので議論すべきではないと主張される．これを，ボーアの本拠である地名にちなみ，**コペンハーゲン解釈**と呼ぶ．この解釈でも，そもそも観察とは何かという問題があるが，人間による測定結果の認識とみなす人が多いようである．

一方，観測前の ψ は，粒子の様々な状態の共存を表しているとみなす立場がある．たとえば各位置での ψ の値は，粒子がその位置にあるという状態の共存の程度（共存度）を表す．この立場を徹底させれば，観測後も，ここに観測されたという状態（世界），あそこに観測されたという状態（世界）等々が共存することになり，つまり量子

力学はシュレーディンガー方程式だけの1本立てになって，波の収縮という確率的なプロセスは否定される．この立場ではボルンの規則は，相対頻度という立場から再解釈されるが，詳しいことは補章Aで解説する．この立場は**多世界解釈**と呼ばれる．本書ではこれらの解釈問題には深入りはしないが，補章Bにも，他の量子力学の特徴とともに解説を加えたので参考にしていただきたい（あまり露骨にはならないように気を付けたが，筆者は多世界解釈の支持者である）．

さまざまな状態の共存という見方を明確にした定式が，補章Cで解説する経路積分である．これは数学的には，微分方程式であるシュレーディンガー方程式を積分方程式に書き直したものであり，立場を超えて認められている式である（これをどの程度，マクロな対象に拡張できるかについては意見の相違はある）．現象のイメージをもちにくい量子力学のイメージを頭に描くのに最適なアプローチなので，余裕があったら是非，のぞいてみていただきたい．

III. 波束

量子力学が1本立ての理論なのか2本立ての理論なのかはともかく，従来の力学（古典力学）よりも基本的な理論であり，したがって，古典力学が成功してきた現象でも成り立つはずである．1つの進路に沿って動くという古典力学的な粒子像（物体像）が成り立っている現象はいくらでもあるが，そのような現象を，粒子の状態を波動関数で表す量子力学ではどのように説明できるだろうか．

注 大きさのある物体でも，その重心は一定の進路に沿って動くというのが古典力学である．量子力学では重心の位置も波動関数で表され，一般には広がったものになってしまう．

ここで登場するのが，**波束**と呼ばれる特殊な波である．波束とは1か所だけに集中した局在した波である．

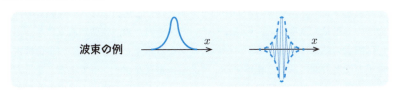
波束の例

左側の図のように単純に1か所だけ膨らんだ波もあるが，一般には膨らんだ中でも細かく波打っている．波の幅が，目には見えないほどの狭さだったら，波束は，人間の目には1か所に存在しているとしか見えない粒子（物体）に対応しているとみなすことができる．このような波は，さまざまな波長の波を重ね合わせて（束にして）作

れる．そしてこのような波束が幅を（あまり）広げずに動けば，それは古典力学での物体の動きに対応するはずである．本書では，波束の例を積極的に紹介した．また，波束の動きは古典力学での運動方程式に従うが，そのことを保証するのが，**エーレンフェストの定理**である．

もちろん，このような波束になっていない波もいくらでもあり，また，瞬間的には波束であっても，すぐに広がって形が崩れてしまう場合もある．そのような状態は典型的な量子力学的状態であり，古典力学的に解釈することはできない．

IV. 古典力学での運動量と量子力学での運動量

ここで，量子力学での**運動量**という量について説明しておこう．古典力学では運動量は「質量 × 速度」として定義される．しかし量子力学では波動関数は一般に広がっており粒子の位置が確定できず，位置の動きである速度という量は定義自体ができない（位置という量はその値は確定はしなくても定義は可能だが）．

しかし運動量と呼ばれる量は，量子力学でも非常に重要な役割をする．それは，粒子の状態を波で表したとき，その波の波長の逆数に**プランク定数 h** を掛けたものとして定義される．といっても，波は特定の波長を常にもっているとは限らず，たとえば前項の波束は，さまざまな波長の波を重ね合わせたものである．したがって波束とは，運動量が特定の値をもたない（運動量の値に広がりがある）状態ということになる．

といっても，形を崩さずに古典力学の粒子のように動く波束の場合，それは，ある特定の波長（運動量）をもつ状態と，それから少しだけずれた状態を無数に重ね合わせたものになっている（基本問題 2.12）．そしてこの，運動量の中心的な値と，波束の速度とが比例関係にある（比例係数は質量）ことが示される．つまり古典力学での運動量と量子力学の運動量は一般にはまったく別物なのだが，波束という特別な状態に限って近似的に一致するのである（波束でも運動量の値が正確に 1 つに決まっているわけではないので，「近似的に」という表現を使った）．

第 2 章で示すように，量子力学の法則を表す式は，古典力学の式の運動量の部分を量子力学の運動量で置き換えた形になっている．そのため，状態が波束になっている場合には両者の結果は一致するが，一般には異なる結果を与える．この事情は古典力学と量子力学との間の関係を理解する上で非常に重要なポイントである．量子力学では粒子の位置と運動量が同時に決まらないという話が古典力学との違いとしてしばしば重視されるが，もともと運動量の定義が違うということを忘れてはならない．

V. 問題の対象別分類

本書の章構成は姉妹書にならっているが，それは基本的には量子力学の手法，あるいは概念による分類であって，対象による分類ではない．したがって同じ対象が複数

第 0 章　いかにして量子力学を理解するか　　5

の章で，さまざまな観点から扱われる．そこでここでは読者の便宜のために，主な対象について，それがどこで扱われているか，リストにしたものを示す．学習のときの参考にしていただきたい．

井戸型ポテンシャル： 基本 2.5〜2.8　応用 2.1　類題 2.9　理解 3.3　基本 3.1　基本 3.3　応用 3.1（球形井戸型）　基本 5.5（級数展開）

粒子の波束，反射と透過： 基本 2.12 以降（波束）　応用 2.2（波束の動き）　類題 2.10（反射）　理解 3.5/3.6（反射と透過）　基本 3.4/3.5, 類題 3.9（トンネル効果）　応用 3.9, 類題 3.19（反射と透過）　類題 3.20（トンネル効果）

等加速度運動： 応用 2.3（波束）　応用 3.7/3.8, 類題 3.18（エネルギー固有状態）

調和振動（単振動）： 応用 2.4（波束）　理解 3.7（基底状態）　理解 3.9, 類題 3.4（2 次元・基底状態）　基本 3.6, 類題 3.10/3.11（エネルギー準位・励起状態）　基本 3.7, 類題 3.12/3.13（2 次元）　類題 3.16（3 次元）　応用 3.2（生成消滅演算子）　類題 3.17（波束）　類題 4.5（2 次元・3 次元の縮退）　基本 5.9（生成消滅演算子）　応用 5.6 以降（生成消滅演算子）

球関数（球対称ポテンシャルでの波の角度依存性）： 基本 3.8　基本 3.9（Φ）　基本 3.10（Θ）　類題 3.15（$\Theta\Phi$）　基本 3.12（Y_{lm}）　応用 3.3（ルジャンドルの多項式）　基本 4.3 以降（昇降演算子による計算）　類題 5.7（直交性）

水素原子（クーロンポテンシャル）： 基本 3.11（エネルギー準位・R）　基本 3.13（R_{nl}, ψ_{nlm}）　基本 3.14（原子の大きさ）　応用 3.4/3.5（ラゲールの多項式）　応用 3.6（原子の大きさ）　基本 4.8（縮退）

角運動量（スピン）の合成： 応用 4.7（$\bm{L}+\bm{S}$）　応用 4.8（$\bm{L}\cdot\bm{S}$ 結合）　応用 5.5（$\bm{L}+\bm{S}$）　理解 5.16/5.17（$\bm{S}+\bm{S}$）　基本 5.12 以降（$\bm{S}+\bm{S}$）　基本 5.16（4 電子）　応用 5.10（5 電子）　応用 5.11（10 電子）　応用 5.12（9 電子）

第1章 波と粒子

ポイント

20世紀初頭，新しい学問である量子力学が登場する背景には，物理学における2つの大きな難問があった．空洞放射（黒体放射）と原子のスペクトルという問題である．それぞれを説明しよう．

● **波長と振動数**　放射とは電磁波を意味する．詳しくは『グラフィック講義 電磁気学の基礎』を見ていただきたいが，電磁波とは電場と磁場の波であり，さまざまな**波長 λ（ラムダ）**のものがある．波長の長いほうからおおまかに分類すると，電波，赤外線，可視光線（赤から紫までの光），紫外線，X線，γ（ガンマ）線となる．

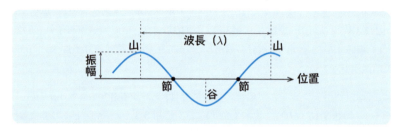

水面の波が上下に振動するように，電磁波も各位置でその大きさが振動している．単位時間当たりの振動の回数を**振動数 ν（ニュー）**あるいは**周波数 f** という．波長が短くなると振動数は大きくなる．一般に

$$\text{波長}（\lambda）\times \text{振動数}（\nu）= \text{波の進む速さ}（v） \tag{1.1}$$

という関係が成り立つ（理解度のチェック1.1）．

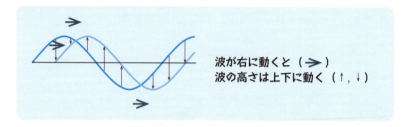

● **空洞放射（黒体放射）の問題**　壁に囲まれた空洞の中では，電磁波の壁から放出と壁への吸収が繰り返されている．その結果，空洞内には，壁の温度で決まる，ある一

定量の電磁波（放射）が充満する．壁と電磁波は熱平衡の状態になる．この電磁波を**空洞放射**という．

空洞放射の強さは熱平衡の理論から計算できるが，理論値と観測値が大きくずれていた．振動数ごとの空洞放射の強さを見ると，特に振動数が大きいときにずれが大きかった．これが空洞放射の問題である．

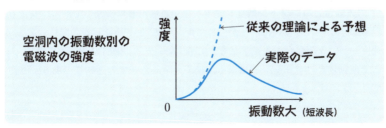

表面に入射するすべての電磁波を吸収する物体を黒体と呼ぶが，黒体は吸収した分の電磁波を放出する（**黒体放射**）．空洞放射と黒体放射は理論上，一致するはずなので，空洞放射の問題とは黒体放射の問題でもある．

● **プランクの仮説** 従来の理論では観測値とずれるといったが，従来の理論とは，放出される電磁波の強度は連続的に変えられるという考えである．それに対してプランクは 1900 年，振動数 ν の電磁波のエネルギー E は

$$E = h\nu \tag{1.2}$$

という値の自然数倍にしかなりえないという仮説を提唱した（h は定数）．つまり $h\nu$, $2h\nu$, $3h\nu$, ... というとびとびの値にしかならないということである．この仮説を認めれば，振動数 ν が大きいと電磁波の最低エネルギー $h\nu$ が大きくなるので放出されにくくなり，観測値と一致する．h とは**プランク定数**と呼ばれ，次元はエネルギー×時間である．空洞放射の観測値と合わせるように決めると

$$\text{プランク定数}: \quad h \fallingdotseq 6.63 \times 10^{-34}\,\mathrm{J\,s} \tag{1.3}$$

日常的スケールで見ると非常に小さい数である．

● **アインシュタインの光量子仮説** 電磁波のエネルギーが上記のようになる原因は，電磁波を放出する原子分子側にあるとプランクは考えた．それに対してアインシュタインは，これは電磁波自体がもつ性質であると主張した．

アインシュタインの 1905 年の論文では，電磁波のエネルギーは $h\nu$ を単位として変化すると主張された．この単位を**光量子**と呼ぶ．量子とは小さな塊という意味である．その後，彼は，電磁波は $h\nu$ というエネルギーをもつ粒子の集団であると主張するようになる．この粒子が**光子**（フォトン：photon）である．

光量子仮説は，**光電効果**という現象を見ると，よく理解することができる（理解度のチェック 1.2，類題 1.1）．光電効果とは，金属に電磁波を照射すると電子が飛び出てくるという現象である．ただし 1905 年の時点では光電効果のデータは不完全であり，アインシュタインの光量子説の根拠は光電効果ではなく，空洞放射の形の統計力学的分析によるものだった．

● **光子の運動量とコンプトン散乱**　光子とは，質量がゼロの粒子である．質量 0 というと理解できない人も多いだろうが，エネルギー E と運動量 p との間に，$E = pc$（c は光速度）という関係がある粒子と考えてもよい（基本問題 1.2 の解答を参照）．ただしここで運動量とは $p = mv$ ではなく，量子力学的意味での運動量であり，波長 λ によって

$$p = \frac{h}{\lambda} \tag{1.4}$$

と表される．これは，エネルギーを与える式 (1.2) とセットである．

従来の力学（古典力学）と量子力学での運動量の関係は本書でも重要なポイントになるが，詳しくは第 2 章で説明する．ただし粒子が衝突するときにエネルギー保存則，運動量保存則という法則が成り立つという点は共通である．コンプトンは 1923 年，電子によって散乱された電磁波の波長の変化を観測し，上式で表される運動量の変化があることを確認した（理解度のチェック 1.3，基本問題 1.3 参照）．

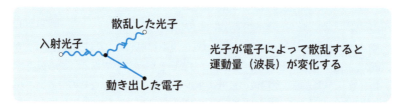

● **原子についての問題**　20 世紀初頭，原子核の周囲に電子が動いているという原子の構造がわかってきた．しかし，なぜそのようなことがありうるのかが不可解であった．動いている電子は電磁波を放出するのでエネルギーを失い，中心の原子核に引き付けられて落ち込んでしまうはずである．だとすれば原子はつぶれてしまうが，現実の原子はつぶれない．**原子の安定性**という問題である．

また，原子内の電子のエネルギーは連続的には変化せず，ある決まった値の間をとびとびに変化することもわかった（**リュードベリの公式** … 理解度のチェック 1.4 参照）．ミクロの世界では常につきまとう，**スペクトルの離散性**という問題である（系がもちうるエネルギー準位全体を**スペクトル**という）．これも従来の力学では理解できないことであった．

● **ボーアの量子条件** ボーアは，プランクの仮説を参考にして，古典力学のさまざまな解の中から，現実に実現される答えを選び出すための 1 つの条件を提案した（1912 年）．これを**ボーアの量子条件**という（基本問題 1.4）．これを使うと，電子を 1 つしか含まない水素原子の場合，電子がどのように振る舞っているかが決まり（**ボーア模型** … 基本問題 1.4），エネルギー準位（リュードベリの公式）が見事に説明できる．ただし，なぜこのような条件が存在するのか，その理由は不明であった．

㊟ ボーア模型が正しいエネルギー準位を導いたのには，かなりの偶然が作用していた．この模型は詳しく見ると正しい結果を導いていない．しかし後に登場する量子力学のいくつかの要素（第 2 章）を先取りしており，歴史的にも重要な意味をもつ．この頃（1910 年代）のボーアたちの理論を**前期量子論**と呼ぶ． ●

● **ド・ブロイの物質波仮説** ボーアの量子条件の 1 つの根拠として提案されたのが，ド・ブロイの**物質波仮説**である（1923 年）．従来は波とみなされてきた電磁波に粒子的性質があるのなら，粒子である電子に波の性質があるはずだというのが，ド・ブロイの発想であった．その波の波長は式 (1.4) で与えられるとする．そして，原子内を周回する電子の波が，うまく軌道にはまる（1 周したときにずれない）という条件が，まさにボーアの量子条件に一致することを示した（基本問題 1.6）．

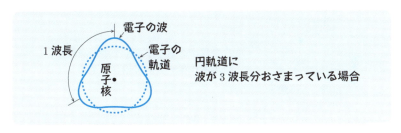

その後すぐに，電子が波の性質をもっていることが実験でも確認された．X 線を結晶で反射させたときに生じる干渉パターンと同じ現象が，電子によっても生じたのである．現代では電子波を利用したさまざま技術が開発されている．

● 波を基本とした新しい力学が，次章で解説するシュレーディンガー方程式である．また，各位置での波の大きさが，その位置で粒子が発見される確率を表していることもはっきりした．しかしなぜそうなのか，粒子を発見しようと誰も試みなかったら，電子はどんな状態になっているのか，これらは量子力学の解釈問題という難問として残っているが，それについてはまた補章 B で解説する（第 0 章も参照）．

理解度のチェック

理解 1.1 （波長と振動数） (a) 波の波長 λ と振動数 ν との間には

$$\text{波長} \times \text{振動数} = \text{波の進む速さ}$$

という関係がある．ある場所を単位時間に通過する波の山の数を考えて，上式を説明せよ．

(b) 上式から，波長と振動数は反比例するといえるか．

(c) 波長 500 nm の光（緑色）の振動数を求めよ．光速度（c と書く）は $c = 3 \times 10^8$ m/s（秒速 30 万 km）である（1 nm（ナノメートル）$= 10^{-9}$ m）．

理解 1.2 （光電効果） 光電効果とは，金属に光を当てると電子が飛び出すという現象である．振動数 ν の光は，エネルギー $h\nu$ をもつ粒子（光子）の集団であり，金属内の電子は，光子を 1 つ吸収して一定以上のエネルギーを得れば金属から飛び出す．このことを念頭に，光電効果について下の質問に答えよ．

注 電子が光子を吸収する確率は小さいので，複数の光子が 1 つの電子に吸収される可能性はほとんどないと考えてよい．

(a) 照射する電磁波の波長が，ある値よりも長いと，光の強度（明るさ）を上げても電子は出てこない．なぜか．

(b) 出てくる電子 1 つ 1 つのエネルギーは，照射する光の振動数を上げると増える．なぜか．

(c) 光の振動数は変えずに光の強度を上げると，電子のエネルギーは変わらないが，飛び出てくる電子の数は増える．なぜか．

理解 1.3 （光子説の証拠） (a) 紫外線は皮膚を傷める．このことを，アインシュタインの光子説によって説明せよ．赤外線の場合はどうか．

(b) 光は，電子に当たってはねかえる（反射する）と波長が増える．そのことを，光子説，そしてはねかえるときにエネルギー保存則が成り立つことから説明せよ．

答 理解 1.1 (a) 波長とは波の山から山までの長さである．したがって，山が通過してから次の山がくるまでが振動1回分であり，その間，波は λ だけ進んでいる．単位時間に ν 回振動すれば，その λ 倍だけ波が進んでいることになる．

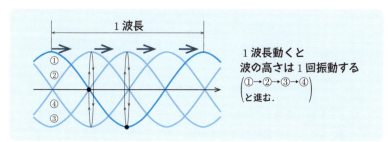

(b) 速さが一定（波長に依存しない）の場合には反比例する．電磁波（光）の場合はそうなる．しかし一般に波の速さは波長によって変わる可能性があるので，必ずしも反比例するとはいえない．

(c) 振動数 (ν) ＝ 光速度 ÷ 波長 であり，$500\,\text{nm} = 5 \times 10^{-7}\,\text{m}$ なので

$$\nu = 3 \times 10^8\,\text{m/s} \div (5 \times 10^{-7}\,\text{m}) = 6 \times 10^{14}\,\text{s}^{-1}$$

答 理解 1.2 (a) 波長が長ければ（振動数が小さければ）光子のエネルギー $h\nu$ は小さい．したがって光子を吸収しても電子のエネルギーはあまり増えず，飛び出すだけのエネルギーをもてない．

(b) 振動数が上がれば光子のエネルギーが増えるので，それを吸収した電子のエネルギーも増える．

(c) 光子1つ当たりのエネルギーは変わらないが光子の数が増える．したがってそれを吸収して飛び出す電子の数も増える．

答 理解 1.3 (a) 紫外線は可視光線よりも振動数の大きい電磁波である．したがって紫外線を構成する粒子（光子）のエネルギーは大きい．分子と電磁波との反応は，光子1つずつによって起こるので，光子のエネルギーが大きければ皮膚の分子を破壊しやすい．赤外線（光子1つのエネルギーは小さい）でも光子が多量ならば皮膚全体を高温にして傷める（やけど）．

(b) 光子1つが電子にぶつかってはねかえるという現象として考える．ぶつかったときに電子が動き出すとすれば電子のエネルギーは増える．したがって光子のエネルギーは減る．したがって式 (1.2) より光子の振動数は減り，したがって波長は増える．

理解 1.4 (**リュードベリの公式**)　水素原子内での電子の運動の状態が変わると，変化の前後のエネルギーの差が，電磁波として外に出てくる．その電磁波の波長 λ を観測した結果，n_1 と n_2 を何らかの自然数（$n_1 < n_2$）として

$$\frac{1}{\lambda} = R\left(\frac{1}{n_1^2} - \frac{1}{n_2^2}\right) \qquad (*)$$

という式で，よく表されることがわかった．これを**リュードベリの公式**という．ただし R は定数であり，データに合わせると

$$R \fallingdotseq 1.097 \times 10^7 \text{ m}^{-1} \qquad (**)$$

となる（**リュードベリ定数**と呼ばれる）．このことから，水素原子内で電子がもちうるエネルギーは，n を任意の自然数として

$$E_n = -hcR\frac{1}{n^2} \qquad (***)$$

という形になると推定された．その理由を説明せよ．

ヒント　式 (1.2) と式 (1.4) を使う．

理解 1.5 (**基底状態のエネルギー**)　理解度のチェック 1.4 の式 $(***)$ で表される状態のうち，エネルギー最低の状態（**基底状態**という）のエネルギーを，電子ボルト (eV) 単位で求めよ（$1\,\text{eV} = 1.6\cdots \times 10^{-19}\,\text{J}$）．

注 1　この状態は，単独の水素原子の最も安定な状態である．他の状態は時間が経過すると電磁波を放出して，この基底状態に移行（遷移）する．

注 2　1 電子ボルトとは，電子が電位 1 V の位置に電子があるときの電気エネルギーである．原子分子で電子がもつエネルギーは数 eV から数十 eV のレベルであり，化学反応を考えるときには電子ボルトを使うと便利である．

理解 1.6 (**放出される電磁波の波長**)　理解度のチェック 1.4 の式 $(***)$ の $n=1$ が基底状態，$n=2$ が，1 段階励起したという意味で第 1 励起状態，$n=3$ が第 2 励起状態であり，一般に第 N 励起状態とは，$n = N+1$ の状態である．n の状態から n_0 の状態に遷移するときに放出される電磁波の波長を求めよ（$n > n_0 \geqq 1$ である）．それが可視光線（400 nm～800 nm）であるためには，n_0 はどのような値でなければならないか．

注　基底状態（$n_0 = 1$）に遷移する場合の一連の電磁波をライマン系列，第 1 励起状態（$n_0 = 2$）への遷移の場合をバルマー系列という．以下，パッシェン系列，ブラケット系列，プント系列と続く．

第 1 章　波と粒子

答 理解 1.4　電子の軌道が変わってエネルギーが変わる（減少する）とき，そのエネルギー差は，1 つの光子によってもち去られると考える．

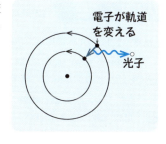

その光子のエネルギー E は，式 (1.2)

$$E(\text{光子}) = h\nu = \frac{hc}{\lambda}$$

と，理解度のチェック 1.4 の式 (∗) より

$$E(\text{光子}) = hcR\left(\frac{1}{n_1^2} - \frac{1}{n_2^2}\right) = E_{n_2} - E_{n_1}$$

となる．これは，式 (∗∗∗) というエネルギーをもつ電子の状態が，$n = n_2$ から n_1 に変わったためであると解釈できる（電子が原子内に束縛された状態なので，エネルギーは負でなければならないことに注意）．

答 理解 1.5　$n = 1$ の場合なので

$$\begin{aligned}
E(\text{基底状態}) &= -hcR \\
&= -(6.6 \times 10^{-34} \text{ J s}) \times (3.0 \times 10^8 \text{ m/s}) \times (1.097 \times 10^7 \text{ m}^{-1}) \\
&= -2.2 \times 10^{-18} \text{ J} = -2.2 \times 10^{-18} \text{ J} \times (1 \text{ eV} \div 1.6 \times 10^{-19} \text{ J}) \\
&= -14 \text{ eV}
\end{aligned}$$

答 理解 1.6

$$R^{-1} = 0.91 \times 10^{-7} \text{ m} = 91 \text{ nm}$$

なので，理解度のチェック 1.4 の式 (∗) より

$$\lambda(n \to n') = 91 \text{ nm} \times \left(\frac{1}{n_0^2} - \frac{1}{n^2}\right)^{-1}$$

可視光線であるためには 400 nm から 800 nm の範囲に入らなければならないので，$X = \frac{1}{n_0^2} - \frac{1}{n^2}$ と書くと，$0.22 > X > 0.11$．

$n_0 = 1$（基底状態）のときは，n を 2 から ∞ に変えても $1 > X > 0.75$ なので不可能（紫外線になる）．$n_0 = 2$（第 1 励起状態）のときは n を 3 から ∞ に変えると $0.25 > X > 0.14$ であり，$n = 3\sim6$ ならば条件を満たす．また，$n_0 \geqq 3$ では X の条件を満たすことは不可能である（赤外線になる）．つまり可視光線になるのはパルマー系列の一部に限られる．

基本問題
※類題の解答は巻末

基本 1.1 （光子の吸収） ある分子を分解するのに 5 eV 以上のエネルギーを与える必要があるとする．どれだけの波長の電磁波を照射すればよいか．この電磁波は 6 ページにあげたどのグループに属するか．ただし分子は光子 1 つを吸収してそのエネルギーを得るとする．

注 可視光線の波長を 400 nm～800 nm として考えよ．それより長いと赤外線，短いと紫外線である．また，$1\,\text{eV} \fallingdotseq 1.6 \times 10^{-19}\,\text{J}$，$h \fallingdotseq 6.6 \times 10^{-34}\,\text{J s}$ とせよ．

類題 1.1 （光電効果） ある金属で，電子 1 つを放出させるのに最低でも，W だけのエネルギーを与える必要があるとする．
(a) この金属で光電効果を起こすのに必要な電磁波の最低限の振動数 ν_0 を W で表せ．
(b) 電磁波の振動数が $\nu\,(> \nu_0)$ であるとき，飛び出してくる電子の最高エネルギーを求めよ．

ヒント 金属内部では電子は周囲の原子と結合しているので，金属外部に最低エネルギー（つまりエネルギー 0）の電子を取り出すのに，少なくとも W のエネルギーが必要ということである．

基本 1.2 （光子の運動量） 光子の運動量を表す式 (1.4) は，(i) $E = h\nu$，(ii) 質量 0 であることを意味する $E = pc$ という関係，そして，(iii) 式 (1.1) の 3 つを組み合わせた結果であることを示せ．

注 $E = pc$ の意味については解答欄の **注** 2 を参照．

基本 1.3 （コンプトン散乱） 波長 λ の光子が静止している電子に衝突し，図のように，角度 θ の方向に散乱された．そのときの波長 λ' を次のようにして求めよ．

(a) 電子の質量を m，そのエネルギーを $\frac{m}{2}v^2$ として，散乱前後でのエネルギー保存則を書け．v は散乱後の電子の速さである．
(b) 図の横方向と縦方向の運動量保存則を書き，θ' を消去して mv を求めよ．ただし波長の変化 $\lambda - \lambda'$ は小さいとして，$(\lambda - \lambda')^2$ の項は無視せよ．
(c) v を消去して，波長の変化 $\lambda' - \lambda$ を角度 θ の関数として求めよ．

光子が静止している電子にぶつかる

答 基本 1.1
光子のエネルギーは $h\nu$ だから, 波長を λ とすれば

$$\frac{hc}{\lambda} = 5\,\text{eV} \rightarrow \lambda = \frac{hc}{5\,\text{eV}} = 6.6 \times 10^{-34}\,\text{J s} \times 3 \times 10^8\,\text{m/s} \div (8.0 \times 10^{-19}\,\text{J})$$
$$= 2.5 \times 10^{-7}\,\text{m}$$

250 nm ということだから可視光線よりも少しだけ短く, 紫外線になる (近紫外線という). 可視光線ではエネルギーが足りず, この分子は分解されない.

答 基本 1.2
光子の場合, 式 (1.1) は光速度を c とすれば

$$\lambda\nu = c \rightarrow \frac{\nu}{c} = \frac{1}{\lambda}$$

である. したがって

$$p = \frac{E}{c} = \frac{h\nu}{c} = \frac{h}{\lambda}$$

注 1 運動量を ν から λ に書き直したのは, 波長の逆数 $\frac{1}{\lambda}$ (波数と呼ばれる) がベクトルとみなせるからである (運動量もベクトル). 詳細は第 2 章参照.

注 2 相対論によれば, 質量 m の粒子のエネルギーと運動量 p の関係は

$$E = \sqrt{(mc^2)^2 + (pc)^2}$$

である. $m = 0$ (光子) ならば $E = pc$ となり, また $mc \gg p$ ならば (通常の状況での普通の粒子), $|x| \ll 1$ のとき $\sqrt{1+x} \fallingdotseq 1 + \frac{1}{2}x$ という近似式を使うと

$$E \fallingdotseq mc^2 + \frac{1}{2m}p^2$$

である. 右辺第 1 項は質量がもつエネルギー, 第 2 項は通常の運動エネルギーである.

答 基本 1.3
(a) $h\nu = \frac{ch}{\lambda}$ だから

$$\frac{ch}{\lambda} = \frac{ch}{\lambda'} + \frac{m}{2}v^2$$

(b) 横方向: $\frac{h}{\lambda} = \frac{h}{\lambda'}\cos\theta + mv\cos\theta'$

縦方向: $0 = \frac{h}{\lambda'}\sin\theta - mv\sin\theta'$

これらより

$$(mv)^2 = \left(\frac{h}{\lambda} - \frac{h}{\lambda'}\cos\theta\right)^2 + \left(\frac{h}{\lambda'}\sin\theta\right)^2$$
$$= \left(\frac{h}{\lambda} - \frac{h}{\lambda'}\right)^2 + \frac{2h^2}{\lambda\lambda'}(1-\cos\theta)$$
$$\fallingdotseq \frac{2h^2}{\lambda\lambda'}(1-\cos\theta)$$

(c) 以上の 2 式より, $\lambda' - \lambda = \lambda\lambda'\left(\frac{1}{\lambda} - \frac{1}{\lambda'}\right) = \frac{h}{mc}(1-\cos\theta)$.

注 基本問題 1.2 **注 2** の相対論的エネルギーの式を使うと, 近似なしでこの答えが得られる.

第1章　波と粒子

基本 1.4 （ボーア模型）　原子中の電子のエネルギーが離散的な値しか取らないという観測結果（理解度のチェック 1.4）を説明するために，ボーアは，電子の運動は

$$\text{ボーアの量子条件:} \quad \int p\, dq = nh \qquad (*)$$

という式を満たさなければならないという提案をした（その根拠については応用問題 1.2 も参照）．ただし，

- p：電子の運動量（$= mv$）　　q：軌道に沿って付けた座標
- n：任意の自然数　　　　　　h：プランク定数

である．式 $(*)$ の積分は軌道1周に対して行う．電子の軌道は円であるとして，運動方程式と量子条件から，水素原子内の電子の軌道半径とそのエネルギーを，次の手順により求めよ．

(a) 軌道半径を r，速さを v として，運動方程式（円運動の加速度と力の関係）と，上記の量子条件の式を書け．ただし電子の質量を m とする．

ヒント　電子と水素原子核の間に働くクーロン力は $\frac{e^2}{4\pi\varepsilon_0}\frac{1}{r^2}$，また円運動の加速度は $\frac{v^2}{r}$ である．

(b) v を消去して，r を n の関数として求めよ．特に，基底状態（エネルギー最低の状態）の半径を求めよ（通常 a_0 と記し**ボーア半径**と呼ぶ）．

(c) 電子がもちうるエネルギーが次の公式で表されることを示せ．

$$E = -\frac{e^2}{8\pi\varepsilon_0 a_0}\frac{1}{n^2} \qquad (**)$$

基本 1.5 （ボーア模型）　上問の模型で，ボーア半径 a_0 とリュードベリ定数 R （理解度のチェック 1.4）を（m は電子の質量）

$$\alpha = \frac{e^2}{4\pi\varepsilon_0}\frac{2\pi}{hc} \fallingdotseq \frac{1}{137}$$

$$\lambda_0 = \frac{h}{2\pi mc} \fallingdotseq 3.86 \times 10^{-13} \text{ m}$$

という量を使って表し，上記のデータを使って R の数値を求めよ．

注　α は微細構造定数と呼ばれ，電気力の大きさを，h と c を組み合わせて無次元の量で表したものである．また λ_0 は（電子の）**コンプトン波長**と呼ばれ，質量の大きさを，h と c を組み合わせて長さの次元の量によって表したものである．コンプトン散乱の公式に出てくる量である．2π が付いているのは慣習によるが，$\frac{h}{mc}$ をコンプトン波長と呼ぶこともある．

第1章 波と粒子

答 基本 1.4 (a) 運動方程式は 質量×加速度＝力 なので，円運動の中心方向への運動方程式は

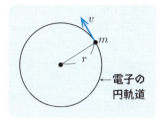
電子の円軌道

運動方程式： $\dfrac{mv^2}{r} = \dfrac{e^2}{4\pi\varepsilon_0}\dfrac{1}{r^2}$

また運動量は $p = mv$（一定）であり，軌道1周の長さは $2\pi r$ なので

量子条件： $p \times 2\pi r = nh$

$\to\ 2\pi mvr = nh$

(b) 量子条件より $v = \dfrac{nh}{2\pi mr}$ となるので，これを運動方程式に代入すれば

$$m\left(\dfrac{nh}{2\pi m}\right)^2 \times \dfrac{1}{r^3} = \dfrac{1}{4\pi\varepsilon_0}\dfrac{e^2}{r^2}$$

整理すれば

$$r = \dfrac{4\pi\varepsilon_0}{me^2}\left(\dfrac{h}{2\pi}\right)^2 n^2$$

基底状態は半径が最も小さい場合なので，$n = 1$ として

ボーア半径： $a_0 = \dfrac{4\pi\varepsilon_0}{me^2}\left(\dfrac{h}{2\pi}\right)^2$

(c) 問(a) の運動方程式より $mv^2 = \dfrac{1}{4\pi\varepsilon_0}\dfrac{e^2}{r}$ なので，全エネルギーは

$$E = \dfrac{m}{2}v^2 - \dfrac{e^2}{4\pi\varepsilon_0}\dfrac{1}{r} = -\dfrac{e^2}{8\pi\varepsilon_0}\dfrac{1}{r}$$

となる（クーロン力や万有引力のとき円軌道の全エネルギーは位置エネルギーの半分になることは，常識として覚えておこう）．この式に問(b) で求めた $r\ (= a_0 n^2)$ を代入すれば与式が得られる．

答 基本 1.5 ボーア半径は，上問(b) の解答より

$$a_0 = \dfrac{\lambda_0}{\alpha} = 5.3 \times 10^{-11}\ \mathrm{m} = 0.053\ \mathrm{nm}$$

原子の大きさが 0.1 nm レベルであることがわかる．

また，リュードベリ定数は，上問(c) の解答と理解度のチェック 1.4 の式 (∗∗∗) より

$$R = \dfrac{e^2}{4\pi\varepsilon_0}\dfrac{1}{2a_0} \div (hc) = \dfrac{\alpha^2}{4\pi\lambda_0} \fallingdotseq 1.10 \times 10^7\ \mathrm{m}^{-1}$$

この R は，理解度のチェック 1.4 で与えた観測値とよくあっている．この成功のため，ボーアの考え方に何らかの真実が含まれていると思われた．ただしボーア模型の予想がすべて正しくはなかったことは，9ページでも指摘した通りである．

基本 1.6（ド・ブロイの仮説と量子条件）ド・ブロイの物質波仮説が，ボーアの量子条件（基本問題 1.4 の式 (∗)）を導くことを示そう．ド・ブロイは，粒子も波の性質をもっており，その波長は光子と同様，運動量から式 (1.4) で与えらえると主張した（9 ページ）．原子内で電子が等速円運動しているとした場合，ボーアの量子条件が，波長 λ についてどのような条件になるか調べよ．またこの式で n は何を意味しているか，考えよ．

基本 1.7（粒子の波長）(a) 可視光線程度の波長（例として 400 nm とする）をもつ電子の速さを求めよ．ただし電子の質量 m を 9.11×10^{-31} kg とせよ．
(b) 絶対温度 T の熱平衡状態にある粒子の平均的運動エネルギーは kT 程度である（k はボルツマン定数）．$T = 300$ K であり，したがってエネルギーが $E = kT = (1.38 \times 10^{-23}$ J/K$) \times 300$ K $\fallingdotseq 4.14 \times 10^{-21}$ J であるときの波長を，光子，電子，酸素分子に対して求めよ．ただし電子の質量 m は 9.11×10^{-31} kg，酸素分子（分子量 32）の質量 m は $32 \times 1.67 \times 10^{-27}$ kg とせよ．

類題 1.2（波長の違い）電子の運動エネルギーと光子のエネルギーがどちらも E であるとき，波長の比を電子の速さ v で表せ．電子の質量を m とする．ただし $v \ll c$ であるとし，相対論的効果は考えない．

基本 1.8（閉じ込められた電子）x 軸上，$0 < x < L$ の範囲のみを粒子が動くという状況を，ド・ブロイの物質波仮説で考えてみよう．領域の両端でのみ，物体をはねかえす力が働くとする．領域内部では運動量一定である．古典力学では，$x = 0$ と $x = L$ の間を等速で往復運動する動きになる．

領域の外側には電子は出ないということから，外部では波はゼロであり，したがって連続性から両端でも波はゼロだとする．したがって，下図のように，この領域に閉じ込められた定常波を考えることになる．この条件から，可能な運動量を求め，それから，可能なエネルギーの値 $E = \frac{1}{2m}p^2$ を求めよ．

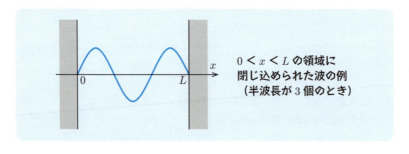

$0 < x < L$ の領域に閉じ込められた波の例（半波長が 3 個のとき）

第 1 章　波と粒子

答 基本 1.6　半径 r の円軌道上を速さ v で動いているとしよう．運動量は $p = \frac{h}{\lambda}$ なので，量子条件の左辺は

$$\int p \, dq = \frac{h}{\lambda} \times 2\pi r = \frac{2\pi h r}{\lambda}$$

したがって，量子条件自体は

$$\frac{2\pi h r}{\lambda} = nh \quad \to \quad \lambda = \frac{2\pi r}{n}$$

これは，円周上に波が整数個（n 個），ぴったり入るという式である．つまり，軌道に波がぴったり入るという条件が，ボーアの量子条件の根拠となる．9 ページの図は，波が 3 つ入ったケースである．

答 基本 1.7　(a)　$mv = \frac{h}{\lambda}$ より

$$v = \frac{h}{\lambda m} \fallingdotseq 6.63 \times 10^{-34} \text{ J s} \div (4 \times 10^{-7} \text{ m}) \div (9.11 \times 10^{-31} \text{ kg})$$
$$\fallingdotseq 1.8 \times 10^3 \text{ m/s}$$

(b)　光子：$\frac{hc}{\lambda} = kT$ より

$$\lambda = \frac{hc}{kT} \fallingdotseq 6.63 \times 10^{-34} \text{ J s} \times (3.0 \times 10^8 \text{ m/s}) \div (4.14 \times 10^{-21} \text{ J})$$
$$\fallingdotseq 48 \times 10^{-6} \text{ m} = 48 \, \mu\text{m} \text{（マイクロメートル）}$$

これは赤外線の領域である．常温の物体から発せられる電磁波だから当然だろう．
電子：$\frac{1}{2m} p^2 = \frac{1}{2m} \frac{h^2}{\lambda^2} = kT$ より

$$\lambda = \frac{h}{\sqrt{2mkT}} \fallingdotseq 6.63 \times 10^{-34} \text{ J s} \div \sqrt{2 \times (9.11 \times 10^{-31} \text{ kg}) \times (4.14 \times 10^{-21} \text{ J})}$$
$$\fallingdotseq 7.6 \times 10^{-9} \text{ m} = 7.6 \text{ nm}$$

酸素分子：質量だけが異なるので，同様に，$\lambda = \frac{h}{\sqrt{2mkT}} \fallingdotseq 3.1 \times 10^{-11}$ m．

答 基本 1.8　領域内に半波長が 1 個，2 個，3 個，…とおさまればよい．半波長が n 個おさまっている場合の波長を λ_n とすれば，

$$n \times \frac{\lambda_n}{2} = L \quad \to \quad \lambda_n = \frac{2L}{n}$$

この状態を n 番目の状態と呼ぼう．その運動量 p_n は $\frac{h}{\lambda_n}$ であり，したがって n 番目の状態のエネルギー E_n は

$$E_n = \frac{1}{2m} p_n^2 = \frac{1}{2m} \frac{h^2}{\lambda_n^2} = \frac{h^2}{8mL^2} n^2$$

エネルギー準位は n^2 に比例する．
注　この問題は次章で正しい量子力学を使って改めて計算するが，結論は変わらない．両端で波がゼロになる理由もそのときに考える．

応用問題

応用 1.1 (物質波の速さ) 光子の振動数は $E = h\nu$ であった．電子などの物質波にも同じ関係が成り立つとしよう（実際，そうであることは次章で説明する）．質量 m の粒子が，一定の速さ v で動いているとする．これを波とみなして ν と λ を求め，波の速さを求めよ（運動量 $= mv = \frac{h}{\lambda}$ と $E = h\nu = \frac{m}{2}v^2$ を使う）．

注 答えは v にはならない．そもそも粒子を物質波と見たときの速さとは何を意味するのか，$p = mv$ という関係をどう解釈するかといった問題は次章で考える．

応用 1.2 (単振動と量子条件) ボーアの量子条件は確かな理論を根拠にして提案されたものではないが，プランクの仮説が 1 つのヒントだった．プランクは，電磁波は何かが振動して放出されるものであり，そのエネルギーが式 (1.2) の自然数倍になるのは，放出するものがもちうるエネルギーがそうであるからだと考えた（この点でアインシュタインの光量子仮説とは違う）．放出するものとは分子や原子（あるいはその中の電子）のことだとプランクは考えていたようだが，最初はそれを共鳴子と呼んだ．まだ原子や分子の実体がよくわかっていなかった時代のことである．共鳴子の運動が**単振動**であるとして量子条件を適用すると式 (1.2) が導かれることを示せ．

ヒント 振動数 ν の電磁波は，振動数 ν で振動する共鳴子から放出されると考える．

応用 1.3 (単振動を表す波) 前問の単振動をド・ブロイの物質波で考えてみよう．単振動では運動量は一定ではないので，$p = \frac{h}{\lambda}$ より，λ も場所によって変わる．運動の中心では運動量は最大になり，波長は短い（激しく波打つ）．端に行くほど運動量は減るので波長は長い（あまり波打たない）．特に運動の両端では速度（運動量）はゼロなので，波長は無限，つまり波打たず平らになると想像される．運動の範囲外で波がどうなるかはまったくわからない．ド・ブロイの理論だけからは波の振幅については何もいえないので，とりあえず振幅は一定だとしよう．すると，下図のような形が考えられる．波打つ回数と，ボーアの量子条件の n との関係を考えよ（この問題の正しい解法は基本問題 3.8 参照）．

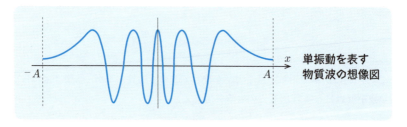

単振動を表す物質波の想像図

第1章 波と粒子

答 応用 1.1 振動数は,$E = \frac{m}{2}v^2 = h\nu$ より
$$\nu = \frac{m}{2h}v^2$$
また,波長は $p = \frac{h}{\lambda} = mv$ より,$\lambda = \frac{h}{mv}$. 以上より
$$\text{波の速さ} = \nu\lambda = \frac{m}{2h}v^2 \times \frac{h}{mv} = \frac{v}{2}$$
粒子の速さ v とは一致しない.

答 応用 1.2 単振動の動きは,
$$x = A\sin\omega t$$
と書ける.A は振動の振幅,ω はこの振動の角振動数だが,振動数を ν とすれば $\omega = 2\pi\nu$ である.このとき運動量は
$$p = mv = mA\omega\cos\omega t = m\omega\sqrt{A^2 - x^2}$$
である.これを量子条件(基本問題 1.4 の式 (*))の左辺に代入し(q はここでは x である),$0 < x < A$ で積分して 4 倍する(1 周期は $-A < x < A$ の範囲の往復なので).
$$4 \times \int_0^A p\,dx = 4m\omega \times \int_0^A \sqrt{A^2 - x^2}\,dx$$
$$= 4m\omega A^2 \times \frac{\pi}{4} = \pi m\omega A^2$$
つまり
$$\pi m\omega A^2 = nh$$
が量子条件である.これをエネルギーの式に使えば(単振動の全エネルギーは位置エネルギーの平均の 2 倍)
$$E = 2 \times \tfrac{1}{2}m\omega^2 A^2 \times \tfrac{1}{2} = \tfrac{\omega}{2} \times \tfrac{nh}{\pi} = nh\nu$$
つまり条件を満たす運動のエネルギーは $h\nu$ の自然数倍である.

答 応用 1.3 各位置での運動量を $p(x)$ と書き,各位置での波長というものを $\lambda(x) = \frac{h}{p(x)}$ と定義しよう.するとボーアの量子条件は
$$2\int_{-A}^{A} \frac{h}{\lambda(x)}\,dx = nh$$
となる.間隔 Δx を考えたとき,$\frac{\Delta x}{\lambda(x)}$ は,その間隔が波長のどれだけの割合かを表す.したがって,
$$\int_{-A}^{A} \frac{1}{\lambda(x)}\,dx = \text{間隔 } [-A, A] \text{ での波長の数}$$
したがって,n はその 2 倍,つまりこの間隔での半波長の数ということになる.

第2章 シュレーディンガー方程式

> **ポイント**

● **正弦波** x 軸上を動いている 1 次元的な波を考える．量子力学での習慣にのっとって，波を表す関数はギリシャ文字 ψ（プサイ）と書く．その最も基本的な形が，三角関数で表される**正弦波**である．

波長 λ の静止した波（理解度のチェック 2.1）：$\psi(x) = A\sin\bigl(\frac{2\pi}{\lambda}(x-x_0)\bigr)$　(2.1)

波長 λ の，速度 v で動いている波（理解度のチェック 2.2）：

$$\psi(x,t) = A\sin\bigl(\tfrac{2\pi}{\lambda}(x-vt-x_0)\bigr) = A\sin\bigl(\tfrac{2\pi}{\lambda}(x-x_0)-2\pi\nu t\bigr) \qquad (2.2)$$

$\nu = \frac{v}{\lambda}$ は振動数である（本書で使う三角関数（たとえば $\sin\theta$）はすべて，θ がラジアンで表される関数だとする．θ の部分を**位相**という）．

● **波数と角振動数**　式 (2.2) は次のようにも書ける（理解度のチェック 2.3）．

$$\psi(x,t) = A\sin\bigl(k(x-x_0)-\omega t\bigr) \qquad (2.3)$$

ただし，

$$\text{波数：}\quad k = \tfrac{2\pi}{\lambda}, \qquad \text{角振動数：}\quad \omega = 2\pi\nu \qquad (2.4)$$

注　k を波が進む方向を向くベクトルとみなすとき**波数ベクトル**という．そのときは $|\boldsymbol{k}| = \frac{2\pi}{\lambda}$ である．1 次元でも k は正負どちらもありうる．●

● **複素波**　正弦波は $\sin$ や $\cos$ で表すことができるが，オイラーの公式 $e^{i\theta} = \cos\theta + i\sin\theta$ を使うと（θ をこの指数関数の位相という），複素数の指数関数で表すこともできる．$x_0 = 0$ の場合

$$\text{波数 } k \text{ の静止している複素波：}\quad \psi(x) = Ae^{ikx} \qquad (2.5)$$

波数 k の，角振動数 ω で振動する複素波：

$$\psi(x,t) = Ae^{i(kx-\omega t)} = Ae^{-i\omega t}\,e^{ikx} \qquad (2.6)$$

最後は指数関数の性質 $e^{a+b} = e^a e^b$ を使った．

● **アインシュタインの関係とド・ブロイの関係**　以上の公式を前章の物理の話と結び付ける．$E = h\nu$，$p = \frac{h}{\lambda}$ という関係を ω と k で書き直すと

$$E = \hbar\omega, \quad p = \hbar k, \quad \text{ただし}\quad \hbar = \tfrac{h}{2\pi} \qquad (2.7)$$

第2章 シュレーディンガー方程式

量子力学では多くの場合，h ではなく $\hbar$（エイチバーと読む）が使われる．この関係を使えば，自由粒子（外力が働いていない粒子）での古典力学の関係は

$$E = \tfrac{1}{2m} p^2 \quad \to \quad \hbar\omega = \tfrac{1}{2m}(\hbar k)^2 \tag{2.8}$$

となる．そして ω と k の間にこの関係が成り立っている場合，式 (2.6) で表される波 $\psi(x,t)$ は，次の方程式を満たす（基本問題 2.1）．

$$i\hbar \frac{\partial \psi}{\partial t} = \frac{1}{2m}\left(-i\hbar \frac{\partial}{\partial x}\right)^2 \psi = -\frac{1}{2m} \frac{\partial^2 \psi}{\partial x^2} \tag{2.9}$$

これは，式 (2.8) で

$$E \to i\hbar \frac{\partial}{\partial t}, \qquad p \to -i\hbar \frac{\partial}{\partial x} \tag{2.10}$$

という置き換え（**量子化**という）をして ψ に対する方程式としたものである．

● 力が働いているときは，式 (2.9) はそのポテンシャルを U として

$$i\hbar \frac{\partial \psi}{\partial t} = -\frac{1}{2m} \frac{\partial^2 \psi}{\partial x^2} + U\psi \tag{2.11}$$

となる．これを**シュレーディンガー方程式**という．

● **ボルンの規則** 波動関数 $\psi(x)$ で表される状態にある粒子の位置を観測すると，$x = x_0$ に観測される確率（**検出確率**）は $|\psi(x_0)|^2$ に比例する．この規則の意味付けにはさまざまな議論がある．補章 A を参照．

● **期待値** 量子力学での状態は，一般に，物理量の値が 1 つに定まっていない．たとえば位置に関していえば，ここにある，そこにある，といったさまざまな状態が共存している．そこで，**期待値**（平均値ともいう）を考えることが重要となる（基本問題 2.11）．たとえば，ある時刻 t における位置 x の期待値（$\langle x \rangle$ と書く）や運動量 p の期待値は，ψ が**規格化**（基本問題 2.9）されているとすれば

$$\langle x \rangle = \int \psi^* x \psi \, dx = \int x |\psi|^2 \, dx \tag{2.12}$$

$$\langle p \rangle = \left\langle -i\hbar \frac{\partial}{\partial x} \right\rangle = \int \psi^* \left(-i\hbar \frac{\partial}{\partial x}\right) \psi \, dx \tag{2.13}$$

● **エーレンフェストの定理** 期待値に対しては，古典力学の（ニュートンの）運動方程式が成り立つ（基本問題 2.11）．

● 量子力学では運動量は波数（あるいは波長）から定義される．そして $p = mv$ という古典力学での関係は，期待値の関係，あるいはピークをもつ波（**波束**）の動きという意味で理解される（基本問題 2.12）．

理解度のチェック　※類題の解答は巻末

理解 2.1　（静止している正弦波）　(a)　式 (2.1) で，x は x 軸上の位置を表す座標である．そのとき λ はこの波の波長を表す．なぜか．
(b)　A は定数だが何を表しているか．
(c)　x_0 は定数だが，何を表しているか．$x_0 = 0$ の場合とそうでない場合とで何が違うかを考えて答えよ．

ヒント　一般に関数 $f(x-a)$ は関数 $f(x)$ を a だけ右にずらしたものである（$a<0$ のときは左に）．

類題 2.1　（余弦）　波を，余弦 cos を使って

$$\psi(x) = A\cos\left(\tfrac{2\pi}{\lambda}(x-x_0)\right)$$

と表したとする．式 (2.1) との関係を述べよ（別のタイプの波を表しているのかそうでないのかを考えよ）．

ヒント　$\cos\theta = \sin\left(\theta + \tfrac{\pi}{2}\right)$ である．

理解 2.2　（動いている正弦波）　(a)　式 (2.2) は速度 v で動いている波を表す．なぜか．v の正負と動く方向の関係についても説明せよ．
(b)　ν はこの波の振動数を表す．振動数という言葉の定義から，そのことを示せ．

類題 2.2　（動く方向）　式 (2.2) の下では振動数を $\nu = \tfrac{v}{\lambda}$ と定義したが，$v<0$ のときも振動数は正の量となるように $\nu = \tfrac{|v|}{\lambda}$ とする．式 (2.2) はどうなるか．

理解 2.3　（波数と角振動数）　(a)　波数とは波の数という意味である．式 (2.4) で，k は何の数を表しているか．

注　k を角波数と呼ぶこともある．そのときは $\tfrac{1}{\lambda}$ が波数と呼ばれる．

(b)　式 (2.4) で，ω がなぜ角振動数と呼ばれるのかを考えよ．
(c)　波の速度 v を，k と ω を使って表せ．結果を，単位から想像できるか．

理解 2.4　（電磁波の波数）　(a)　波長 500 nm の可視光線（緑）の波数を求めよ．
(b)　波数が $1\,\mathrm{m}^{-1}$ である電磁波の波長を求めよ．この電磁波の周波数を求めよ．角振動数はどうなるか（電磁波では 波長 × 周波数 ＝ 光速度 である）．

答 理解 2.1 (a) x が λ だけ増えると sin の中（位相）が 2π 増える．つまり sin の 1 周分であり，波の 1 個分にあたる．
(b) 波の振幅を表す．
(c) $x_0 = 0$ ならば，$x = 0$ で $\psi = 0$ になる．しかし，たとえば $x_0 > 0$ だと，$\psi = 0$ になる位置が $x = x_0$ に，つまり右にずれる．つまり x_0 は波全体を左右に動かす役割をする．

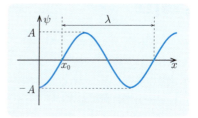

答 理解 2.2 (a) 前問 (c) より，時刻 t では $t = 0$ と比べると波は vt だけ右にずれる（$v > 0$ ならば）．つまり v は波の動く速さを表す．$v < 0$ ならば左に動く．
(b) 振動数とは，各位置で，単位時間で波が何回上下するかを表す．そこで，ψ を特定の位置で見ると，つまり $x = $ 定数 だとすると

$$\psi = A\sin(\text{定数} - 2\pi\nu t)$$

となる．したがって，単位時間（たとえば $t = 0$ から $t = 1$）では位相は $2\pi\nu$，つまり 1 振動（2π）の ν 倍だけ変化するので，振動数は ν となる．

答 理解 2.3 (a) x が 2π 増えると位相は $2\pi k$ 増える．この間隔で k 回，波打っているということだから，k は長さ 2π の中に入っている波の数を表す（$k = \frac{2\pi}{\lambda}$ という関係からもわかる）．長さ 2π というのは位相を角度（ラジアン単位）とみなしたときの発想なので，角波数とも呼ばれる．

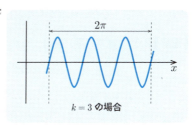

(b) 位相を角度とみなしたときに，単位時間で位相が ω ラジアンだけ変化しているので．
(c) $v = \lambda\nu = \frac{2\pi}{k}\frac{\omega}{2\pi} = \frac{\omega}{k}$．つまり $\omega = vk$ である．ω（時間 2π 当たりの角度の変化）の単位は s^{-1}，k（長さ 2π 当たりの数）の単位は m^{-1}，v の単位は m/s であることからも想像できる．

答 理解 2.4 (a) $k = \frac{2\pi}{\lambda} = 2\pi \div (5 \times 10^{-7}\,\mathrm{m}) \fallingdotseq 1.3 \times 10^7\,\mathrm{m}^{-1}$
(b) $\lambda = \frac{2\pi}{k} = 2\pi\,\mathrm{m} \fallingdotseq 6.3\,\mathrm{m}$
$\nu = \frac{c}{\lambda} = (3.0 \times 10^8\,\mathrm{m/s}) \div (1\,\mathrm{m}^{-1}) = 3.0 \times 10^8\,\mathrm{s}^{-1}$
$\omega = 2\pi\nu = 1.9 \times 10^9\,\mathrm{s}^{-1}$

理解 2.5 （オイラーの公式） オイラーの公式
$$e^{i\theta} = \cos\theta + i\sin\theta$$
を微分という観点から証明しよう．ただし指数関数の性質は，指数が複素数であっても実数の場合と同じであるとする．
(a) $\theta = 0$ で，両辺が等しいことを示せ．
(b) 各辺がどちらも，$\frac{d\psi(\theta)}{d\theta} = i\psi(\theta)$ という式の解であることを示せ．

注1 数学の定理によれば，同じ微分方程式を満たし初期条件が同じならば，関数として同じである．したがって上記の2点が示されれば，$e^{i\theta}$ と $\cos\theta + i\sin\theta$ は同じ関数であることになる．●

注2 $e^{-i\theta} = \cos(\theta) + i\sin(-\theta) = \cos\theta - i\sin\theta$ と組み合わせると
$$\cos\theta = \frac{e^{i\theta}+e^{-i\theta}}{2}, \quad \sin\theta = \frac{e^{i\theta}-e^{-i\theta}}{2i}$$
●

類題 2.3 （オイラーの公式の応用） 三角関数の合成法則を，オイラーの公式，および指数関数の性質 $e^{a+b} = e^a e^b$ から証明せよ．

ヒント $a = i\theta, b = i\theta'$ として，両辺それぞれを三角関数で置き換える．そして実数部分と虚数部分を比較する（2つの複素数が等しければ，その実数部分と虚数部分それぞれが等しくなければならない）．●

理解 2.6 （複素平面） (a) 一般の複素数 z は，r と θ を実数として
$$z = re^{i\theta} = r(\cos\theta + i\sin\theta)$$
と書ける．複素平面上で，この z の位置はどのように表されるか．
(b) 時間 t が経過すると，関数 $e^{-i\omega t}$ は複素平面上でどのような動きをするか．ω はその動きの何を表しているか．

理解 2.7 （振幅の位相） 式 (2.5) は $x_0 = 0$ の場合に相当すると説明したが，振幅 A は実数に限らず複素数でもよいとすると，この式は $x_0 \neq 0$ の場合も表していると理解できる．なぜか．

理解 2.8 （波の大きさと検出確率） (a) 式 (2.6) で表される複素波 ψ は，絶対値が x や t の値にかかわらず一定であることを示せ．
(b) これは，粒子の波は粒子の検出確率を表しているというボルンの規則（23ページ）によれば，何を意味するのか．

第 2 章 シュレーディンガー方程式

答 理解 2.5 (a) $e^0 = 1$ なので左辺は 1．また右辺は

$$\cos 0 + i \sin 0 = 1 + i0 = 1$$

(b) 指数関数の微分は一般に $\frac{de^{a\theta}}{d\theta} = ae^{a\theta}$ であり，左辺の微分は $a = i$ の場合だと考えればよい．また右辺の微分は

$$\frac{d}{d\theta}(\cos\theta + i\sin\theta) = -\sin\theta + i\cos\theta = i(\cos\theta + i\sin\theta)$$

なので，やはり $\frac{d\psi}{d\theta} = i\psi$ という形になっている．

答 理解 2.6 (a) r は原点からの距離，θ は実軸から左回り（反時計回り）の角度を表す．r を z の絶対値，θ を z の位相という．
(b) $\theta = -\omega t$ であり負号が付いているので，右回り（時計回り）に動く．角度の変化率，つまり角速度が ω である．

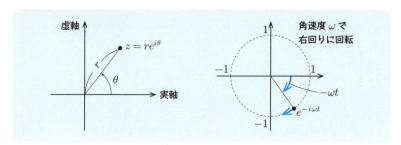

答 理解 2.7 A が複素数ならば一般に，$A = |A|e^{i\theta}$ という形に書ける．$\theta = -kx_0$ とすれば

$$\psi = Ae^{ikx} = |A|e^{-ikx_0} e^{ikx} = |A|e^{ik(x-x_0)}$$
$$= |A|(\cos k(x-x_0) + i\sin k(x-x_0))$$

これは正弦波の $x_0 \neq 0$ の場合に相当する．

答 理解 2.8 (a) 一般に $e^{i\theta}$ の絶対値は 1 だから，$e^{-i\omega t}$ の絶対値も e^{ikx} の絶対値も 1．したがって $|\psi| = |A| = $ 一定．
(b) 絶対値がどこでも同じということは，検出確率もどこでも同じということである．つまり，この波で表される状態にある粒子を無数に用意して，その位置をすべて検出したとすると，検出する時刻にかかわらず，粒子はすべての位置で均等に発見される．

基本問題 ※類題の解答は巻末

基本 2.1 （自由粒子に対するシュレーディンガー方程式） 式 (2.6) を式 (2.7) を使って書き直すと

$$\psi(x,t) = Ae^{-\frac{iEt}{\hbar}} e^{\frac{ipx}{\hbar}}$$

計算には式 (2.6) のほうが簡単だが，物理量で表されたこの形も重要である．

(a) この ψ に対しては，E を掛けることと，微分演算子 $i\hbar\frac{\partial}{\partial t}$ を掛けることが同等であることを示せ．

(b) この ψ に対しては，p を掛けることと，微分演算子 $-i\hbar\frac{\partial}{\partial x}$ を掛けることが同等であることを示せ．

(c) 式 (2.8) の関係が満たされているとき，この ψ がシュレーディンガー方程式 (2.9) を満たすことを示せ．

注 この問題の解答は，式 (2.6) で $e^{i\omega t}$ ではなく $e^{-i\omega t}$ としたことに依存している．式 (2.11) 左辺の符号を変えれば前者でもよさそうだが，下の問題を考えると $e^{-i\omega t}$ としなければならないことがわかる．

基本 2.2 （波の動く方向） (a) 前問の波 ψ は左右どちらに動いているか．p の符号との関係を説明せよ．

(b) その速さ v は，電子の場合と光子の場合とではどう違うか．ただし光子に対しては $E = c|p|$，電子に対しては式 (2.8) が成り立っているとせよ．

基本 2.3 （線形結合） 式 (2.9) を満たす関数が 2 つあったとする．それを $\psi_1(x,t)$，$\psi_2(x,t)$ とすると，任意の定数 a と b に対して

$$\psi(x,t) = A\psi_1(x,t) + B\psi_2(x,t) \qquad (*)$$

も式 (2.9) を満たすことを示せ．また，そうであるためには，式 (2.9) の式のどのような性質が必要なのかを説明せよ．

ヒント $L = i\hbar\frac{\partial}{\partial t} + \frac{\hbar^2}{2m}\frac{\partial^2}{\partial x^2}$ という記号を使うと，式 (2.9) は，$L\psi = 0$ となる．$L(A\psi_1 + B\psi_2)$ を計算してみよ．

注 式 $(*)$ を ψ_1 と ψ_2 の線形結合，あるいは 1 次結合という．解の線形結合も解であるということを証明する問題である．この問題では 2 つの解の線形結合を考えたが，3 つでも 4 つでも，いくつであっても同じであることは明らかだろう．

第 2 章　シュレーディンガー方程式

答 基本 2.1　(a) 指数関数の微分公式より
$$i\hbar \tfrac{\partial}{\partial t} e^{-\tfrac{iEt}{\hbar}} = i\hbar \left(-\tfrac{iE}{\hbar}\right) e^{-\tfrac{iEt}{\hbar}} = E\, e^{-\tfrac{iEt}{\hbar}}$$

他の因子は t に依存しないので，結果に影響しない．
(b)　問 (a) と同様に
$$-i\hbar \tfrac{\partial}{\partial x} e^{\tfrac{ipx}{\hbar}} = -i\hbar \left(\tfrac{ip}{\hbar}\right) e^{\tfrac{ipx}{\hbar}} = p\, e^{\tfrac{ipx}{\hbar}}$$

(c)　問 (a) より，$i\hbar \tfrac{\partial}{\partial t}$ を掛ければ E が出る．また問 (b) より，$\tfrac{1}{2m}\left(-i\hbar \tfrac{\partial}{\partial x}\right)^2$ を掛ければ $\tfrac{p^2}{2m}$ が出る．したがって $E = \tfrac{p^2}{2m}$ ならば，式 (2.9) の両辺は等しくなる．

答 基本 2.2　(a) 波の速度を v とすれば（右に動いているとき $v > 0$）
$$\psi(x,t) = A\, e^{\tfrac{ip(x-vt)}{\hbar}}$$

となるはずである．これが前問の式に等しいとすれば
$$E = vp \qquad\qquad (*)$$

($U = 0$ ならば) $E > 0$ なので，$p > 0$ ならば $v > 0$（右に動く波），$p < 0$ ならば $v < 0$（左に動く波）を表す．運動量の方向と波が動く方向が同じになる．
(b)　電子に対しては式 (2.8) より $\tfrac{p^2}{2m} = vp$，すなわち $v = \tfrac{p}{2m}$．古典力学での関係 $p = mv'$ が成り立っているとすると (v' は粒子の速度)，$v = \tfrac{p}{2m} = \tfrac{v'}{2}$ となる．つまり波の速度と粒子の速度は区別しなければならない．応用問題 1.1 と同じ結論だが，そこでは v' を v と書いた．応用問題 2.2 も参照．

光子では $E = c|p|$ と $E = vp$（式 $(*)$）より，p と v は同符号なので $|v| = c$ となる．これは波の速さだが，粒子としても光速度 c で動くことは応用問題 2.2 で示す．

答 基本 2.3　微分の基本的な性質により
$$\tfrac{\partial \psi}{\partial t} = A \tfrac{\partial \psi_1}{\partial t} + B \tfrac{\partial \psi_2}{\partial t}$$
$$\tfrac{\partial^2 \psi}{\partial x^2} = A \tfrac{\partial^2 \psi_1}{\partial x^2} + B \tfrac{\partial^2 \psi_2}{\partial x^2}$$

なので，
$$L\psi = L(A\psi_1 + B\psi_2) = AL\psi_1 + BL\psi_2 \qquad\qquad (**)$$

したがって $L\psi_1 = L\psi_2 = 0$ ならば $L\psi = 0$．式 $(**)$ は L の線形性といわれる．

基本 2.4 （解の構成） (a) 式 (2.9) の解 ψ が $t=0$ で $\psi(x, t=0) = Ae^{ikx}$ だったとする．ただし A は定数である．一般の t で ψ はどうなるか．

(b) 式 (2.9) の解 ψ が $t=0$ で
$$\psi(x, t=0) = Ae^{ikx} + Be^{ik'x}$$
であったとする．ただし $k \neq k'$，A と B は何らかの定数である．一般の t では ψ はどうなるか．

(c) 式 (2.9) の解 ψ が $t=0$ で，$\psi(x, t=0) = \int_{-\infty}^{\infty} f(k) e^{ikx} dk$ だったとする．ただし $f(k)$ は何らかの k の関数である．一般の t ではどうなるか．

ヒント この積分は，さまざまな k の値をもつ無数の解 e^{ikx} を，係数（重み）$f(k)$ を掛けて線形結合を作ったものとみなせる．つまり問 (b) の一般化である． ●

基本 2.5 （閉じ込められた波） $0 < x < L$ の領域に閉じ込められた波を考える（基本問題 1.8 で考えた問題と同じ）．まず，半波長 1 つがこの領域に入っている波を考えると，$t=0$ では
$$\psi(x, t=0) = A \sin \frac{\pi x}{L} = A \sin kx$$

$k = \frac{\pi}{L}$ である．波はこの領域外にはつながらないので，両端で $\psi = 0$ である．すなわち $\psi(x=0) = \psi(x=L) = 0$（両端での条件に付いては，詳しくは類題 3.2 を参照）．この波が任意の時刻 t でどのように表されるかを考えよう．この領域内では力は働いていないので，$U = 0$ のシュレーディンガー方程式 (2.9) が成り立っているとする．

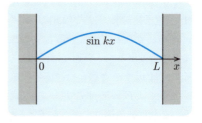

(a) オイラーの公式から，$\sin kx = \frac{e^{ikx} - e^{-ikx}}{2i}$ であることを示せ．

(b) 前問 (b) を考えて，一般の時刻での ψ を求めよ．それは，両端での条件 $\psi = 0$ を満たしているか．

(c) この問題の別解を考えよう．一般の時刻で ψ が
$$\psi(x, t) = A(t) \sin kx \qquad (*)$$
と表されるとする．ただしここで A は定数係数ではなく t の関数であるとする．この ψ を式 (2.9) に代入して，$A(t)$ が満たすべき式を導け．そしてそれを解いて $A(t)$ を求めよ．その結果が問 (b) の答えと一致していることを確かめよ．

答 基本 2.4 (a) $\psi(x,t) = Ae^{-i\omega t}e^{ikx}$ となる．ただし ω は k から，
$$\hbar\omega = \frac{1}{2m}(\hbar k)^2 \;\to\; \omega = \frac{\hbar}{2m}k^2$$
の関係で与えられる（これが解であることは基本問題 2.1 で示した．しかもこのようにすれば，$t=0$ での条件も満たしている）．

(b) ω と ω' を，k および k' から，問 (a) の関係によって与えられる値としよう．すると，ψ の右辺それぞれについては $e^{-i\omega t}$ と $e^{-i\omega' t}$ を掛ければ解になる．したがって基本問題 2.3 から，その和も解である．つまり
$$\psi(x,t) = Ae^{-i\omega t}e^{ikx} + Be^{-i\omega' t}e^{ik'x}$$
このようにすれば，$t=0$ での条件も満たしている．

(c) 各 k について $e^{-i\omega t}$ を掛ければよい．
$$\psi(x,t) = \int_{-\infty}^{\infty} f(k)\, e^{-i\omega t}\, e^{ikx}\, dk$$
ただし ω は問 (a) の式によって決まる k の関数である．

答 基本 2.5 (a) $e^{ikx} = \cos kx + i\sin kx$ と
$$e^{-ikx} = \cos(-kx) + i\sin(-kx) = \cos kx - i\sin kx$$
を組み合わせればよい．ちなみに
$$\cos kx = \frac{e^{ikx} + e^{-ikx}}{2}$$
である（理解度のチェック 2.5 の **注** 2 でも示した）．

(b) 前問 (b) で $k' = -k$ という場合である．k でも $-k$ でも，前問 (a) 解答の式から決まる ω は同じなので，全体に共通の $e^{-i\omega t}$ を掛ければよい．すなわち
$$\psi(x,t) = Ae^{-i\omega t}\sin kx$$
$\sin kx$ に比例しているので，両端での条件も満たされている．

(c) 与式を式 (2.9) に代入すれば，$\left(\frac{d^2}{dx^2}\sin kx = -k^2\sin kx\; \text{より}\right)$
$$i\hbar \frac{dA}{dt}\sin kx = \frac{(\hbar k)^2}{2m} A\sin kx$$
$\sin kx$ は両辺で共通なので，消去した上で整理すれば
$$\frac{dA}{dt} = -\frac{i}{\hbar}\frac{(\hbar k)^2}{2m}A = -i\omega A$$
となる．ただし ω はこれまでのように k から決まる値である．この式の解は
$$A(t) = A_0\, e^{-i\omega t}$$
ただし A_0 は任意の定数．問題の式 (*) に代入すれば，問 (b) の結果と同じ形になる．

注 一般に $\frac{dy}{dx} = ay$ という式の解は，C を任意定数として $y = Ce^{ax}$ である．●

第2章 シュレーディンガー方程式

基本 2.6 (一般的な正弦波) 基本問題 2.5 と同じ領域を考える．基本問題 1.8 で示したように，波長 λ は $\lambda_n = \frac{2L}{n}$ (ただし $n = 1, 2, \ldots$) のいずれかでなければならないので，波数は

$$k_n = \frac{2\pi}{\lambda_n} = \frac{\pi n}{L}$$

となる．そこで $\psi_n = A \sin k_n x$ という形の波について，一般の時刻 t ではどのような形になるか，基本問題 2.5 と同じ考察をせよ (基本問題 2.5 は $n = 1$ のケース)．

基本 2.7 (正弦波の重ね合わせ) 基本問題 2.5, 2.6 と同じ領域を考える．ただし今度は，$t = 0$ で

$$\psi(x, t = 0) = A(\sin k_1 x + \sin k_2 x)$$

という形をしていたとしよう．A は何らかの定数であり，k_1 と k_2 は，前問 k_n の $n = 1$ と 2 の場合だとする．このとき，一般の時刻 t での ψ はどうなるか．基本問題 2.4 (b) の方針で考えよ．

類題 2.4 (正弦波の重ね合わせ) 上問は，基本問題 2.5 (c) の方針では解けない．なぜか．

基本 2.8 ($|\psi|^2$ の動き) (a) $\psi(x, t = 0) = A \sin k_n x$ であった場合，一般の時刻 t での $|\psi(x, t)|^2$ はどうなるか．それは時間が経過するとどう変化するか．
(b) $n = 2$ の場合の，$\sin k_n x$ と $|\psi(x, t)|^2$ の概形図を描け．
(c) $\psi(x, t = 0) = A(\sin k_1 x + \sin k_2 x)$ であった場合，$|\psi(x, t = 0)|^2$ の概形を図示せよ．左右どちら側で大きいか．
(d) 問 (c) の場合，一般の時刻 t での $|\psi(x, t)|^2$ を基本問題 2.7 の結果を使って計算せよ．それは t によってどう変わるか．左右どちら側で大きいか．

解説 基本問題 2.7 あるいは類題 2.4 からわかるように，異なる n の ψ が混ざっている場合には，全体に 1 つの $e^{-i\omega t}$ がかかるわけではない．その結果，$|\psi(x, t)|^2$ に時間依存性が現れる．つまり時間が経過すると検出確率が変化する．問 (a) のように 1 つの $e^{-i\omega t}$ だけがかかるのは特殊ケースだが，重要なケースでもある．その意味については第 3 章で詳しく議論する．●

類題 2.5 (干渉項) 上問 (c) や (d) で $|\psi|^2$ が左右非対称になるのは，2 つの波の干渉があるからである．干渉は位置や時刻によって大きさも符号も変わるが，各時刻で領域全体で合計するとゼロになることを示せ．

答 基本 2.6 基本問題 2.5 の解答で k を k_n とする．そのとき ω は n ごとに変わり，ω_n と書けば

$$\omega_n = \frac{\hbar}{2m} k_n^2 = \frac{\hbar}{2m}\left(\frac{\pi n}{L}\right)^2$$

答 基本 2.7 ψ の右辺が第 1 項だけだったら，前問より，$e^{-i\omega_1 t}$ を掛ければよい（ω_1 は前問解答で定義した）．また第 2 項だけだったら，$e^{-i\omega_2 t}$ を掛ければよい．したがって両方がある場合には，基本問題 2.4 より，解は次の形になる．

$$\psi(x,t) = A(e^{-i\omega_1 t}\sin k_1 x + e^{-i\omega_2 t}\sin k_2 x)$$

答 基本 2.8 (a) $\psi(x,t) = Ae^{-i\omega_n t}\sin k_n x$ だが，$|e^{i\omega_n t}| = 1$ なので，$|\psi|^2 = |A|^2|\sin k_n x|^2 = \frac{|A|^2}{2}(1 - \cos 2k_n x)$．$|\psi|^2$ は t には依存しない．
(b) $\psi \propto \sin\frac{2\pi x}{L}$．$n=2$ の場合は波の節が 1 つあり，中央でゼロになる．

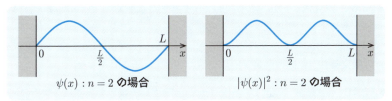

$\psi(x) : n = 2$ の場合　　　$|\psi(x)|^2 : n = 2$ の場合

(c) $|\psi(x, t=0)|^2 = |A|^2\left(\sin^2\frac{\pi x}{L} + \sin^2\frac{2\pi x}{L} + 2\sin\frac{\pi x}{L}\sin\frac{2\pi x}{L}\right)$．第 1 項と第 2 項は左右対称で正．第 3 項は左半分は正，右半分は負なので，全体としては左で大きくなる．
(d) $\psi^*(x,t) = A^*(e^{i\omega_1 t}\sin k_1 x + e^{i\omega_2 t}\sin k_2 x)$ であり

$$e^{-i\omega_1 t}e^{i\omega_2 t} + e^{i\omega_1 t}e^{-i\omega_2 t} = 2\cos\Delta\omega t$$

（$\Delta\omega = \omega_2 - \omega_1 = \frac{3\hbar}{2m}\frac{\pi^2}{L^2}$）なので

$$|\psi(x,t)|^2 = |A|^2\left(\sin^2\frac{\pi x}{L} + \sin^2\frac{2\pi x}{L} + 2\cos\Delta\omega t \sin\frac{\pi x}{L}\sin\frac{2\pi x}{L}\right)$$

時間が経過すると $\cos\Delta\omega t$ の正負が入れ換わるので，$|\psi(x,t)|^2$ が左右どちらで大きくなるかも入れ換わる（応用問題 2.1 も参照）．

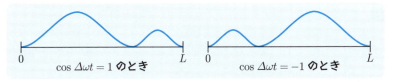

$\cos\Delta\omega t = 1$ のとき　　　$\cos\Delta\omega t = -1$ のとき

基本 2.9 (規格化・直交性) (a) 波動関数 $\psi(x)$ で表される状態にある粒子の位置を観測した．$x = x_0$ に観測される確率（検出確率）が $|\psi(x_0)|^2$ に比例するというのが，ボルンの規則である．$|\psi(x_0)|^2$ が検出確率そのものであるといえるための条件を述べよ（この条件を**規格化**という）．

(b) ψ_1 も ψ_2 も規格化されており，A, B を，$|A|^2 + |B|^2 = 1$ という条件を満たす任意の定数として

$$\psi(x) = A\psi_1(x) + B\psi_2(x) \qquad (*)$$

という波動関数を考える．$\psi(x)$ も規格化されているための条件を求めよ．

(c) 問 (b) の条件が満たされているとき，式 $(*)$ で表される状態にある粒子の x_0 での検出確率は，状態 ψ_1 と状態 ψ_2 それぞれの検出確率の平均，すなわち $|A|^2|\psi_1(x_0)|^2 + |B|^2|\psi_2(x_0)|^2$ になるか．

類題 2.6 (具体例) (a) 基本問題 2.6 で考えた状態 $\psi = A\sin k_n x$ を，A を適切に選ぶことによって規格化せよ．

(b) 基本問題 2.8 で考えた 2 つの状態 $\psi_1 \propto \sin k_1 x$ と $\psi_2 \propto \sin k_2 x$ について，前問 (b) の**直交条件**（同問の解答参照）が満たされていることを示せ．

基本 2.10 (運動量／波数の検出) $\psi \propto e^{ikx}$ という関数で表される状態の波数は k であり，（量子力学的意味での）運動量は $p = \hbar k$ である．また

$$\psi(x) = Ae^{ikx} + Be^{ik'x}$$

という状態の運動量を測定すれば，結果は $\hbar k$ または $\hbar k'$ であり，それぞれの値が得られる確率の比は $|A|^2 : |B|^2$ である（ボルンの規則の拡張）．

(a) ある時刻での波動関数 $\psi(x)$ が，ある関数 $\widetilde{\psi}(k)$ を使って

$$\psi(x) = \frac{1}{\sqrt{2\pi}}\int \widetilde{\psi}(k)\, e^{ikx}\, dk \qquad (*)$$

と表されるとする．この状態にある粒子の波数の測定結果が $k = k_0$ となる確率はどう表されるか．

(b) $\psi(x)$ が規格化されているとすると，$\widetilde{\psi}(k)$ はどのような条件を満たすか．そのとき，問 (a) の解答はどうなるか．

ヒント 複素指数関数に対する公式 $\int_{-\infty}^{\infty} e^{ikx}\, dx = 2\pi\delta(k)$ を使う．右辺はディラックの δ（デルタ）関数というものであり $k \neq 0$ ならばゼロ．また任意の関数 $f(k)$ に対して $\int \delta(k)f(k)\, dk = f(0)$ である（積分領域に $k = 0$ を含めばよい）．応用問題 5.2 も参照．

第 2 章　シュレーディンガー方程式

答 基本 2.9　(a) 検出確率の合計（すべての位置に対する積分）は 1 にならなければならないので，$|\psi(x_0)|^2$ が検出確率そのものであるための条件は

$$\text{規格化条件：} \quad \int |\psi(x)|^2 \, dx = 1$$

(b)
$$|A|^2 \int |\psi_1|^2 \, dx + |B|^2 \int |\psi_2|^2 \, dx = |A|^2 + |B|^2 = 1$$

なので

$$\int |A\psi_1 + B\psi_2|^2 \, dx = 1 + \{A^* B \int \psi_1^* \psi_2 \, dx + \text{c.c.}\}$$

ただし * は複素共役を表す記号であり，また c.c. は，前項の複素共役 (complex conjugate) という意味である．右辺全体が 1 であるためには

$$\int \psi_1^* \psi_2 \, dx = 0$$

でなければならない．ベクトルの内積がゼロという状況に対応させて，左辺を関数の内積といい，それがゼロであることを，関数の**直交**という（第 5 章参照）．

(c) 問 (b) の条件が満たされていれば，$|\psi|^2$ 自体が検出確率である．そして

$$|\psi|^2 = |A|^2 |\psi_1|^2 + |B|^2 |\psi_2|^2 + \{A^* B \psi_1^* \psi_2 \, dx + \text{c.c.}\}$$

右辺第 3 項の正負により，検出確率は，各状態の検出確率の平均よりも増えたり減ったりする．**干渉効果**である．ただし直交条件より第 3 項の合計はゼロ．

答 基本 2.10　(a) さまざまな波数をもつ波 e^{ikx} が，$\widetilde{\psi}(k)$ に比例した重みで足し合わさっているとみなせるので，問題前文の説明を拡張して，検出確率は，$C|\widetilde{\psi}(k)|^2$ と表されると考えられる．係数 C は確率の合計が 1 という条件から決まり，$C = (\int |\widetilde{\psi}(k)|^2 \, dk)^{-1}$．

(b)　$1 = \int |\psi(x)|^2 \, dx = \int \psi^*(x) \psi(x) \, dx$ に，式 (*) と

$$\psi^*(x) = \frac{1}{\sqrt{2\pi}} \int \widetilde{\psi}^*(k') \, e^{-ik'x} \, dk'$$

を代入すると

$$1 = \frac{1}{2\pi} \iiint \widetilde{\psi}^*(k') \, e^{-ik'x} \widetilde{\psi}(k) \, e^{ikx} \, dk' \, dk \, dx$$

右辺は 3 重の積分だが，まず x 積分を考えると，**ヒント** の式より

$$\int e^{i(k-k')x} \, dx = 2\pi \delta(k - k')$$

$k - k' = 0$ つまり $k = k'$ である．そして **ヒント** の第 2 式を使って k' 積分をすれば $1 = \int |\widetilde{\psi}(k)|^2 \, dk = C^{-1}$．すなわち $|\widetilde{\psi}(k)|^2$ 自体が k の検出確率になる．

解説　$\psi(x)$ を状態の座標表示（x 表示）というとすれば，$\widetilde{\psi}(k)$ は状態の波数表示あるいは運動量表示である．したがって波数の検出確率が $|\widetilde{\psi}(k)|^2$ であるというのは，ボルンの規則の自然な拡張である．詳細は補章 A 参照．●

基本 2.11 （期待値の変化） (a) 規格化は時間に依存しないこと，すなわち
$$\int |\psi|^2\, dx = \int \psi^* \psi\, dx = 1 \tag{$*$}$$
という条件は，ある時刻 t で満たされていれば任意の時刻で満たされていることを，シュレーディンガー方程式を使って示せ．

ヒント 式 ($*$) の積分は全空間である．その答えが有限であるとすれば，無限遠で ψ はゼロになっていなければならない．また，ψ^* に対するシュレーディンガー方程式は，$-i\hbar \frac{\partial \psi^*}{\partial t} = -\frac{\hbar^2}{2m}\frac{\partial^2 \psi^*}{\partial x^2} + U\psi^*$．

(b) 規格化されていれば，位置 x での検出確率は $|\psi(x)|^2$ なので，その平均を $\langle x \rangle$ と表せば
$$\langle x \rangle = \int x|\psi(x)|^2\, dx = \int \psi^* x \psi\, dx$$
となる．これの時間微分を，シュレーディンガー方程式を使って計算し，
$$m\frac{d\langle x \rangle}{dt} = \int \psi^* \left(-i\hbar \frac{\partial}{\partial x}\right)\psi\, dx \tag{$**$}$$
となることを示せ．

解説 $\langle x \rangle$ を x の**期待値**というが，検出するか否かにかかわらず，広がった状態での平均的な x の値を表している．同様に式 ($**$) の右辺は演算子 $-i\hbar \frac{\partial}{\partial x}$ すなわち量子力学的な運動量 p の期待値とみなせるので，式 ($**$) は

$$m\frac{d\langle x \rangle}{dt} = \langle p \rangle$$

これは古典力学での関係 $mv = p$ と同じなので当たり前のようだが，量子力学での運動量は速度 v とは無関係に，波数によって定義されているので，同じ結果が出たというのは決して当たり前ではない．右ページの計算を見ると，こうなった原因は，シュレーディンガー方程式の $\frac{\partial^2 \psi}{\partial x^2}$ という項にあることがわかる（少し高レベルの話だが，古典力学のハミルトン方程式というものを学ぶと，そこでの $p = mv$ の由来も同じであることがわかる）．

(c) 問 (b) の式 ($**$) をもう1回，時間で微分し
$$m\frac{d^2\langle x \rangle}{dt^2} = \int \psi^* \left(-\frac{\partial U}{\partial x}\right)\psi\, dx \tag{$***$}$$
であることを証明せよ．

解説 古典力学では $-\frac{\partial U}{\partial x}$ は力なので，この式は，古典力学の運動方程式が期待値レベルで証明されたことになる（**エーレンフェストの定理**）．波の広がりが無視でき，期待値が物体の物理量そのものであるという状況が実現できたとすれば（次問参照），量子力学と古典力学は一致するということである．

第 2 章 シュレーディンガー方程式

答 基本 2.11 (a) 計算しやすいように $i\hbar$ を掛けておくと

$$i\hbar \frac{d}{dt}\int \psi^*\psi\, dx = \int \left(i\hbar \frac{\partial \psi^*}{\partial t}\right)\psi + \psi^*\left(i\hbar \frac{\partial \psi}{\partial t}\right) dx$$

ψ と ψ^* に対するシュレーディンガー方程式を使うと，U の項は打ち消し合い

$$\text{上式} = \frac{\hbar^2}{2m}\int \left(\frac{\partial^2 \psi^*}{\partial x^2}\psi - \psi^*\frac{\partial^2 \psi}{\partial x^2}\right) dx \qquad (****)$$

となる．ここで

$$\int \psi^*\frac{\partial^2 \psi}{\partial x^2}\, dx = \psi^*\frac{\partial \psi}{\partial x}\Big|_{-\infty}^{\infty} - \int \frac{\partial \psi^*}{\partial x}\frac{\partial \psi}{\partial x}\, dx$$

といった部分積分を行う．右辺第 1 項（表面項という）は，ヒントで指摘したように ψ が無限遠でゼロになるとすればゼロになる．第 2 項は，式 (****) 右辺の 2 つの項それぞれの寄与が打ち消し合って，全体として 式 (****) $= 0$ となる．

注 e^{ikx} の場合は無限遠ではゼロにならず，式 (*) の意味では規格化できないが，重ね合わせると規格化できる（たとえば次問）．また e^{ikx} のままで拡張した規格化をすることも考えられるが，それは第 5 章で説明する．●

(b) 問 (a) と同様に考える．

$$i\hbar \frac{d}{dt}\int \psi^* x\psi\, dx = \int \left(i\hbar \frac{\partial \psi^*}{\partial t}\right)x\psi + \psi^* x\left(i\hbar \frac{\partial \psi}{\partial t}\right) dx$$

シュレーディンガー方程式を使えば，やはり U の項は打ち消し合い

$$\text{上式} = \frac{\hbar^2}{2m}\int \left(\frac{\partial^2 \psi^*}{\partial x^2}x\psi - \psi^* x\frac{\partial^2 \psi}{\partial x^2}\right) dx$$

ここで部分積分をするが，表面項 $= 0$ としても x の存在による余分な項が出てきて，全体としてゼロにはならない．実際

$$\text{上式} = \frac{\hbar^2}{2m}\int \left(-\frac{\partial \psi^*}{\partial x}\frac{\partial (x\psi)}{\partial x} + \frac{\partial (x\psi^*)}{\partial x}\frac{\partial \psi}{\partial x}\right) dx$$
$$= \frac{\hbar^2}{2m}\int \left(-\frac{\partial \psi^*}{\partial x}\psi + \psi^*\frac{\partial \psi}{\partial x}\right) dx = \frac{\hbar^2}{m}\int \psi^*\frac{\partial \psi}{\partial x}\, dx$$

最後に第 1 項をもう一度，部分積分している．これを書き換えれば与式 (**) となる．

(c) 問 (b) の結果をもう一度 t で微分すると

$$i\hbar m \frac{d^2 \langle x \rangle}{dt^2} = \int \left(i\hbar \frac{\partial \psi^*}{\partial t}\right)\left(-i\hbar \frac{\partial}{\partial x}\right)\psi + \psi^*\left(-i\hbar \frac{\partial}{\partial x}\right)i\hbar \frac{\partial \psi}{\partial t}\, dx$$

ここにシュレーディンガー方程式を代入するのだが，部分積分をすれば $\frac{\partial^2}{\partial x^2}$ の項は打ち消し合う．したがって

$$\text{上式} = \int \left((-U\psi^*)\left(-i\hbar \frac{\partial}{\partial x}\right)\psi + \psi^*\left(-i\hbar \frac{\partial}{\partial x}\right)(U\psi)\right) dx$$

第 2 項の x 微分を 2 つにばらすと片方は第 1 項と打ち消し合うので

$$\text{上式} = \int \psi^*\left(-i\hbar \frac{\partial U}{\partial x}\right)\psi\, dx$$

全体を $i\hbar$ で割れば問題の与式が得られる．

基本 2.12 (ピークをもつ波)　波動関数とは一般に広がっており，各時刻での粒子の位置は確定していない．位置が（ほぼ）確定している古典力学的状況を再現するには，非常に幅の狭い波（**局在した波**）を考えなければならない．具体例を示そう．

(a)　波動関数 e^{ikx} は全空間に一様に広がった波だが，それを e^{-ak^2} という重みを付けて重ね合わせる．つまり

$$\psi(x) \propto \int e^{-ak^2} e^{ikx} dk \qquad (*)$$

とすると，これは $x=0$ にピークをもち無限遠ではゼロになる関数になる．このことを式で示せ．また，そうなる理由を，直観的に説明できるか（さまざまな k をもつ波の束を作ったという意味で，このような局在した波を**波束**という）．

ヒント　指数部分をまとめて平方完成する．k 積分を実際に行う必要はない．

(b)　式 $(*)$ では $k=0$ にピークをもつ重みを掛けたが，それを $k=k_0$ にずらして

$$\psi(x) \propto \int e^{-a(k-k_0)^2} e^{ikx} dk \qquad (**)$$

とすると，問 (a) とどう変わるか，変数変換することによって答えよ．

(c)　問 (a) の状態は，時間が経過するとどのように変化するか．ただし状態は，$U=0$ のシュレーディンガー方程式にのっとって変化するとする．

ヒント　基本問題 2.4(c) で説明したように $e^{-i\omega t}$ を掛ける．ω は同問 (a) の解答通りであり k^2 に比例するが，式を簡単にするために $\omega = \alpha k^2$ ($\alpha = \frac{\hbar}{2m}$) とせよ．

(d)　問 (b) の状態は，時間が経過するとどのように変化するか．同様に考えよ．

解説　スペースの関係で，解答で求めた関数のグラフをここに示す．(b) と (d) は ψ の実数部分である ($e^{ik_0 x} \to \cos k_0 x$ とする)．

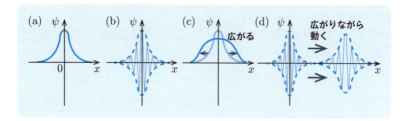

類題 2.7 (ピークをずらす)　基本問題 2.12 で求めた波は，$t=0$ では $x=0$ に位置する波だった．$t=0$ でのピークの位置を $x=x_0$ にずらすにはどうしたらいいか．問 (a) の ψ を変数変換することによって考えよ．

類題 2.8 (ピークの広がり方)　基本問題 2.12(c) の式に基づき，ミクロの粒子とマクロの物体で，幅の広がり方の違いを議論せよ．

答 基本 2.12 (a) $-ak^2 + ikx = -a\left(k - \frac{ix}{2a}\right)^2 - \frac{x^2}{4a}$ なので
$$\psi(x) \propto e^{-\frac{x^2}{4a}} \int e^{-a(k-\frac{ix}{2a})^2} dk = e^{-\frac{x^2}{4a}} \int e^{-ak'^2} dk'$$

$k' = k - \frac{ix}{2a}$ とした. k の積分経路は $-\infty$ から ∞, k' での積分領域は $-\infty - ic$ から $\infty - ic$ だが (c は実数), 積分経路は複素平面内でずらすことができるので (複素関数の性質), 積分結果は c に依存せず, したがって $\psi \propto e^{-\frac{x^2}{4a}}$. つまり $x = 0$ にピークをもつ関数になる. そうなるのは, $x = 0$ でないと, k が変わると e^{ikx} の実数部も虚数部も正負が変わるので, 積分すると被積分関数が打ち消し合うからである.

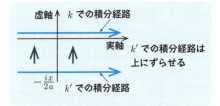

(b) 式 $(**) \propto \int e^{-a(k-k_0)^2} e^{i(k-k_0)x} e^{ik_0 x} dk = e^{ik_0 x} \int e^{-ak'^2} e^{ik'x} dk'$
なので ($k' = k - k_0$), 問 (a) の結果に $e^{ik_0 x}$ を掛けた形になる.

(c) 問 (a) と同様に指数の部分をまとめると ($\alpha = \frac{\hbar}{2m}$ として)
$$-ak^2 + ikx - i\omega t = -(a + i\alpha t)k^2 + ikx$$

なので, 問 (a) の結果で, a を $a + i\alpha t$ に変えればよい. すなわち
$$\psi \propto \exp\left\{-\frac{x^2}{4(a+i\alpha t)}\right\} = \exp\left\{\frac{-x^2}{4} \times \frac{a - i\alpha t}{a^2 + (\alpha t)^2}\right\}$$

t が大きくなると x^2 の係数の実部 ($\frac{a}{a^2 + (\alpha t)^2}$) は減少する. つまりピークの位置は $x = 0$ のままだが幅は広がる.

(d) $k - k_0$ で展開すると ($\omega_0 = \alpha k_0^2$ という記号を使う)
$$ikx - i\omega t = ik_0 x - i\omega_0 t + i(x - 2\alpha k_0 t)(k - k_0) - i\alpha t(k - k_0)^2$$

指数全体としては, 問 (b) と比較するために並べ換えると
$$-a(k-k_0)^2 + ikx - i\omega t = -(a + i\alpha t)(k - k_0)^2 + i(x - 2\alpha k_0 t)(k - k_0) + ik_0 x - i\omega_0 t$$

問 (a) と比較すると, $k \to k - k_0$, $a \to a + i\alpha t$, $x \to x - 2\alpha k_0 t$ とし, 後は k に依存しない項 $ik_0 x - i\omega_0 t$ を加えたことになっている. k の変更は (問 (b) と同様の) 積分変数の変換によってなくせるので, 結局
$$\psi \propto \exp\left\{-\frac{(x - 2\alpha k_0 t)^2}{4(a + i\alpha t)}\right\} e^{-i\omega_0 t} e^{ik_0 x}$$

問 (c) と似ているがピークの位置が $2\alpha k_0$ の速度で動いていることがわかる. $\alpha = \frac{\hbar}{2m}$ なので, この速度は $\frac{\hbar k_0}{m}$ (運動量 ÷ 質量) である. $p = mv$ という関係が波束の動きという意味で正当化された (応用問題 2.2 も参照).

応用問題

※類題の解答は巻末

応用 2.1 （井戸型の場合の期待値の関係） 基本問題 2.7 および 2.8 (c), (d) で議論した，領域 $0 < x < L$ に閉じ込められた状態

$$\psi(x,t) = A(e^{-i\omega_1 t}\sin k_1 x + e^{-i\omega_2 t}\sin k_2 x) \qquad (*)$$

について，基本問題 2.11 の期待値を調べよう．

(a) ψ を規格化すると A の値はどうなるか．類題 2.6 も参考にして求めよ．

(b) 基本問題 2.8 (d) の結果を参考にして，各時刻 t での期待値 $\langle x \rangle$ を求めよ（期待値が左右に振動していることを確かめること．その周期はどうなるか）．

(c) 同じ状態に対して運動量の期待値 $\langle p \rangle$ を求め，$m\frac{d\langle x \rangle}{dt} = \langle p \rangle$ という関係が成り立っていることを確かめよ．

(d) 領域内では $U = 0$ であるにもかかわらず，$\langle x \rangle$ は左右に振動する．したがって期待値の運動方程式（エーレンフェストの定理 … 基本問題 2.11 (c)）は成り立たない．しかし力は両端で働いており，その情報は境界条件 $\psi(x=0) = \psi(x=L) = 0$ に含まれているはずである．この境界条件を正しく考えると，この問題の状況でのエーレンフェストの定理は

$$m\frac{d^2\langle x \rangle}{dt^2} = -\frac{\hbar^2}{2m}\frac{\partial \psi^*}{\partial x}\frac{\partial \psi}{\partial x}\Big|_0^L$$

となる．この式を証明せよ．

注 右辺は表面項であり両端での値で決まる．この項が両端で働く力の効果を表している．下の類題も参照．

(e) 実際に式 $(*)$ で表される状態に対して，上式が成り立っていることを確かめよ．

類題 2.9 （壁の力） 上問 (d) で求めた壁の力の式を，古典力学的な観点から検討しよう．古典力学では干渉効果は扱えないので，状態は単純に $\psi = \sqrt{\frac{2}{L}}e^{-i\omega_1 t}\sin k_1 x$ とする．古典力学で考えると，この，運動量 $p = \hbar k_1$ をもつ粒子が境界 $x = 0$ で弾性衝突するときに壁から受ける力積は $2p$ である．また，単位時間の衝突の回数は $\frac{v}{2L} = \frac{p}{2mL}$ である．このとき，この粒子が $x = 0$ の壁から受ける力の時間平均を求めよ．また，それが上問 (d) の式の右辺と合致していることを示せ．

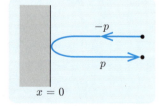

注 この状態では左右の壁から受ける力が等しいので，合計すればゼロになるが，ここでは一方の壁から受ける力だけを計算する．

第 2 章　シュレーディンガー方程式　　　　　　　　　　　**41**

答 応用 2.1　(a) 右辺の各項を規格化するには，$\sqrt{\frac{2}{L}}$ を掛ければよい（類題 2.6 (a)）．実際には 2 項あり，それらは直交しているので（類題 2.6 (b)），基本問題 2.9 (b) の結果より，それらに $\frac{1}{\sqrt{2}}$ を掛けて，$A = \frac{1}{\sqrt{L}}$ とすればよい．

(b) 基本問題 2.8 (d) より，$\Delta\omega = \omega_2 - \omega_1 = \frac{3\hbar}{2m}\frac{\pi^2}{L^2}$ として

$$|\psi(x,t)|^2 = \tfrac{1}{L}\left(\sin^2\tfrac{\pi x}{L} + \sin^2\tfrac{2\pi x}{L} + 2\cos\Delta\omega\, t\, \sin\tfrac{\pi x}{L}\sin\tfrac{2\pi x}{L}\right)$$

である．したがって

$$\langle x\rangle = \int x|\psi(x,t)|^2\, dx = \tfrac{1}{L}\left(\tfrac{L^2}{4} + \tfrac{L^2}{4} + 2\cos\Delta\omega\, t \times \left(-\tfrac{8L^2}{9\pi^2}\right)\right)$$
$$= L\left(\tfrac{1}{2} - \tfrac{16}{9\pi^2}\cos\Delta\omega\, t\right) \fallingdotseq L\left(\tfrac{1}{2} - 0.18\cos\Delta\omega\, t\right)$$

$0.32L < x < 0.68L$ の範囲を振動している．周期は $\frac{2\pi}{\Delta\omega}$．

(c)
$$\tfrac{\partial\psi}{\partial x} = \tfrac{1}{\sqrt{L}}(e^{-i\omega_1 t}k_1\cos k_1 x + e^{-i\omega_2 t}k_2\cos k_2 x)$$
$$\to\ \psi^*\tfrac{\partial\psi}{\partial x} = \tfrac{1}{L}(k_1\sin k_1 x\cos k_1 x + k_2\sin k_2 x\cos k_2 x$$
$$\qquad\qquad + e^{-i\Delta\omega t}k_2\sin k_1 x\cos k_2 x + e^{i\Delta\omega t}k_1\sin k_2 x\cos k_1 x)$$
$$\to\ \langle p\rangle = \int\psi^*(-i\hbar\tfrac{\partial}{\partial x})\psi\, dx = -\tfrac{i\hbar}{L}\left(0 + 0 + \tfrac{4}{3}e^{-i\Delta\omega t} - \tfrac{4}{3}e^{i\Delta\omega t}\right) = \tfrac{8\hbar}{3L}\sin\Delta\omega\, t$$

問 (a) に記した $\Delta\omega$ を使えば与式が導かれる．被積分関数が複素数であるのに $\langle p\rangle$ が実数になっていることに注意．

(d) 基本問題 2.11 で部分積分をしたとき，積分領域は $-\infty$ から ∞ であり，無限遠では ψ はゼロになるので表面項 $= 0$ であるという議論をした．しかしここでは積分領域は $0 < x < L$ である．両端では $\psi = 0$ なので，表面項に ψ が含まれている限り問題はないが，同問 (c) の段階で

$$\int \tfrac{\partial^2\psi^*}{\partial x^2}\tfrac{\partial\psi}{\partial x}\, dx = \tfrac{\partial\psi^*}{\partial x}\tfrac{\partial\psi}{\partial x} - \int \tfrac{\partial\psi^*}{\partial x}\tfrac{\partial^2\psi}{\partial x^2}\, dx$$

という部分積分をしたとき，表面項（右辺第 1 項）はゼロにならない．その結果，与式の右辺が残ることになる．

(e) 問 (c) の最初の微分の式を使うと

$$\tfrac{\partial\psi}{\partial x}\big|_{x=0} = \tfrac{1}{\sqrt{L}}(e^{-i\omega_1 t}k_1 + e^{-i\omega_2 t}k_2)$$
$$\tfrac{\partial\psi}{\partial x}\big|_{x=L} = \tfrac{1}{\sqrt{L}}(-e^{-i\omega_1 t}k_1 + e^{-i\omega_2 t}k_2)$$

これより

$$\tfrac{\partial\psi^*}{\partial x}\tfrac{\partial\psi}{\partial x}\Big|_0^L = -\tfrac{8}{L}\left(\tfrac{\pi}{L}\right)^2\cos\Delta\omega\, t$$

となり，問 (b) の $\langle p\rangle$ の微分と比較すれば与式が証明される．

応用 2.2（ピークの動き） 基本問題 2.12 で議論した波束（局在した波）について再考する．同問 (d) では

$$\psi(x,t) \propto \int e^{-a(k-k_0)^2} e^{-i\omega t} e^{ikx} dk$$

として，ピークが等速で動くことを示した．$a > 0$, $\omega \propto k^2$ であった．これを一般化して

$$\psi(x,t) \propto \int e^{-f(k)} e^{i\theta(k,x,t)} dk$$

と書こう．f も θ も実数関数であり，$f(k)$ は $k = k_0$ で最小となるとする（$e^{-f(k)}$ は $k = k_0$ に鋭いピークをもつ）．また

$$\theta = -\omega(k)t + kx + \theta_0(k)$$

とするが，$\omega(k)$ も θ_0 も k の何らかの実数関数とする．

$e^{-f(k)}$ は $k = k_0$ にピークをもつので，k 積分は被積分関数の $k = k_0$ 付近の振る舞いで決まることになる．k を変えたときに θ が変化すると，$e^{i\theta}$ の符号が正負に振動するので，積分すると打ち消し合う．しかし $k = k_0$ で $\frac{d\theta}{dk} = 0$ ならば，少なくとも $k = k_0$ 付近では（θ がほぼ一定なので）打ち消し合いが起こらない．位相が変わらないという意味で**定常位相**という．

(a) 以上の考察から，各時刻 t でのピークの位置 x を決める式を求めよ．
(b) $t = 0$ でのピークの位置はどこか．
(c) ピークの位置は時間とともにどのように動くか．ピークが動く速度と波の速度は同じか異なるか．それは ω の k 依存性によってどのように変わるか．ω が k の 1 次式と 2 次式の場合について考えよ．
(d) $\hbar k_0$ が古典力学の運動量 $p = mv$ に一致するのはどのような場合か．

類題 2.10（反射する波の波束） $x = 0$ にのみ壁があり，$0 < x < \infty$ の領域で自由に動ける粒子を考える．$\psi(x = 0, t) = 0$ という条件を満たさなければならないので，波数 k が決まった状態は

$$\psi \propto e^{-i\omega t}(e^{ikx} - e^{-ikx}) \propto e^{-i\omega t} \sin kx$$

となるが，これは広がった波である．局在した波（波束）にするには，前問のように重ね合わせをしなければならない．

$$\psi \propto \int e^{-a(k-k_0)^2} e^{-i\omega t} \sin kx\, dk$$

とした場合にピークの位置はどのように動くかを考えよ．

第 2 章 シュレーディンガー方程式

答 応用 2.2 (a) $k = k_0$ で $\frac{d\theta}{dk} = 0$ という条件を具体的に書くと

$$-\frac{d\omega}{dk}\Big|_{k_0} t + x + \frac{d\theta_0}{dk}\Big|_{k_0} = 0 \quad \rightarrow \quad x = \omega'(k_0)t - \theta'_0(k_0)$$

ω', θ'_0 はそれぞれ，ω と θ_0 の k による微分である．この式が，各時刻 t でのピークの位置 x を与える．

(b) 上式より，$t = 0$ でのピークの位置は明らかに，$-\theta'_0(k_0)$ である．類題 2.7 では，基本問題 2.12 の重みに e^{-ikx_0} を掛ければピークが x_0 だけずれるということを説明したが，これは $\theta_0 = -kx_0$ としたことに対応する．

(c) 問 (a) の式よりピークの速度は $\omega'(k_0)$ である．また波の形の動きの速さは

$$\theta = k\left(x - \frac{\omega}{k}t\right) + \theta_0(k)$$

より $\frac{\omega}{k}$ である．これは一般に k に依存するが，$k = k_0$ での値で代表して考えることにする．$\frac{\omega}{k}$ を**位相速度**といい，ω' を**群速度**（波の群の速さという意味）といって区別する．以下，具体例で考えよう．

1 次式の場合：α を定数として $\omega = \alpha k$ としよう．すると $\omega' = \alpha$ なので，波数 k_0（あるいは波長）が何であってもピークの速度は α である．波の速度も $\frac{\omega}{k} = \alpha$ である．これは，波として考えても（電磁波），粒子として考えても（光子），動く速さが光速度 c である光のケースに相当する．光では $E = |p|c$ なので $\omega = c|k|$ であり $\alpha = c$ となる．この場合，式 (2.8) は成り立たないのでシュレーディンガー方程式も成り立たない．その代わり，$E^2 = c^2 p^2$ より

$$\frac{\partial^2 \psi}{\partial t^2} - c^2 \frac{\partial^2 \psi}{\partial x^2} = 0$$

という波動方程式が成り立つ．この 3 次元版が電磁波が満たす方程式である．

2 次式の場合：α を定数として $\omega = \alpha k^2$ としよう．$\omega' = 2\alpha k$, $\frac{\omega}{k} = \alpha k$ であり，どちらの速度も k に比例するが 2 倍異なる．この違いは基本問題 2.2 でも指摘したことである．

(d) 粒子の速度 v はピークの速度なので，$p = mv$ ならば $\hbar k_0 = m\omega'(k_0)$．つまり ω' は k に比例しなければならず，問 (c) の 2 次式の場合に相当する．$\alpha = \frac{m}{\hbar}$ となるが，粒子の質量 m は ω と k の関係から定義されることを意味する．

解説 波の理論で一般に，振動数と波数の関係を**分散関係**といい，$\frac{\omega}{k} = $ 一定 の場合，分散がない，一定ではない場合，分散があるという．波の式での分散関係から粒子の性質が決まっている．

応用 2.3 （等加速度運動） 等加速度運動は古典力学だったら2, 3行で答えが求まる簡単な問題だが、量子力学ではどうなるだろうか。一様重力下の質量 m の物体の垂直運動だとし、$U=mgx$ とする。シュレーディンガー方程式は，

$$i\hbar \frac{\partial}{\partial t}\psi(x,t) = -\frac{\hbar^2}{2m}\frac{\partial^2}{\partial x^2}\psi(x,t) + mgx\psi(x,t) \quad (*)$$

これを次の手順で解いてみよう．

(a) 力が働いていない場合，運動量が決まった値をもつ解は

$$\psi = A(t)e^{ikx}$$

という形であった．同じタイプの解を探そう．しかし力が働いているので k を定数とはみなせない．古典力学では運動量は単位時間ごとに mg だけ減る．そこで，量子力学での運動量，つまり波数も同じように変化すると仮定して，上式で

$$k \to \widetilde{k} = k - \beta t, \quad ただし \quad \beta = \frac{mg}{\hbar}$$

と置き換える．k は $t=0$ での波数である．そして

$$\psi = A(t)e^{i\widetilde{k}x} \quad (**)$$

として，$A(t)$ に対する方程式を導け．

(b) 問 (a) で求めた解は全空間に広がった波である．自由落下する物体を表すには，さまざまな k の解を重ね合わせて波束（局在する波）を作らなければならない．そこで，基本問題 2.12 と同様に，重みの関数 $e^{-a(k-k_0)^2}$ を掛けて

$$\psi(x,t) \propto \int e^{-a(k-k_0)^2} e^{i\alpha \widetilde{k}^3} e^{i\widetilde{k}x} dk$$

とする．$k=k_0$ の解を中心に重ね合わせるということである．これがピークをもつ波を表すとすれば，そのピークは，$t=0$ で $v = \frac{\hbar k_0}{m}$ という速度をもつ自由落下運動に対応する振る舞いをすると予想される．実際，そうなることを，応用問題 2.2 の方針にのっとって示せ．

(c) 問 (b) で求めた波束は，$t=0$ での初期位置はどこか．最高点はどこか．初期位置を $x=0$ に移すにはどうしたらよいか．

注 問 (a) で求めた ψ は，無限の上方 ($x \to \infty$) にまで広がる波である．つまり $E=\infty$ を含むさまざまなエネルギーの状態を含む関数である．それに対して問 (b) で求めた波は，近似的には k_0 で決まるエネルギーをもつ波である．厳密にエネルギーが定まった状態の波動関数は第3章で議論する．

答 応用 2.3 (a) $\widetilde{k}$ を与式のようにすると

$$\frac{\partial A(t)e^{i\widetilde{k}x}}{\partial t} = e^{i\widetilde{k}x}\frac{dA}{dt} - i\frac{mg}{\hbar}xAe^{i\widetilde{k}x}, \qquad \frac{\partial^2 e^{i\widetilde{k}x}}{\partial x^2} = -\widetilde{k}^2 e^{i\widetilde{k}x}$$

なので

$$i\hbar\frac{dA}{dt} = \frac{\hbar^2\widetilde{k}^2}{2m}A$$

x が現れる項はなくなったので A が t のみの関数とみなせるという点が重要である．つまり式 (∗∗) の形が正当化される．上式の解は A_0 を任意定数として

$$A(t) = A_0 e^{i\alpha\widetilde{k}^3} \quad \text{ただし} \quad \alpha = \frac{\hbar^2}{6m^2g}$$

となる．$\widetilde{k}$ は問題で与えられた t の関数であることに注意．

(b)
$$\theta = \alpha\widetilde{k}^3 + \widetilde{k}x$$

とすれば，ピークの位置は，定常位相の条件

$$\frac{d\theta}{dk} = 0$$

に $k = k_0$ を代入して得られる．微分を計算すると

$$\frac{d\theta}{dk} = 3\alpha\widetilde{k}^2 + x$$

なので，位置 x は

$$x = -3\alpha(k_0 - \beta t)^2 = -\frac{1}{2}g\left(t - \frac{\hbar k_0}{mg}\right)^2 \qquad (\ast\ast\ast)$$

これから速度を計算すると

$$v = \frac{dx}{dt} = \frac{\hbar k_0}{m} - gt$$

これは明らかに，初期速度 $\frac{\hbar k_0}{m}$，等加速度 g で落下する動きである．初期位置は $x = 0$ からずれているが，これは $t = 0$ で $\alpha\widetilde{k}^3 \neq 0$ であることの結果であり，類題 2.7 の手法でずらすことができる．

(c) 問 (b) の式 (∗∗∗) より，初期位置は $x_0 = -\frac{g}{2}\left(\frac{\hbar k_0}{mg}\right)^2$．最高点は $x = 0$．つまり問 (b) で求めた波束のエネルギーは近似的にゼロ．

波束を x_0 ずらすには，類題 2.7 の手法にしたがって，重みに e^{-ikx_0} を掛ければよい．すると問 (b) の θ に $-kx_0$ が加わり，また x の式には x_0 が加わる．

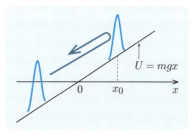

応用 2.4（調和振動の波束）　今度は，$U = \frac{1}{2}m\omega^2 x^2$ という形のポテンシャルの中を動いている粒子のシュレーディンガー方程式を解くという問題を考える（単振動あるいは**調和振動**という）．古典力学では答えは三角関数で表される振動だが，それを量子力学的に表す，振動する波束を求めよう（波束とはさまざまなエネルギーの状態を重ね合わせたものなので，これは応用問題 1.1 で求めた，エネルギー $E = nh\nu = n\hbar\omega$ をもつ状態ではない．両者の関係は第 3 章で説明する）．

注　本問の ω は単振動の角振動数であり，波の角振動数（$E = \hbar\omega$ の ω）ではない．

(a)　まず，中心 $x = 0$ に静止している波束を考える．つまり $x = 0$ を中心とした幅の狭い波である．その形を

$$\psi(x,t) = A(t)\, e^{-\frac{\beta}{2}x^2} \qquad (*)$$

とし，シュレーディンガー方程式に代入して $A(t)$ と β を定めよ．

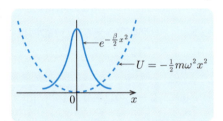

注　この ψ は幅をもっている．厳密に $x = 0$ のみに局在しているという状態は，（瞬間的な現象を除いて）量子力学ではありえない．

(b)　次に，古典力学での振動する物体のように，左右に

$$x = x_0 \cos\omega t$$

という形で振動する波束を考える．波束の中心がこのように動くと考え，波は

$$\psi(x,t) = A(t)\, e^{-\frac{i\omega}{2}t}\, e^{-\frac{\beta}{2}(x - x_0\cos\omega t)^2}\, e^{i\tilde{k}x} \qquad (**)$$

という形であるとする．β は問 (a) で求めた値であり，また $\tilde{k}$ は（応用問題 2.3 と同様に）古典力学を参照して

$$\tilde{k} = \frac{p}{\hbar} = \frac{mv}{\hbar} = -\frac{m\omega x_0}{\hbar}\sin\omega t$$

とする．また，問 (a) の答えを参考にして $e^{-\frac{i\omega}{2}t}$ という因子を付け加えた．これを付けなくても最終的には $A(t)$ の一部として現れるが，最初から付けておいたほうが計算が多少，簡単になる．$A(t)$ をうまく選べば上式がシュレーディンガー方程式の解になることを示せ．

(c)　$|\psi(x,t)|^2$ はどのように振る舞うか．

第2章 シュレーディンガー方程式

答 応用 2.4 (a) シュレーディンガー方程式

$$i\hbar \frac{\partial \psi}{\partial t}\psi = -\frac{\hbar^2}{2m}\frac{\partial^2 \psi}{\partial x^2} + \frac{1}{2}m\omega^2 x^2 \psi$$

に式 (∗) に代入すると（全体にかかる $e^{-\frac{\beta}{2}x^2}$ は省略して）

$$i\hbar \frac{dA}{dt} = -\frac{\hbar^2}{2m}(\beta^2 x^2 - \beta)A + \frac{1}{2}m\omega^2 x^2 A$$

任意の x でこの式が成立するのだから、x の 0 次の係数と 2 次の係数それぞれがゼロでなければならない。すなわち

$$i\hbar \frac{dA}{dt} = \frac{\hbar^2}{2m}\beta A$$

$$0 = -\frac{\hbar^2}{2m}\beta^2 A + \frac{1}{2}m\omega^2 A$$

第 2 式より $\beta = \frac{m\omega}{\hbar}$ だから、第 1 式より

$$\frac{dA}{dt} = -\frac{i\omega}{2}A \quad \to \quad A(t) = A_0 e^{-\frac{i\omega}{2}t} \quad (A_0 \text{ は任意定数})$$

$|e^{-\frac{i\omega}{2}t}| = 1$ だから、$|\psi|^2$ は時間が経過しても一定であることがわかる。

(b) 問題の与式を上のシュレーディンガー方程式に代入する。さまざまな項が出てくるが、β を問 (a) のように選んでおくと多くの項が打ち消し合い（係数に x が出てくる項はすべてなくなる）、最終的には

$$i\hbar \frac{dA}{dt} = -\frac{m\omega^2}{2}x_0^2(\cos^2 \omega t - \sin^2 \omega t)A = -\frac{m\omega^2 x_0^2}{2}\cos 2\omega t\, A$$

という t だけの式になる。問題の与式の形を仮定したことが正当化される。これより、A_0 を任意定数として、$A(t) = A_0\, e^{if(t)}$ という形の解があることがわかり、$f(t)$ を具体的に求めれば

$$A(t) = A_0\, e^{\frac{im\omega x_0^2}{4\hbar}\sin 2\omega t} = A_0\, e^{\frac{im\omega x_0^2}{2\hbar}\sin \omega t \cos \omega t}$$

これは、式 (∗∗) で

$$e^{i\tilde{k}x} \quad \to \quad e^{i\tilde{k}\left(x - \frac{1}{2}x_0 \cos \omega t\right)}$$

としておけば $A(t)$ は単なる定数になったということである。

(c) $|A| = $ 定数 なので、$|\psi(x,t)|^2 \propto e^{-\beta(x - x_0 \cos \omega t)^2}$ である。波束の絶対値は一定の形を保ったまま左右に単振動をする。

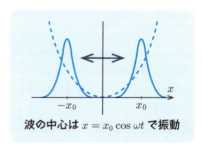

波の中心は $x = x_0 \cos \omega t$ で振動

第3章 束縛状態

ポイント

● **ハミルトニアン** シュレーディンガー方程式 (2.11) を $i\hbar \frac{\partial \psi}{\partial t} = H\psi$ と書くと，空間1次元の場合は

$$H = -\frac{\hbar^2}{2m} \frac{\partial^2}{\partial x^2} + U \tag{3.1}$$

であり，この H を**ハミルトニアン**という．空間3次元ならば第1項（運動エネルギーに相当する部分）に，y 微分と z 微分が加わり

$$H = -\frac{\hbar^2}{2m} \Delta + U \quad \text{ただし} \quad \Delta = \frac{\partial^2}{\partial x^2} + \frac{\partial^2}{\partial y^2} + \frac{\partial^2}{\partial z^2} \tag{3.1'}$$

と書く．ここで導入した記号 Δ は**ラプラシアン**と呼ばれる．

ハミルトニアンは**演算子**である．第1項は ψ を2回微分して定数 $-\frac{\hbar^2}{2m}$ を掛けるという演算，第2項は単に ψ に U を掛けるという演算を表す．

● **ハミルトニアンの固有関数／固有状態** E をある定数として

$$H\psi = E\psi \tag{3.2}$$

という関係が満たされるとき，この ψ を H の**固有関数**，E をその**固有値**という．ψ が表す状態が**固有状態**である．また式 (3.2) を，**時間に依存しないシュレーディンガー方程式**という（それと区別する意味で $i\hbar \frac{\partial \psi}{\partial t} = H\psi$ を**時間に依存するシュレーディンガー方程式**ともいう）．

式 (3.2) は時間を含んでおらず，その解 ψ は位置座標のみに依存し時間は関係しない．その解の1つを $\psi(x)$ と書き，$t=0$ で状態が $\psi(x)$ で表されるとき，固有値が E であったとすれば一般の時刻 t での状態 $\psi(x,t)$ は

$$\psi(x,t) = e^{-i\omega t} \psi(x) \quad \text{ただし} \quad \omega = \frac{E}{\hbar} \tag{3.3}$$

である（理解度のチェック 3.1）．つまりこれは一定の振動数で振動する状態であり特定のエネルギー E をもつ状態である．その意味で，この状態を**エネルギーの固有状態**ともいう．

● **演算子と固有状態** この関係はハミルトニアン以外にも拡張される．第2章ですでに出てきた例でいえば，運動量の場合，**運動量演算子**は $-i\hbar \frac{\partial}{\partial x}$ であり

$$-i\hbar \frac{\partial}{\partial x} \psi = p\psi \tag{3.4}$$

という関係を満たす ψ を，運動量の固有状態，数値 p を運動量の固有値（あるいは単に運動量の値）という．この例では ψ はすぐに求まり

$$\psi(x) \propto e^{ikx} \quad \text{ただし} \quad k = \frac{p}{\hbar} \tag{3.5}$$

運動量演算子 $(-i\hbar \frac{\partial}{\partial x})$ を $\hat{p}$ と書くこともある．$\hat{}$ が演算子であることを示すが，特に誤解されない限り，単に p と書く．一般に演算子と固有値は，線形代数における行列とその固有値の関係に対応しているが，そのことは第4章で詳しく説明する．

● **直交性** 固有関数には**直交性**がある（直交性については基本問題 2.9 参照）．すなわち，異なる固有値に対応する 2 つの波動関数 ψ_1, ψ_2 は

$$\int \psi_1^* \psi_2 \, dx = 0 \tag{3.6}$$

こうなる理由は第5章で説明する．

● **接続条件・境界条件** ポテンシャルに段差がある場合，そこでは ψ の値，およびその微分 $(\frac{\partial \psi}{\partial x})$ の値が連続という 2 つの**接続条件**が課される（理解度のチェック 3.4）．ただし一方のポテンシャルが無限大の場合には，境界では $\psi = 0$ という条件が課される（類題 3.2）．これを**境界条件**という．

● **反射と透過** 段差がある場合，反射（戻る波）が起こる．透過（進む波）が起こるかどうかは E と U_0 の大小関係による（理解度のチェック 3.5 と 3.6）．

$E < U_0$ の場合：右側の $E < U$ である領域は，古典力学的には粒子は入れないので，**禁止領域**と呼ばれる（$E > U_0$ の領域は**許容領域**）．禁止領域にも ψ は入り込むが，急速に（指数関数的に）減少する．

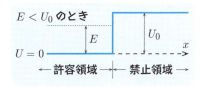

$E > U_0$ の場合：全領域が許容領域なので波は透過するが，（古典力学とは異なり）反射も起こる．$U_0 < 0$（段差の右側がへこむ）であっても反射は起こる．

● **トンネル効果** 波は禁止領域にも入り込むので，途中に障害（禁止領域）があっても波がそこを通り抜ける可能性がある．山の下を通り抜けるというイメージなので，**トンネル効果**という（基本問題 3.4）．

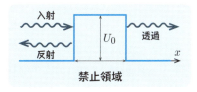

● **束縛状態** 次の図のように両側が禁止領域になっている場合，粒子はその中間の許容領域に閉じ込められる（禁止領域へのわずかな浸み込みはある）．この状態を**束縛状**

態という．電子が原子核の周囲に閉じ込められて原子となっている場合などである．E が大きく，閉じ込められずに無限遠まで動けるケースを**散乱状態**という（下の例を参照）．

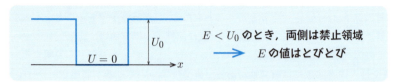

● **離散スペクトル** H が与えられたとき，可能な E の値全体を，その系の**スペクトル**といい，各 E を**エネルギー準位**という．束縛状態の場合，固有値 E は一連のとびとびの値しか許されず（**離散化**あるいは**量子化**という），その全体を**離散スペクトル**という．散乱状態の場合は E は連続的に変えられるので，**連続スペクトル**という．

例 上の図のようなポテンシャルの場合，$E > U_0$ の場合は連続スペクトル，$E < U_0$（束縛状態）の場合は離散スペクトルになる．束縛状態が存在するのか，いくつ存在するのかは，ポテンシャルの深さおよび幅によって決まる．●

● **調和振動** $U = \frac{1}{2} m\omega^2 x^2$ という，位置座標の 2 乗に比例したポテンシャル内の粒子は，古典力学では単振動をする（バネの運動）．**調和振動**とも呼ばれ，量子力学でもこの形のポテンシャルをもつ系を**調和振動子**という．

調和振動子はすべてが束縛状態なのでスペクトルは離散的になるが，エネルギー準位が等間隔になるというのが特徴である．基底状態（$n = 0$）および第 n 励起状態（$n \geqq 1$）のエネルギー E_n は

$$E_n = \hbar\omega\left(n + \tfrac{1}{2}\right) \tag{3.7}$$

である（$\frac{1}{2}$ を除けば応用問題 1.2 の答えに一致する）．

● **変数分離** 2 次元あるいは 3 次元の空間を動く粒子のシュレーディンガー方程式を解くことは一般には難しいが，U が簡単な形をしている場合には**変数分離**という方法で，1 次元の問題に焼き直すことができる．たとえば

$$U(x, y) = U(x) + U(y)$$

というように分かれる場合，ハミルトニアン全体も $H = H_x + H_y$ と分けられ，波動関数を $\psi(x, y) = \psi(x)\psi(y)$ と積の形にすると，シュレーディンガー方程式は

$$H_x \psi(x) = E_x \psi(x), \qquad H_y \psi(y) = E_y \psi(y) \tag{3.8}$$

と，2 つの 1 次元の問題に分けられる（理解度のチェック 3.8）．

第 3 章　束縛状態

● **球対称なポテンシャル**　ポテンシャルが原点からの距離にしか依存しない場合（水素原子内の電子など），2 次元ならば極座標 (r,θ)，3 次元ならば球座標 (r,θ,ϕ) を使うと，ポテンシャルが r のみの関数になるので変数分離法が使える．

注　球座標とは，$x^2+y^2+z^2=r^2$, $z=r\cos\theta$, $x=r\sin\theta\cos\phi$, $y=r\sin\theta\sin\phi$ で定義される座標系である．

式 (3.1′) のラプラシアン Δ を球座標で表すために，まず Λ という演算子を

$$\Lambda = -\frac{1}{\sin\theta}\frac{\partial}{\partial\theta}\left(\sin\theta\,\frac{\partial}{\partial\theta}\right) - \frac{1}{\sin^2\theta}\frac{\partial^2}{\partial\phi^2} \tag{3.9}$$

と定義する．するとシュレーディンガー方程式は

$$-\frac{\hbar^2}{2m_{\rm e}}\left(\frac{1}{r^2}\frac{\partial}{\partial r}\left(r^2\,\frac{\partial\psi}{\partial r}\right)\right) + \frac{\hbar^2}{2m_{\rm e}r^2}\Lambda\psi + U(r)\psi = E\psi \tag{3.10}$$

と書ける（応用問題 4.1 参照）（粒子の質量を $m_{\rm e}$ と書いた．電子（electron）を念頭に置いている．本章以降では m という記号は別の意味に使う）．

(r,θ,ϕ) の関数である ψ を，それぞれの変数の 3 つの関数の積として

$$\psi(r,\theta,\phi) = R(r)\Theta(\theta)\Phi(\phi) \tag{3.11}$$

と書くと，それぞれ

$$-\frac{\hbar^2}{2m_{\rm e}}\left(\frac{1}{r^2}\frac{\partial}{\partial r}\left(r^2\,\frac{\partial R}{\partial r}\right)\right) + \frac{\hbar^2\lambda}{2m_{\rm e}r^2}R + U(r)R = ER \tag{3.12}$$

$$-\frac{1}{\sin\theta}\frac{\partial}{\partial\theta}\left(\sin\theta\,\frac{\partial\Theta}{\partial\theta}\right) + \frac{\nu}{\sin^2\theta}\Theta = \lambda\Theta \tag{3.13}$$

$$\frac{\partial^2\Phi}{\partial\phi^2} = -\nu\Phi \tag{3.14}$$

という式を満たす．ただし λ と ν は何らかの定数である（基本問題 3.8）．

● **Θ と Φ**　式 (3.12) と式 (3.13) を正しい境界条件のもとで解くと，解が存在するためには λ および ν は離散的であり

$$\lambda = l(l+1) \quad \text{ただし } l \text{ は非負の整数 } (l=0,1,2,\ldots)$$
$$\nu = m^2 \quad\;\;\; \text{ただし } m \text{ は任意の整数 } (m=0,\pm1,\pm2,\ldots)$$

でなければならないことがわかる．ただし $l \geqq |m|$ という条件が付く．Φ は m の値によって決まり，Θ は l と m の値によって決まる．具体的には基本問題 3.9, 3.10, 3.12 参照．解の形を決める数（ここでは l と m）を一般に **量子数** という．

● **R**　$U \propto \frac{1}{r}$ の場合，R は「指数関数 $\times$ ($n-1$ 次の多項式)」という形になり（$n=1,2,\ldots$），$E \propto \frac{1}{n^2}$ となる（基本問題 3.11）．n が 3 つ目の量子数となる．

理解度のチェック ※類題の解答は巻末

理解 3.1 (時間に依存しないシュレーディンガー方程式) (a) $\psi(x)$ が式 (3.2) を満たしているとき，式 (3.3) を証明せよ．
(b) 逆に，式 (3.3) の $\psi(x,t)$ が，$i\hbar \frac{\partial \psi}{\partial t} = H\psi$ を満たしているとき，$\psi(x)$ は式 (3.2) を満たしていることを証明せよ．

類題 3.1 (エネルギーの検出) $\psi_E(x)$ と $\psi_{E'}(x)$ はそれぞれ，ハミルトニアン H の，固有値 E と E' の固有状態であるとする．ψ_E も $\psi_{E'}$ も規格化されているとする．その線形結合である

$$\psi(x) = A\psi_E(x) + B\psi_{E'}(x) \quad \text{ただし} \quad |A|^2 + |B|^2 = 1$$

という状態のエネルギーを測定すると，確率 $|A|^2$ で E という値が，確率 $|B|^2$ で E' という値が検出される（これも一般化されたボルンの規則である）．時刻 $t=0$ で状態が上式で表されるとき，エネルギーを時刻 $t\,(>0)$ で検出したら，どのような値がどのような確率で得られるか．

ヒント 時刻 t での状態が与式で与えられているとき，一般の時刻 t での波動関数 $\psi(x,t)$ がどう書けるかを考える．$U=0$ ならば $\psi_E \propto e^{ikx}$ なので，基本問題 2.4 の設定になる．

理解 3.2 (運動量) (a) 一般に，$\frac{dy}{dx} = ay$ という方程式の解はどう書けるか．ただし a は何らかの定数であるとする．
(b) 第 2 章で説明した「量子化」という手順では，(x 方向の) 運動量を演算子 $-i\hbar \frac{\partial}{\partial x}$ で置き換えた．その考え方では，運動量が p という値をもつ状態 $\psi(x)$ は

$$-i\hbar \frac{\partial \psi}{\partial x} = p\psi$$

という式を満たす．この式の解を求めよ．

注 ここで量子化とは，物理量を演算子で表すことを意味する．これとは別にエネルギー準位が離散的になることも量子化という．

(c) この状態が領域 $0 < x$ の範囲に限定されており，$x=0$ では $\psi = 0$ であるとする（x が負の領域では $U = \infty$ であり波が入り込めないケースに相当する）．そのとき上式を満たす解が，$\psi = 0$ 以外には存在しないことを示せ．その物理的な理由を述べよ．
(d) 運動量の 2 乗が p^2 である状態 ψ が満たす方程式はどうなるか．
(e) その解を求めよ．
(f) 問 (c) と同様の条件を付けた場合の解を求めよ．

第 3 章　束 縛 状 態

答 理解 3.1　(a) 式 (3.3) が時間に依存するシュレーディンガー方程式を満たしていることを示せばよい．実際

$$i\hbar \frac{\partial}{\partial t}\psi(x,t) = i\hbar(-i\omega)\psi(x,t) = \hbar\omega\psi(x,t) \qquad (*)$$

$$H\psi(x,t) = e^{-i\omega t}H\psi(x) = e^{-i\omega t}E\psi(x) = E\psi(x,t) \qquad (**)$$

なので，$\hbar\omega = E$ ならば $i\hbar\frac{\partial\psi}{\partial t} = H\psi$ は成り立っている．

注　式 (*) では $\psi(x)$ が t に依存しないこと，また式 (**) では H に t 微分が含まれないことが重要である．

(b) 逆に，$i\hbar\frac{\partial}{\partial t}\psi(x,t) = \hbar\omega e^{-i\omega t}\psi(x)$ と $H\psi(x,t) = e^{-i\omega t}H\psi(x)$ が等しく $E = \hbar\omega$ であるならば，$H\psi(x) = E\psi(x)$．

答 理解 3.2　(a) 指数関数の微分公式 $\frac{de^{ax}}{dx} = ae^{ax}$ より

$$y = Ce^{ax}$$

とすればよい．ただし C は任意定数である．

(b) 問 (a) で，$a = \frac{ip}{\hbar}$ の場合に相当するので，$\psi = Ce^{\frac{ipx}{\hbar}}$ とすればよい．

(c) $x = 0$ で $\psi = 0$ とすれば比例係数 C がゼロになってしまうので，すべての x で $\psi = 0$ になる．これが解答だが，物理的に説明すると，$\psi(x=0) = 0$ となるには，入射する波と反射する波が，そこで干渉して打ち消し合っていなければならないので，$p > 0$ の波（正方向に進む波），あるいは $p < 0$ の波（負方向に進む波）の一方だけが存在することはありえない．

(d) $\left(-i\hbar\frac{\partial}{\partial x}\right)^2 = -\hbar^2\frac{\partial^2}{\partial x^2}$ なので

$$-\hbar^2\frac{\partial^2\psi}{\partial x^2} = p^2\psi$$

(e) $e^{\frac{ipx}{\hbar}}$ でも $e^{-\frac{ipx}{\hbar}}$ でもよい．したがって，その任意の線形結合でもよく，一般解は，$\psi = Ae^{\frac{ipx}{\hbar}} + Be^{-\frac{ipx}{\hbar}}$．

(f) 上式で $B = -A$ とすればオイラーの公式より

$$\psi = A(e^{\frac{ipx}{\hbar}} - e^{-\frac{ipx}{\hbar}})$$

$$\propto \sin\frac{px}{\hbar}$$

となって条件を満たす．$+p$ と $-p$ の波が共存しているので，反射しているという状況を表すことができる．

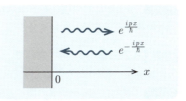

第3章 束縛状態

理解 3.3 ($U = \infty$ で囲まれた領域) (a) 全領域 $-\infty < x < \infty$ で U が定数であるとし，ハミルトニアンが

$$H = -\frac{\hbar^2}{2m}\frac{\partial^2}{\partial x^2} + U$$

と表されるとする．方程式

$$H\psi = E\psi \qquad (*)$$

の解が $\psi \propto e^{ikx}$ であるとき，E と U と k の関係を記せ．E が取りうる値の範囲を求めよ．

(b) 問 (a) と同じ系だが ψ は $0 < x$ の領域に限定されており，$\psi(0) = 0$ という境界条件が課されているときの解を求め，E が取りうる値の範囲を求めよ．

注 $x < 0$ では $U = \infty$ ということである．

(c) 問 (a) と同じ系だが ψ は $0 < x < L$ の領域に限定されており（右図），$\psi(0) = \psi(L) = 0$ という境界条件が課されているとき解を求め，E が取りうる値を求めよ．

理解 3.4 (接続条件) ポテンシャル U が $x = 0$ で不連続に，有限の値だけ変わるとする．このとき，ψ と ψ' (x での1次微分) は $x = 0$ で連続，すなわち

$$\psi(0_-) = \psi(0_+), \qquad \psi'(0_-) = \psi'(0_+)$$

という条件（接続条件）が満たされなければならない理由を考えよ．

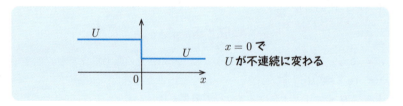

ヒント 0_- とは負のほうからゼロに近づいた極限，0_+ とは正のほうからゼロに近づいた極限を意味する．2階微分がどうなるかを考える．

類題 3.2 (境界条件) 前問で，$x < 0$ では $U \to \infty$ となる極限を考えると，接続条件は $\psi(0_+) = 0$ となることを示せ．

ヒント 最初は境界の両側の微小領域で U が有限であるとして解き，その解が $U \to \infty$ ではどうなるかを考えよ．

答 理解 3.3

(a) $\frac{\partial^2 e^{ikx}}{\partial x^2} = -k^2 e^{ikx}$ なので

$$\frac{\hbar^2 k^2}{2m} + U = E$$

($\hbar k = p$ とすれば，$\frac{p^2}{2m} + U = E$).

左辺第 1 項は正なので，$U \leqq E$ である．E の値はこの範囲で連続的に変われるので，スペクトルは<u>連続的</u>である．

注 k が<u>虚数</u>ならば第 1 項は負になるが，その場合，ik が実数になるので $\psi \propto e^{kx}$ はどちらかの無限遠で発散する．ψ が無限になると，有限領域での検出確率はゼロになってしまうので，物理的に意味がない解になる． ●

(b) E の各値に対して，k の値は

$$k = k_\pm = \pm\sqrt{2m(E-U)}$$

の 2 つが可能なので，それを組み合わせる．k_+ のほうを単に k と書けば

$$\psi \propto e^{ikx} - e^{-ikx} \propto \sin kx$$

とすれば $\psi(x=0) = 0$ という条件が満たされる．$E > U$ という条件は問 (a) と変わらない（スペクトルは<u>連続的</u>）．これは右から入射する波と左へ反射する波の重ね合わせである．

(c) 問 (b) で求めた解に，さらに $\psi(x=L) = 0$ という条件を課すと，n を任意の自然数として，$kL = n\pi$ であればよい．これより

$$E = \frac{\hbar^2 k^2}{2m} + U = \frac{\hbar^2 \pi^2}{2mL^2} n^2 + U$$

でなければならない．つまり可能な E の値はとびとびになり，スペクトルは<u>離散的</u>になる．

答 理解 3.4

もし ψ の 1 次微分 (ψ') が $x=0$ で不連続だったら 2 次微分 (ψ'') は $x=0$ で無限大になる．

ψ の傾き (ψ') が不連続に変わると ψ'' は無限大

すると，U が不連続であったとしても有限ならば，シュレーディンガー方程式が成り立たなくなる．したがって 1 次微分は連続でなければならず，さらに，ψ' が連続ならば有限でもあるので，ψ 自体も連続でなければならない．

理解 3.5 （反射と透過） (a) $x<0$（領域I）では$U=0$, $x>0$（領域II）では$U=U_0$（>0, 一定値）であったとする．$H\psi=E\psi$の解を求めよう．ただし全領域が許容領域になるように$E>U_0$であるとし，また，領域IIには，右から入ってくる入射波はないものとする．そのとき，各領域の波動関数は，A, B, Cを定数として

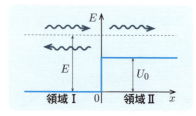

領域I： $\psi_I = Ae^{ikx} + Be^{-ikx}$
領域II： $\psi_{II} = Ce^{ik'x}$

と書ける．

(a) kおよびk'を求めよ．ただしどちらも正とする．
(b) ψの各項は物理的には何を表していると解釈できるか．
(c) 接続条件を書き下せ．
(d) 係数の比 $\frac{B}{A}$ および $\frac{C}{A}$ を計算せよ．
(e) $\left|\frac{B}{A}\right|^2 + \frac{k'}{k}\left|\frac{C}{A}\right|^2 = 1$ という関係が成り立っていることを示せ．
(f) 上式は物理的にはどう解釈できるか．

$$k|A|^2 = k|B|^2 + k'|C|^2$$

と変形して考えよ（直観的に考えればよい）．

理解 3.6 （衝突） 前問と同じ問題だが$E<U_0$の場合を考えよう．領域IIは禁止領域になり透過はない．

(a) 領域IIの波動関数がどう変わるか．
(b) 接続条件から係数の比を求めよ．
(c) $\left|\frac{B}{A}\right|^2 = 1$であることを示せ．この式は物理的にはどう解釈できるか．
(d) $U_0 \to \infty$の極限では問(b)の結果はどうなるか．

類題 3.3 （解の自由度） 理解度のチェック3.5では右側からの入射波はないと限定したが，この条件をはずすと解の自由度はどうなるか．$E<U_0$の場合はどうか．

第3章　束縛状態

答 理解 3.5 (a) 理解度のチェック 3.3 と同じであり
$$k = \sqrt{2mE}, \qquad k' = \sqrt{2m(E - U_0)}$$

(b) k も k' も正としたのだから，ψ_I の第 1 項は入射波，第 2 項は反射波であり，ψ_II は透過波を表す．右側からの入射波はないとしたので，ψ_II に $e^{-ik'x}$ という項は含めていない．

(c) $\psi_\mathrm{I}(0) = \psi_\mathrm{II}(0)$ より $A + B = C$. $\psi_\mathrm{I}'(0) = \psi_\mathrm{II}'(0)$ より $ik(A - B) = ik'C$.

(d) 上の 2 式を解けば
$$\frac{B}{A} = \frac{k - k'}{k + k'}, \qquad \frac{C}{A} = \frac{2k}{k + k'}$$

(e) $\frac{k'}{k}\left|\frac{C}{A}\right|^2 = \frac{4kk'}{(k+k')^2}$ なので
$$\left|\frac{B}{A}\right|^2 + \frac{k'}{k}\left|\frac{C}{A}\right|^2 = \frac{(k-k')^2 + 4kk'}{(k+k')^2} = 1$$

(f) たとえば左辺は，入射波の検出確率に，その流れの速さに比例する量 k を掛けたものなので，与式は

入射波の流れ ＝ 反射波の流れ ＋ 透過波の流れ

という式だとみなされる（この議論は物理的に少し怪しいが（検出確率の流れとは何か？），イメージとしては便利な見方なのでここにあげた．厳密な話は応用問題 3.9 参照）．

答 理解 3.6 領域 II が禁止領域になる．そのことを反映して，前問の k' が虚数になる．そこで $\kappa = \sqrt{2m(U_0 - E)}$ とすれば
$$\psi_\mathrm{II} = Ce^{-\kappa x}$$
となる．$e^{\kappa x}$ という項は $x \to \infty$ で発散するという理由で排除される．

注 古典力学では粒子は禁止領域 $U_0 > E$ には入れない．量子力学ではそのような領域でも ψ はゼロにはならないが大きさは限定されており，急激にゼロに近づく．●

(b)
$$A + B = C, \qquad ik(A - B) = -\kappa C$$
これを解けば
$$\frac{B}{A} = \frac{k - i\kappa}{k + i\kappa}, \qquad \frac{C}{A} = \frac{2k}{k + i\kappa}$$

(c) 比 $\frac{B}{A}$ の分子と分母は互いに複素共役なので絶対値は等しい．透過波がないので，入射波と反射波の大きさが等しいことを意味する．

(d) $U_0 \to \infty$ では $\kappa \to \infty$ になるので，$B = -A$, $C = 0$ となる．つまり $\psi_\mathrm{II} = 0$，$\psi_\mathrm{I} \propto \sin kx$ である．すなわち $\psi_\mathrm{I}(0_-) = 0$．このことからも境界条件（類題 3.2）が正当化される．

|理解| 3.7 （調和振動） 調和振動子のハミルトニアンは
$$H = -\frac{\hbar^2}{2m}\frac{\partial^2}{\partial x^2} + \frac{1}{2}m\omega^2 x^2$$
である．$\psi \propto e^{-\frac{\beta}{2}x^2}$ という形の
$$H\psi = E\psi$$
を満たす解が存在することを示せ．β と E の値は何か（計算自体は応用問題 2.4 の問 (a) で行ったものと同じである）．
注 これは調和振動子の基底状態を求める問題である．調和振動子のスペクトル全体は，基本問題 3.6 で求める．

|理解| 3.8 （変数分離） 2 次元のシュレーディンガー方程式で，ポテンシャルが $U(x,y) = U(x) + U(y)$ という形をしている場合の固有値問題を考える．すなわち
$$H = -\frac{\hbar^2}{2m}\left(\frac{\partial^2}{\partial x^2} + \frac{\partial^2}{\partial y^2}\right)\psi(x,y) + U(x) + U(y)$$
として
$$H\psi(x,y) = E\psi(x,y)$$
である．このとき解 ψ が
$$\psi(x,y) = \psi_x(x)\psi_y(y)$$
というように，それぞれの変数の関数の積になるとすると，それぞれの関数 ψ_x と ψ_y はどのような式を満たすか．
ヒント $H = H_x + H_y$ と，H を 2 つの部分に分けて考えよ．

|理解| 3.9 （2 次元の調和振動） ポテンシャルが
$$U = \frac{1}{2}m\omega^2(x^2 + y^2)$$
という形をしている 2 次元空間内の調和振動子を考える．理解度のチェック 3.7 で求めた 1 次元の基底状態の波動関数を使って，2 次元の基底状態の波動関数とエネルギーを求めよ．
注 2 次元調和振動子の，より一般的な解については基本問題 3.7 で議論する．

|類題| 3.4 （2 次元の調和振動） 2 次元のハミルトニアンは極座標で表すと
$$H = -\frac{\hbar^2}{2m}\left(\frac{1}{r}\frac{\partial}{\partial r}\left(r\frac{\partial}{\partial r}\right) + \frac{1}{r^2}\frac{\partial^2}{\partial \theta^2}\right) + U$$
前問の解が $H\psi = E\psi$ という式を満たしていることを示せ．

第3章 束縛状態

答 理解 3.7 (a) $\psi = e^{-\frac{\beta}{2}x^2}$ を代入して $H\psi$ を計算した上で全体を $e^{-\frac{\beta}{2}x^2}$ で割れば

$$-\tfrac{\hbar^2}{2m}(\beta^2 x^2 - \beta) + \tfrac{1}{2}m\omega^2 x^2 = E$$

これがすべての x に対して成り立つのだから,各次数の係数がゼロでなければならず

$$x^2 \text{ の係数}: \quad -\tfrac{\hbar^2}{2m}\beta^2 + \tfrac{1}{2}m\omega^2 = 0$$

$$\text{定数項の係数}: \quad \tfrac{\hbar^2}{2m}\beta = E$$

第1式より $\beta = \frac{m\omega}{\hbar}$ となり,それを第2式に代入すれば

$$E = \tfrac{1}{2}\hbar\omega$$

U の最小値は $x=0$ でのゼロだが波動関数は広がっているので,基底状態といえども $E=0$ になることはできない.この広がりを**零点振動**というが,古典力学的な振動ではない.

答 理解 3.8 (a) 座標 x のみに関係する部分を

$$H_x = -\tfrac{\hbar^2}{2m}\tfrac{\partial^2}{\partial x^2} + U(x)$$

とし,H_y も同様に定義する.すると H_x は $\psi(y)$ には何も影響を与えないことなどを考えれば

$$H\psi_x(x)\psi_y(y) = \psi_y H_x \psi_x + \psi_x H_y \psi_y = E\psi_x(x)\psi_y(y)$$

これを $\psi_x(x)\psi_y(y)$ で割れば

$$\tfrac{H_x \psi_x}{\psi_x} + \tfrac{H_y \psi_y}{\psi_y} = E$$

となる.左辺第2項も右辺も x には依存しないので,x のみの関数である左辺第1項も x には依存できない.つまり x にも y にも依存しない定数となり,それを E_x とすれば

$$\tfrac{H_x \psi_x}{\psi_x} = E_x \quad \rightarrow \quad H_x \psi_x = E_x \psi_x$$

同様に $H_y \psi_y = E_y \psi_y$ であり,$E = E_x + E_y$ となる.つまり H_x, H_y それぞれの固有関数の積が全体の固有関数となり,それらの固有値の和が全体の固有値となる.

答 理解 3.9 前問の変数分離法がそのまま適用できる.したがって

$$\psi(x,y) = \psi(x)\psi(y) \propto e^{-\frac{\beta}{2}x^2} e^{-\frac{\beta}{2}y^2} = e^{-\frac{\beta}{2}r^2}$$

ただし r は極座標での動径座標 $(r^2 = x^2 + y^2)$.エネルギーは $E = \frac{\hbar\omega}{2} + \frac{\hbar\omega}{2} = \hbar\omega$.

基本問題

基本 3.1 （1次元井戸型ポテンシャル） $x<0$ では $U=\infty$, $0<x<L$（領域 I）では $U=0$, $L<x$（領域 II）では $U=U_0$ (>0, 一定) というポテンシャルがあるとき，時間に依存しないシュレーディンガー方程式

$$H\psi = -\frac{\hbar^2}{2m}\frac{\partial^2 \psi}{\partial x^2} + U\psi = E\psi$$

を，(a) $U_0 < E$ の場合と，(b) $0 < E < U_0$ の場合それぞれについて，$x=0$ では類題 3.2 で示した境界条件，$x=L$ では理解度のチェック 3.4 で示した接続条件を使って解け．

ヒント $U_0 < E$ の場合は，右から入射し右へ反射していく解を求めることになる．E は連続的に変わりうる（連続スペクトル）．一方，$0 < E < U_0$ の場合は，$0<x<L$ の領域に閉じ込められる状態（束縛状態）を求めることになり，可能な E は不連続になる（離散スペクトル）．E を決める条件はどのような式で表されるだろうか．

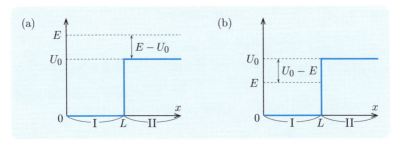

類題 3.5 （$U_0 = \infty$） 前問で，$U_0 \to$ 無限の場合には，理解度のチェック 3.3 と同じ結果になることを示せ．

類題 3.6 （離散スペクトルの起源） 基本問題 3.1 で，$U_0 < E$ での k' は $0 < E < U_0$ では虚数 ($i\kappa$) になる．では $U_0 < E$ の場合の式の k' を $i\kappa$ に置き換えることによって，$0 < E < U_0$ での結果が得られるか．

ヒント $0 < E < U_0$ の場合には領域 II の関数形に制限が付くことを考慮すれば，同じ結果が得られる．この制限が，スペクトルが離散的になる理由である．

類題 3.7 （束縛状態の数） 基本問題 3.1 で，束縛状態が少なくとも 1 つあるための条件を求めよ．また，束縛状態の数は一般に $U_0 L^2$ の値で決まることを示せ．

答 基本 3.1 (a) $E > 0$ の場合：$x = 0$ での境界条件 $\psi(x=0) = 0$ を課した上で解の一般形を書くと

領域 I： $\psi_\mathrm{I} = A \sin kx$　ただし　$k = \frac{\sqrt{2mE}}{\hbar}$

領域 II： $\psi_\mathrm{II} = B e^{ik'x} + C e^{-ik'x}$　ただし　$k' = \frac{\sqrt{2m(E-U_0)}}{\hbar}$

A, B, C は任意の定数である．$x = L$ での接続条件は

$$A \sin kL = B e^{ik'L} + C e^{-ik'L}, \quad Ak \cos kL = ik'(B e^{ik'L} - C e^{-ik'L})$$

これを連立させて解くと（$\eta = e^{ik'L}$ とする）

$$\frac{A}{C} = \frac{2ik'\eta^{-1}}{ik'\sin kL - k\cos kL}, \quad \frac{B}{C} = \eta^{-2}\left(\frac{ik'\sin kL + k\cos kL}{ik'\sin kL - k\cos kL}\right)$$

となる．$|B| = |C|$ となっていることに注意．

(b) $\mathbf{0 < E < U_0}$ の場合：$\psi(0) = 0$, $\psi(\infty) =$ 有限 であることより

領域 I： $\psi_\mathrm{I} = A \sin kx$　ただし　$k = \frac{\sqrt{2mE}}{\hbar}$

領域 II： $\psi_\mathrm{II} = B e^{-\kappa x}$　ただし　$\kappa = \frac{\sqrt{2m(U_0-E)}}{\hbar}$

接続条件は

$$A \sin kL = B e^{-\kappa x}, \quad Ak \cos kL = -B\kappa e^{-\kappa L}$$

$\frac{A}{B}$ という比に対して 2 つの条件が課される．両方が成立するためには E が特別な値でなければならず，

$$\frac{B}{A} = \frac{\sin kL}{e^{-\kappa L}} = -k \frac{\cos kL}{\kappa e^{-\kappa L}} \quad \rightarrow \quad \frac{1}{k}\tan kL = -\frac{1}{\kappa}$$

U_0 の代わりに $\frac{\hbar^2 k_0^2}{2m} = U_0$ という式で定義される k_0 を使えば

$$\kappa^2 = k_0^2 - k^2$$

なので，上の条件は

$$\frac{1}{\tan kL} = -\sqrt{\frac{k_0^2}{k^2} - 1}$$

となる．この式を満たす k は，下のグラフから求めることができる．

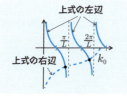

実線と破線の交点が実現される状態に対応する．その数は L や k_0 の値によって変わる．

基本 3.2 （縮退・対称性） (a) 1次元の時間に依存しないシュレーディンガー方程式で，同じ E に対して2つの束縛状態の解 ψ_1 と ψ_2 があったとすると，$\psi_1 \propto \psi_2$ であることを示せ（比例するならば量子力学の状態としては同じである．つまりこの問題は，1次元の問題では束縛状態に対して縮退は起こらないという定理である．縮退については基本問題 3.7 参照）．

ヒント $\frac{d}{dx}\left(\frac{\psi_1}{\psi_2}\right) \propto \psi_2 \frac{d\psi_1}{dx} - \psi_1 \frac{d\psi_2}{dx} = 0$ であることを示す．

(b) ポテンシャルが偶関数である，すなわち，$U(x) = U(-x)$ という関係を満たしているとする．すると，束縛状態に対する解は $\psi(-x) = \pm \psi(x)$ という関係を満たすことを示せ．

注 $+$ になるか $-$ になるかは解による．$+$ の場合を空間反転に対して対称，$-$ の場合を反対称であるという．偶関数あるいは奇関数のことである．さらに，基底状態は偶関数，第1励起状態は奇関数，以下，偶奇が入れ換わることがわかっている．類題 3.8 はその一例である．

基本 3.3 （左右の壁が有限な井戸型ポテンシャル） 基本問題 3.1 と似た問題だが，井戸の両側で U が有限であり左右対称である場合を考えよう．すなわち

領域 I $(x < -L)$ と領域 III $(x > L)$: $\quad U = U_0 \quad (> 0, \text{一定})$

領域 II $(-L < x < L)$: $\quad U = 0$

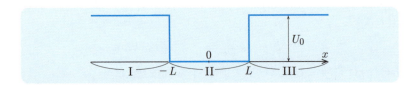

(a) 前問 (b) より，束縛状態（$E < U_0$）は偶関数か奇関数である．偶関数の場合に問題を解け．

ヒント 偶関数だとすれば，領域 I で $\psi_\mathrm{I} = Ae^{\kappa x}$ ならば領域 III では $\psi_\mathrm{III} = Ae^{-\kappa x}$ であり，また領域 II では $\psi_\mathrm{II} = B\cos kx$ という形になる．

(b) 同様に，奇関数の場合に $E < U_0$ として問題を解け．

類題 3.8 （対称性） 前問で得た解について，基底状態（E が最も小さい状態）は対称か反対称か．第1励起状態はどうか．以下，第2, 第3はどうなるか．

第 3 章 束縛状態

答 基本 3.2 (a) $H\psi_1 = E\psi_1$, $H\psi_2 = E\psi_2$ $(H = -\frac{\hbar^2}{2m}\frac{d^2}{dx^2} + U)$ より

$$\frac{d}{dx}\left(\psi_2 \frac{d\psi_1}{dx} - \psi_1 \frac{d\psi_2}{dx}\right) = \psi_2 \frac{d^2\psi_1}{dx^2} - \psi_1 \frac{d^2\psi_2}{dx^2} = 0$$

したがって $\psi_2 \frac{d\psi_1}{dx} - \psi_1 \frac{d\psi_2}{dx} =$ 定数 だが，束縛状態ならば無限遠で ψ はゼロになるので，この定数はゼロである．したがって，ヒントの式より $\frac{d}{dx}\left(\frac{\psi_1}{\psi_2}\right) = 0$ となり，$\psi_1 \propto \psi_2$ が得られる．

(b) $H(x)\psi(x) = E\psi(x)$ ならば，すべての x を $-x$ に変えても（単なる文字の付け換えだけなので）同じ式が成り立つ．すなわち $H(-x)\psi(-x) = E\psi(-x)$．ここで $H(x) = H(-x)$ であることを使えば $H(x)\psi(-x) = E\psi(-x)$ となる．つまり $\psi(-x)$ も同じ固有値をもつ H の固有状態である．しかし問 (a) より，そのような状態は 1 つしかないので c を何らかの定数として $\psi(-x) = c\psi(x)$．この式で x と $-x$ を入れ替えれば $\psi(x) = c\psi(-x)$ でもあるので $\psi(x) = c^2\psi(x)$．したがって

$$c^2 = 1 \to c = \pm 1$$

答 基本 3.3 (a) 各領域での関数形はヒントで与えたが

$$k = \frac{\sqrt{2mE}}{\hbar}, \qquad \kappa = \frac{\sqrt{2m(U_0 - E)}}{\hbar}$$

であり

$$\frac{\kappa}{k} = \sqrt{\frac{k_0^2}{k^2} - 1} \quad \text{ただし} \quad k_0 = \frac{\sqrt{2mU_0}}{\hbar}$$

また，領域 I と II の間での接続条件は

$$Ae^{-\kappa L} = B\cos kL, \qquad A\kappa e^{-\kappa L} = Bk\sin kL$$

領域 II と III の間での接続条件も同じになる．したがって各辺の比を取ると

$$\kappa = k\tan kL \to \sqrt{\frac{k_0^2}{k^2} - 1} = \tan kL$$

基本問題 3.1 と同様，左右各辺のグラフの交点が解になる．

(b) 領域 I で $\psi_\text{I} = Ae^{\kappa x}$ ならば領域 III では $\psi_\text{III} = -Ae^{-\kappa x}$ であり，また領域 II では $\psi_\text{II} = B\sin kx$ という形になる．後はほとんど同様であり

$$-\kappa = k\cot kL \to -\sqrt{\frac{k_0^2}{k^2} - 1} = \cot kL$$

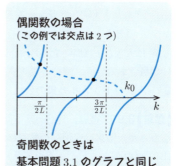

基本 3.4 （トンネル効果）

基本問題 3.3 のポテンシャルを反転させて，谷ではなく山があるポテンシャルを考えよう．すなわち

領域 I $(x < -L)$ と領域 III $(x > L)$： $U = 0$

領域 II $(-L < x < L)$： $U = U_0$ （> 0，一定）

$E < U_0$ として解を求めよう．領域 II は禁止領域になる．粒子は負の方向から入射するという前提のもとで考える．すると解の形は

領域 I： $\psi_\mathrm{I} = Ae^{ikx} + Be^{-ikx}$

領域 II： $\psi_\mathrm{II} = Ce^{\kappa x} + De^{-\kappa x}$

領域 III： $\psi_\mathrm{III} = Fe^{ikx}$

となる．領域 III には右から入射する成分はないとした．これを，次の手順で解こう．
(a) $x = L$ での接続条件から，C と D を F で表せ．
(b) $x = -L$ での接続条件と問 (a) の結果から，$\frac{F}{A}$ および $\frac{B}{A}$ を求めよ．
(c) $\left|\frac{B}{A}\right|^2 + \left|\frac{F}{A}\right|^2 = 1$ を示せ．その結果を物理的に解釈せよ．

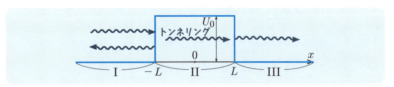

基本 3.5 （トンネリングの割合）

(a) 上記の計算で $e^{-\kappa L} \ll 1$ であるとき（これが通常の状況である），ψ_II の 2 項の大小関係はどうか．領域 II $(-L < x < L)$ での ψ の各項の絶対値の振る舞いの概略図を示せ．
(b) そのとき $\left|\frac{F}{A}\right|^2$ で表されるトンネリングの割合はどう近似できるか．
(c) そのときトンネリングの割合は $K \exp\{-2\int |p|\frac{dx}{\hbar}\}$ と表されることを示せ．ただし K は大きさ 1 程度の量，積分範囲は禁止領域である（禁止領域なので p（運動量）$= \hbar k$ は虚数である）．

注 上式はトンネル効果の公式として有名である．

類題 3.9 （透過）

(a) 基本問題 3.4 と同じポテンシャルで，$E > U_0$ だったらどうなるか．結果は，同問の結果に適当な入れ換えをすれば得られる．
(b) 反射がまったくなくなるケースがある．どのような場合か．
(c) $\left|\frac{B}{A}\right|^2 + \left|\frac{F}{A}\right|^2 = 1$ を示せ．
(d) $E = U_0$ の場合はどうなるか．

第3章 束縛状態

答 基本 3.4 (a) $x=L$ での接続条件は（第2式は κ で割った）
$$Ce^{\kappa L}+De^{-\kappa L}=Fe^{ikL}, \qquad Ce^{\kappa L}+De^{-\kappa L}=\tfrac{ik}{\kappa}Fe^{ikL}$$
これより次の式が得られる.
$$C=\tfrac{1}{2}\left(1+\tfrac{ik}{\kappa}\right)e^{ikL}\,e^{-\kappa L}F, \qquad D=\tfrac{1}{2}\left(1-\tfrac{ik}{\kappa}\right)e^{ikL}\,e^{\kappa L}F$$

(b) $x=-L$ での接続条件は
$$Ae^{-ikL}+Be^{ikL}=Ce^{-\kappa L}+De^{\kappa L}$$
$$Ae^{-ikL}-Be^{ikL}=-\tfrac{i\kappa}{k}(Ce^{-\kappa L}-De^{\kappa L})$$
これに問 (a) の結果を代入すると
$$Ae^{-ikL}+Be^{ikL}=\left(\cosh 2\kappa L-\tfrac{ik}{\kappa}\sinh 2\kappa L\right)e^{ikL}F$$
$$Ae^{-ikL}-Be^{ikL}=\left(\cosh 2\kappa L+\tfrac{i\kappa}{k}\sinh 2\kappa L\right)e^{ikL}F$$
下記の双曲線関数の記号を使った.
$$\cosh x=\tfrac{1}{2}(e^{x}+e^{-x}), \qquad \sinh x=\tfrac{1}{2}(e^{x}-e^{-x})$$
これらより
$$\tfrac{F}{A}=e^{-2ikL}\left(\cosh 2\kappa L-i\tfrac{k^2-\kappa^2}{2k\kappa}\sinh 2\kappa L\right)^{-1}$$
また，$2Be^{ikL}=-i\left(\tfrac{k}{\kappa}+\tfrac{\kappa}{k}\right)\sinh 2\kappa L\,e^{ikL}F$ なので
$$\tfrac{B}{A}=-\tfrac{i}{2}\tfrac{k^2+\kappa^2}{k\kappa}\sinh 2\kappa L\,\tfrac{F}{A}$$

(c) $(\cosh x)^2=1+(\sinh x)^2$ を使うと
$$\left|\tfrac{A}{F}\right|^2=\left|\cosh 2\kappa L-\tfrac{i}{2k\kappa}(k^2-\kappa^2)\sinh 2\kappa L\right|^2$$
$$=(\cosh 2\kappa L)^2+\left(\tfrac{k^2-\kappa^2}{2k\kappa}\right)^2(\sinh 2\kappa L)^2$$
$$=1+\left(\tfrac{k^2+\kappa^2}{2k\kappa}\right)^2(\sinh 2\kappa L)^2=1+\left|\tfrac{B}{F}\right|^2$$
これより明らか. 入射波の大きさが反射波と透過波の大きさの和に等しいことを意味する.

答 基本 3.5 (a) $|D|\gg|C|$ である. ただし領域 II の右端 $(x=L)$ では, $\psi_{\rm II}$ の2項の大きさは同じになる.

(b) $1-i\tfrac{k^2-\kappa^2}{2k\kappa}\equiv K$ とすると $\left|\tfrac{F}{A}\right|^2\fallingdotseq |K|^{-1}e^{-4\kappa L}$.

(c) ここの例では $\tfrac{|p|}{\hbar}=\kappa$, 積分範囲は $2L$ なので, 問 (b) より与式が得られる.

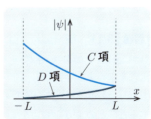

基本 3.6 （調和振動） $U = \frac{1}{2}m\omega^2 x^2$ という調和振動（単振動）の場合の，エネルギー固有状態を求めよう．

(a) $\psi \propto e^{-\frac{\beta}{2}x^2}$ として $H\psi$ を計算せよ．それが ψ に比例するためには，β は何でなければならないか．そのとき E はどうなるか．

(b) 一般の解が $\psi \propto f(x)e^{-\frac{\beta}{2}x^2}$ という形をしているとしたとき（ただし β は問 (a) で求めた値），f が満たすべき微分方程式を求めよ．β, および $\varepsilon = \left(\frac{2m}{\hbar^2}\right)E$ という記号を使って表せ．

(c) f が n 次の多項式であるとして，解を
$$f_n(x) = a_n x^n + a_{n-2} x^{n-2} + a_{n-4} x^{n-4} + \cdots$$
と書く（n が偶数のときは f_n は偶関数，奇数のときは奇関数であり，いずれにしろ次数は2つずつ下がる … 基本問題 3.2）．問 (b) の微分方程式に代入して最高次の係数を求めることにより ε を定め，そのときのエネルギー E_n を求めよ．

(d) 上記の解の x^m 次の項の係数を x^m+2 次の項の係数から求める式を求めよ（$m < n$）（このような式を**漸化式**という）．

(e) $n = 0$ から $n = 3$ までの f_n を求めよ．ただし最高次の係数は 1 とする．

(f) $n = 2$ の解の節（$\psi = 0$ になる位置）と，$n = 3$ の解の節はそれぞれいくつあるか．また，それらが互い違いになっていることを確かめよ．

(g) 節は $U(x) < E_n$ の領域にあることを，$n = 3$ の場合に確かめよ．

(h) $n = 0$ から $n = 3$ までの解 ψ の概形を描け．

類題 3.10 （直交性） 一般に，エネルギー固有状態は直交する．調和振動の場合には
$$\int_{-\infty}^{\infty} f_n(x) f_{n'}(x) e^{-\beta x^2} dx = 0 \quad (n \neq n' \text{ のとき})$$
を意味する（f_n は実数なので複素共役の記号は付けなかった）．n と n' が 0 と 2，および 1 と 3 のときに計算して確かめよ（n と n' が偶数と奇数のときは計算せずとも明らかである．なぜか）．

ヒント 微分 $\int_{-\infty}^{\infty} x^{2n} e^{-\beta x^2} dx$ は $n = 0$ のとき $\sqrt{\frac{\pi}{\beta}}$，$n = 1$ のときはその $\frac{1}{2\beta}$ 倍，$n = 2$ のときはそのさらに $\frac{3}{2\beta}$ 倍である（解答も参照）．

類題 3.11 （漸化式） (a) 基本問題 3.6 (b) の f を，最初は多項式と仮定せずに $f(x) = a_0 + a_1 x + a_2 x^2 + \cdots + a_n x^n + \cdots$ と展開したとき，係数 a_n が満たす漸化式を求めよ．

(b) $f(x)$ が多項式になるための条件を求めよ．また，$f(x)$ が多項式にはならないとすると，どのような問題が生じるか．

答 基本 3.6 (a) 応用問題 2.4 の計算とほぼ同じである．変数は x だけなので常微分の記号を使うと

$$\left(-\frac{\hbar^2}{2m}\frac{d^2}{dx^2}+U\right)e^{-\frac{\beta}{2}x^2} = -\frac{\hbar^2}{2m}\left(\beta^2 x^2 - \beta\right)e^{-\beta x^2} + \frac{1}{2}m\omega^2 x^2 e^{-\frac{\beta}{2}x^2}$$

$\beta = \frac{m\omega}{\hbar}$ とすれば x^2 の項が打ち消し合って

$$\text{上式} = \frac{\hbar\omega}{2}e^{-\frac{\beta}{2}x^2}$$

つまりもとの ψ に比例することになり，比例係数より，$\underline{E = \frac{\hbar\omega}{2}}$ となる．

(b) $\frac{d^2}{dx^2}\left(f(x)e^{-\frac{\beta}{2}x^2}\right) = \frac{d^2 f}{dx^2}e^{-\frac{\beta}{2}x^2} + 2\frac{df}{dx}(-\beta x)e^{-\frac{\beta}{2}x^2} + f\frac{d^2}{dx^2}e^{-\frac{\beta}{2}x^2}$ なので，問 (a) の結果も使えば，$H\psi = E\psi$ は

$$-\frac{\hbar^2}{2m}\left(\frac{d^2 f}{dx^2} - 2\beta x \frac{df}{dx}\right) + \frac{\hbar\omega}{2}f = Ef$$

となる．問題文の ε 使うと

$$\frac{d^2 f}{dx^2} - 2\beta x \frac{df}{dx} + (\varepsilon - \beta)f = 0 \qquad (*)$$

(c) f_n の式を上式に代入する．それがゼロになるためにはすべての次数の係数がゼロでなければならないが，特に最高次 (x^n) の係数を調べると

$$-2\beta n a_n + (\varepsilon - \beta)a_n = 0 \quad \to \quad \varepsilon = (2n+1)\beta \quad \to \quad \underline{E_n = \left(n+\frac{1}{2}\right)\hbar\omega}$$

(d) 問 (b) の微分方程式の x^m 次の係数を調べると ($\varepsilon = (2n+1)\beta$ も使う)

$$(m+2)(m+1)a_{m+2} - 2\beta m a_m + 2n\beta a_m = 0$$

$$\to \quad a_m = -\frac{(m+2)(m+1)}{2\beta(n-m)}a_{m+2}$$

(e) $f_0 = 1$ と $f_1 = x$ は，項は 1 つしかないので明らか．

$n = 2$：問 (d) の式より $a_0 = -\frac{1}{2\beta}a_2 \to f_2 = x^2 - \frac{1}{2\beta}$

$n = 3$：問 (d) の式より $a_1 = -\frac{3}{2\beta}a_3 \to f_3 = x^3 - \frac{3}{2\beta}x$

(f) **$n = 2$ の場合**：$f_2 = 0$ より，$x = \pm\frac{1}{\sqrt{2\beta}}$ の 2 か所．

$n = 3$ の場合：$f_3 = 0$ より，$x = 0$, および $x = \pm\sqrt{\frac{3}{2\beta}}$ の 3 か所．

($n = 1$ のときも $f_1 = 0$ より $x = 0$ なので，f_2 の節と互い違いになる)．

(g) $U(x) = E_3$ となるのは，$\frac{1}{2}m\omega^2 x^2 = \frac{7}{2}\hbar\omega$ より $x = \sqrt{\frac{7}{\beta}} > \sqrt{\frac{3}{2\beta}}$

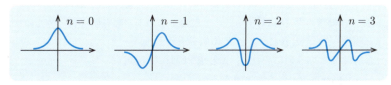

基本 3.7（2次元の調和振動） 2次元空間での調和振動を考える．2次元平面（xy平面）での原点からの距離を r とすると，ポテンシャルは

$$U = \tfrac{1}{2}m\omega^2 r^2 = \tfrac{1}{2}m\omega^2(x^2+y^2)$$

となる．デカルト座標と極座標それぞれで問題を解き，結果を比較しよう．

(a) 最初はデカルト座標で考える．理解度のチェック 3.9 の手法が使える．ハミルトニアンは $H = H_x + H_y$ と分離できるので，$H\psi(x,y) = E\psi(x,y)$ の解を $\psi(x,y) = \psi_x(x)\psi_y(y)$ と積の形にすれば，それぞれ $H_x\psi_x = E_x\psi_x$, $H_y\psi_y = E_y\psi_y$ という式を満たす．それぞれはすでに解いた1次元の調和振動の式なので，その答えを使って，2次元の問題のエネルギーを求めよ．また，基底状態から第2励起状態までの波動関数の具体的な形を示せ．

注 1次元の場合（基本問題 3.2）と異なり2次元以上では，励起状態について，複数の状態が同じエネルギーをもつことがしばしば起こる．これを**縮退**あるいは**縮重**という．状態の数が**縮退度**である．

(b) 極座標 (r,θ) では運動エネルギーの部分を変数変換すると

$$-\tfrac{\hbar^2}{2m}\left(\tfrac{1}{r}\tfrac{\partial}{\partial r}\left(r\tfrac{\partial}{\partial r}\right)\psi + \tfrac{1}{r^2}\tfrac{\partial^2 \psi}{\partial \theta^2}\right) + \tfrac{1}{2}m\omega^2 r^2 \psi = E\psi$$

となる解が $\psi(r,\theta) = R(r)\Theta(\theta)$ というように積の形に書けるとすると，それぞれが満たす式を導け．

注 ここで上式の証明はしないが，この形（r の入り方）が必然である理由を基本問題 5.6 で示す．下の類題 3.12 も間接的な正当化になっている．

(c) 問 (a) で求めた解は $R(r)\Theta(\theta)$ という形になっているか．なっていない場合でも，少し工夫するとそうなることを示せ．

類題 3.12（極座標） 前問 (c) で求めた解が，前問 (b) の式を満たしていることを示せ．

ヒント それぞれのケースでまず λ の値を求める．

類題 3.13（極座標） ここでは極座標の式から解を求めよう．
(a) $R(r) = f(r)e^{-\tfrac{\beta}{2}r^2}$ という形の解を探す（$\beta = \tfrac{m\omega}{\hbar}$）．$f(r)$ が満たすべき式を求めよ．
(b) 前問 (b) で求めた Θ に対する式の一般解を求めよ．固有値 λ はどうなるか．
(c) $f = $ 定数 としたときに，λ と E の値を求めよ．
(d) $f = r + a$ という形にしたら，λ と E はどうなるか．
(e) $f = r^2 + ar + b$ としたらどうなるか．

第3章 束縛状態

答 基本 3.7 (a) n_x, n_y をゼロ以上の整数として,$E_x = \left(n_x + \frac{1}{2}\right)\hbar\omega$, $E_y = \left(n_y + \frac{1}{2}\right)\hbar\omega$ と書けるので

$$E = (n_x + n_y + 1)\hbar\omega$$

となる.解は 2 つの数の組合せ (n_x, n_y) によって決まり,全エネルギーは $n_x + n_y$ によって決まることがわかる.

基底状態:$n_x + n_y = 0$

$$(0,0) \quad \psi_{00} = \psi_{x0}\psi_{y0} \propto e^{-\frac{1}{2}\beta(x^2+y^2)} = e^{-\frac{1}{2}\beta r^2}$$

第 1 基底状態:$n_x + n_y = 1$

$$(1,0) \quad \psi_{10} = \psi_{x1}\psi_{y0} \propto x\, e^{-\frac{1}{2}\beta(x^2+y^2)} = r\cos\theta\, e^{-\frac{1}{2}\beta r^2}$$

$$(0,1) \quad \psi_{01} = \psi_{x0}\psi_{y1} \propto y\, e^{-\frac{1}{2}\beta(x^2+y^2)} = r\sin\theta\, e^{-\frac{1}{2}\beta r^2}$$

第 2 励起状態:$n_x + n_y = 2$

$$(1,1) \quad \psi_{11} = \psi_{x1}\psi_{y1} \propto xy\, e^{-\frac{1}{2}\beta(x^2+y^2)} = r^2\cos\theta\sin\theta\, e^{-\frac{1}{2}\beta r^2}$$

$$(2,0) \quad \psi_{20} = \psi_{x2}\psi_{y1} \propto \left(x^2 - \frac{1}{2\beta}\right) e^{-\frac{1}{2}\beta(x^2+y^2)}$$

$$(0,2) \quad \psi_{02} = \psi_{x0}\psi_{y2} \propto \left(y^2 - \frac{1}{2\beta}\right) e^{-\frac{1}{2}\beta(x^2+y^2)}$$

(b) 与式に代入して $\psi = R\Theta$ で割ると

$$-\frac{\hbar^2}{2m}\left(\frac{1}{rR}\frac{\partial}{\partial r}\left(r\frac{\partial}{\partial r}\right)R + \frac{1}{r^2\Theta}\frac{\partial^2\Theta}{\partial\theta^2}\right) + \frac{1}{2}m\omega^2 r^2 = E$$

$\frac{1}{\Theta}\frac{\partial^2\Theta}{\partial\theta^2}$ の部分は角度 θ のみに依存しうるが,その他の項は r のみにしか依存できず,それが等式で結ばれているのだから,θ に依存しない(そしてもちろん r にも依存しない)定数でなければならない.それを $-\lambda$ と書けば($\frac{1}{\Theta}\frac{d^2\Theta}{d\theta^2}$ は負になる)

$$\frac{\partial^2\Theta}{\partial\theta^2} = -\lambda\Theta \tag{*}$$

これを上式に代入して書き直せば

$$-\frac{\hbar^2}{2m}\left(\frac{1}{r}\frac{\partial}{\partial r}\left(r\frac{\partial R}{\partial r}\right) - \frac{\lambda}{r^2}R\right) + \frac{1}{2}m\omega^2 r^2 R = ER \tag{**}$$

式 (*) は Θ に対する固有値問題であり,式 (**) はそれによって決まる λ の値に依存する,R に対する固有値問題である.式 (*) → 式 (**) という順番に解く.

(c) 問 (a) で求めた解のうち,(0,0) から (1,1) まではすでに,$R(r)\Theta(\theta)$ という積の形になっている.最後の 2 つは組み合わせ方を変えなければならない.

$$\psi_{20} + \psi_{02} \propto \left(x^2 + y^2 - \frac{1}{\beta}\right) e^{-\frac{1}{2}\beta r^2} = \left(r^2 - \frac{1}{\beta}\right) e^{-\frac{1}{2}\beta r^2}$$

$$\psi_{20} - \psi_{02} \propto (x^2 - y^2) e^{-\frac{1}{2}\beta r^2} = r^2\cos 2\theta\, e^{-\frac{1}{2}\beta r^2}$$

基本 3.8 （3次元での変数分離） ポテンシャル U が球対称な場合のシュレーディンガー方程式は，球座標で表すと式 (3.10) になるが，解を式 (3.11) のように変数分離形だとすると，式 (3.12)～(3.14) のように分けられる．このことを証明せよ．

ヒント 基本問題 3.7 (b) の3次元版である．同様な方法で計算すればよい．

基本 3.9 （ϕ 依存性） (a) 前問で得た Φ に対する方程式

$$\frac{\partial^2 \Phi}{\partial \phi^2} = -\nu \Phi \tag{*}$$

の，三角関数で表した解を求めよ．ν はどのような値でなければならないか．

ヒント ϕ の範囲は $0 \leqq \phi \leqq 2\pi$ であり，$\phi = 0$ と $\phi = 2\pi$ は同じ位置を表す．したがって $\phi = 0$ と $\phi = 2\pi$ で Φ もその微分も同じ値にならなければならない．一種の接続条件である．

(b) Φ を複素数の指数関数で表した解を求めよ．

類題 3.14 （Φ） 前問の式 (*) で $\nu \geqq 0$ である理由を考えよ．

基本 3.10 （θ 依存性） 前問によれば，Φ の式の ν は m^2 と書ける（m は任意の整数）．したがって Θ の式は

$$-\frac{1}{\sin\theta}\frac{\partial}{\partial\theta}\left(\sin\theta\,\frac{\partial\Theta}{\partial\theta}\right) + \frac{m^2}{\sin^2\theta}\Theta = \lambda\Theta \tag{*}$$

となる．
(a) $m = 0$ の場合，$\Theta = 1$，および $\Theta = \cos\theta$ が上式の解になっていることを確かめよ．それぞれの場合，λ はいくつか．
(b) $m = \pm 1$ の場合，$\Theta = \sin\theta$ が解になっていることを確かめよ．λ はいくつか．
(c) 問 (a) と (b) の解は例に過ぎない．一般に $x = \cos\theta$，l を $|m|$ 以上の整数とし，

$$\Theta = (1-x^2)^{\frac{|m|}{2}} \frac{d^{l+|m|}}{dx^{l+|m|}}(1-x^2)^l$$

とすると，これは上式の

$$\lambda = l(l+1)$$

の場合の解になっている（証明は応用問題 3.3 (e)）．これを，(i) $l = m = 0$，(ii) $l = 1$，$m = 0$，(iii) $l = 1$，$m = \pm 1$ の場合に確かめよ．

類題 3.15 （$\Theta\Phi$） $l = 2$ の場合に，可能なすべての関数 $\Theta(\theta)\Phi(\phi)$ を求めよ．

類題 3.16 （3次元の調和振動） 3次元調和振動子について，基本問題 3.7 と同じ考察をせよ．

第 3 章　束縛状態

答 基本 3.8　式 (3.10) に式 (3.11) の ψ を代入した上で，全体を $\Theta\Phi$ で割ると

$$-\frac{\hbar^2}{2m}\frac{1}{r^2}\frac{\partial}{\partial r}\left(r^2\frac{\partial R}{\partial r}\right) + \frac{\hbar^2\lambda}{2mr^2}R + U(r)R = ER$$

ただし左辺第 2 項の λ は

$$\lambda = \frac{\Lambda(\Theta\Phi)}{\Theta\Phi} \tag{*}$$

である．λ は θ と ϕ の関数だが，上式の他の部分はこれらの角度座標に依存しないので，上式が成り立つためには λ は単なる定数でなければならない．

さらに式 (*) に Λ の具体的な形（式 (3.9)）を代入して全体に Θ を掛けると

$$-\frac{1}{\sin\theta}\frac{\partial}{\partial\theta}\left(\sin\theta\frac{\partial\Theta}{\partial\theta}\right) + \frac{\nu}{\sin^2\theta}\Theta = \lambda\Theta$$

ただし

$$\nu = -\frac{\frac{\partial^2\Phi}{\partial\phi^2}}{\Phi}$$

である．ν は ϕ の関数だが，上と同じ議論により単なる定数でなければならない．これらより，式 (3.12)〜(3.14) が得られる．

答 基本 3.9　(a)　式 (*) は古典力学での単振動の式と同じであり，その解を三角関数で表すとすれば，A と B を任意の定数として（複素数でもよい）

$$\Phi(\phi) = A\sin m\phi + B\cos m\phi$$

と書ける．ただし $\nu = m^2$ である．ヒントの条件が成り立つためには m が正負を問わず整数であればよい．

注　習慣で m という記号を使うが，質量とは関係ない．●

(b)　上記の三角関数は指数関数 $e^{im\phi}$ と $e^{-im\phi}$ の線形結合で書くこともできる．ただし m が正負になりうることを考えれば，$e^{im\phi}$ とだけ書けばよい．

答 基本 3.10　(a)　$\Theta = 1$ の場合：左辺 $= 0$ になるので，$\lambda = 0$ であれば式 (*) は成り立つ．
$\Theta = \cos\theta$ の場合：左辺 $= 2\cos\theta = 2\Theta$ になるので，$\lambda = 2$ であれば式 (*) は成り立つ．
(b)　$\Theta = \sin\theta$，$m = \pm 1$ を代入すれば

$$\text{左辺} = -\frac{\cos^2\theta}{\sin\theta} + \sin\theta + \frac{1}{\sin\theta} = 2\sin\theta$$

したがって $\lambda = 2$ とすればよい．
(c)　$l = m = 0$：$\Theta = $ 定数であり，$l = 0$ より $\lambda = 0$．すなわち問 (a) の例である．
$l = 1, m = 0$：$\Theta \propto x = \cos\theta$ であり，$l = 1$ より $\lambda = 2$．問 (a) のもう 1 つの例である．
$l = 1, m = \pm 1$：$\Theta \propto \sqrt{1-x^2} = \sin\theta$．$\lambda = 2$．問 (b) の例である．

基本 **3.11** (*r* 依存性) 水素原子の場合に式 (3.12) を解こう．$U = -\frac{e^2}{4\pi\varepsilon_0}\frac{1}{r}$ である（クーロンエネルギー … ε_0 は誘電率でエネルギーとは関係ない）．前問で $\lambda = l(l+1)$ と書けることがわかったので，式 (3.12) は

$$\frac{d^2R}{d\rho^2} + \frac{2}{\rho}\frac{dR}{d\rho} - \frac{l(l+1)}{\rho^2}R + \frac{2}{\rho}R = \varepsilon R$$

ただし，

$$\rho = \frac{r}{a_0}, \qquad a_0 = \frac{4\pi\varepsilon_0 \hbar^2}{m_e e^2}, \qquad \varepsilon = -\frac{2m_e E a_0^2}{\hbar^2}$$

である．a_0 はボーア半径（基本問題 1.4 参照）であり長さの次元をもち，ρ と ε は無次元になる．ρ が変数であり，ε が求めるべき固有値になる．これを使って以下の問いに答えよ（ここでの ε は基本問題 3.6 の ε ではない）．

(a) 電子が原子内に束縛されている状態を考えよう．$E < 0$ すなわち $\varepsilon > 0$ である理由を述べよ．

(b) $\rho \to \infty$ の極限で，R は $R \propto e^{-\sqrt{\varepsilon}\rho}$ のように振る舞うことを示せ．

(c) $\rho \to 0$ の極限で，R は $R \propto \rho^l$ のように振る舞うことを示せ．

(d) 問 (a) と (b) を考えて，R は $L(\rho)$ を ρ の何らかの多項式として，$R = \rho^l e^{-\sqrt{\varepsilon}\rho} L(\rho)$ という形に書けるとする．L が満たすべき式が

$$\rho \frac{d^2L}{d\rho^2} + 2\big((l+1) - \sqrt{\varepsilon}\rho\big)\frac{dL}{d\rho} + 2\big(1 - \sqrt{\varepsilon}(l+1)\big)L = 0$$

となることを示せ．

注 L が多項式であるとしたのは，問 (b) と (c) で排除した振る舞いが出現しないためである（調和振動の場合と同様 … 類題 3.11）．領域の両端（$\rho = 0$ と ∞）で振る舞いを限定したので固有値が離散的になるというのも，これまでと同様の話である．●

(e) 上式は，各 l に対して多項式 L と値 ε を決めるための式である．L が 0 次式（定数）ならば解の 1 つになることを確かめ，そのときの ε を求めよ．

(f) L が 1 次式である解を見つけ，そのときの ε を求めよ．

(g) L が n' 次式の場合に（n ではなく n' としたのは習慣による）

$$L = \rho^{n'} + c_{n'-1}\rho^{n'-1} + \cdots + c_1\rho + c_0$$

とし，上式に代入して最高次の項がゼロであるという条件から，各 n' に対する ε を求めよ．また，E を求めよ．

注 上式はすべての ρ に対して成り立つ式だから，すべての次数の係数がゼロにならなければならない．最高次の係数から ε が決まれば，それ以下の次数の係数からは上式の一連の係数 c_i が得られる．●

第3章 束縛状態

答 基本 3.11 (a) 束縛状態とは電子が無限遠に飛び去らない状態である．クーロンポテンシャルでは無限遠では $U \to 0$ なので，束縛状態では E はゼロより小さくなければならない．

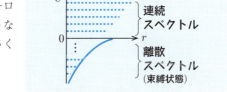

(b) ρ が分母にある項は無視すれば
$$\frac{d^2 R}{d\rho^2} \fallingdotseq \varepsilon R$$
なので
$$R \sim A e^{\sqrt{\varepsilon}\rho} + B e^{-\sqrt{\varepsilon}\rho}$$
が一般解になるが，$\rho \to \infty$ で発散してしまう項は物理的に許されないので，$A = 0$ でなければならない（$\varepsilon < 0$ ならば $\sqrt{\varepsilon}$ は虚数なので $A = 0$ である必要はないが，束縛状態にはならない）．

(c) $\rho \to 0$ で $R \sim \rho^k$ のように振る舞うとして与式に代入し，ρ の最低次の項（ρ^{k-2}）の係数だけを取り出すと
$$k(k-1) + 2k - l(l+1) = 0 \quad \to \quad k(k+1) - l(l+1) = 0$$
これより $k = l$ または $-l-1$ なので，一般には
$$R \fallingdotseq A\rho^l + B\rho^{-l-1}$$
となるが，$\rho \to 0$ で発散してしまう項は物理的に許されないので，$B = 0$ でなければならない．

(d) 少し面倒だが，代入して計算すればよい．

(e) $L = 1$ とすれば微分はすべて消えるので
$$1 - \sqrt{\varepsilon}(l+1) = 0 \quad \to \quad \varepsilon = \frac{1}{(l+1)^2}$$

(f) $L = \rho + c$ として（c は定数）として代入すれば
$$2\big((l+1) - \sqrt{\varepsilon}\rho\big) + 2\big(1 - \sqrt{\varepsilon}(l+1)\big)(\rho + c) = 0$$
$$\to \quad 2\big(1 - \sqrt{\varepsilon}(l+2)\big) + 2(l+1) + 2\big(1 - \sqrt{\varepsilon}(l+1)\big)c = 0$$
$$\to \quad \sqrt{\varepsilon} = \frac{1}{l+2}, \quad c = -(l+1)(l+2)$$

(g)
$$-2n'\sqrt{\varepsilon} + 2\big(1 - \sqrt{\varepsilon}(l+1)\big) = 0$$
$$\to \quad \varepsilon = \frac{1}{(n'+l+1)^2}$$
$$\to \quad E = -\frac{\hbar^2}{2m_e a_0^2 \varepsilon} = -\frac{\hbar^2}{2m_e a_0^2} \frac{1}{(n'+l+1)^2}$$

第3章 束縛状態

基本 3.12 (球関数)　(a)　基本問題 3.9 で示したように $\Phi(\phi)$ の形は整数 m に依存する．それを Φ_m と書こう（指数関数のほうで考える）．また，基本問題 3.10 では，Θ は2つの数 (l, m) に依存することを示した（ただし l は整数であり $l \geq |m|$）．この2つをまとめて

$$Y_{lm}(\theta, \phi) = \Theta_{lm}(\theta)\Phi_m(\phi)$$

と書き，**球関数**と呼ぶ．l の値が与えられたときに球関数はいくつあるか．

(b)　球関数の係数は通常

$$\int |Y_{lm}|^2 \sin\theta \, d\theta \, d\phi = 1$$

という条件から決める（**規格化**）．積分は単位球面全体であり，$0 < \theta < \pi$, $0 < \phi < 2\pi$ である．基本問題 3.10 (a) と (b) の結果から，Y_{00}, Y_{11}, Y_{10}, Y_{1-1} を規格化した上で記せ．

解説　一般に3次元空間の関数 f の全空間での積分は

$$\int f \, dx \, dy \, dz = \int f(r, \theta, \phi) \, r^2 \sin\theta \, dr \, d\theta \, d\phi$$

である．このうちの角度部分の積分が上式である．●

基本 3.13 (R_{nl}, ψ_{nlm})　(a)　基本問題 3.11 より，$R(r)$ の形は整数 n'（多項式 L の次数）と l で決まることがわかる．しかしエネルギーを決める $n = n' + l + 1$ という数を使って，n と l で決まるとみなすこともでき，通常 $R_{nl}(r)$ と書く．$n' \geq 0$ なので $n \geq l$ である．基本問題 3.11 の問 (e) と (f) の結果（$n' = 0$ と 1）からわかる R_{nl} を r と a_0 を使って具体的に示せ．規格化はしなくてよい．

(b)　結局，水素原子のエネルギー固有状態は3つの量子数 n, l, m で表される．全体を ψ_{nlm} ($= R_{nl}Y_{lm}$) と書こう．それは $n = 3$ としたときいくつあるか．

(c)　一般の n に対して，ψ_{nlm} はいくつあるか．

基本 3.14 (原子の大きさ)　(a)　電子の波動関数の r 方向への広がりは R_{nl} によって決まる．R_{10}, R_{21}, R_{32} の3つについて，どのように形が違うか，概略図を描いて説明せよ．また，R_{10} と R_{20} の違いはどこか．

(b)　電子が中心からどれだけ離れた位置に検出されるかは $r^2 |R_{nl}|^2$ に比例する（半径 r の領域の面積に比例するので r^2 を掛けた）．これが最大になる r を $R_{l+1\,l}$ の場合に求めよ．ボーア半径 a_0 の何倍か．l とともにどのように変化するかに着目せよ（最大値ではなく平均値は応用問題 3.6 で計算する）．

第 3 章 束縛状態

答 基本 3.12 (a) m は $l \geq m \geq -l$ を満たす整数ということだから，$2l+1$ 通りある（たとえば $l=1$ だったら，$m=1,0,-1$ の 3 通り）．
(b) $\int |e^{im\phi}|^2 d\phi = 2\pi$ より，$\Phi_m = \frac{1}{\sqrt{2\pi}} e^{im\phi}$.

$l=0$, $m=0$ のとき： $\int \sin\theta \, d\theta = -\cos\theta|_0^\pi = 2$ より，$\Theta_{00} = \frac{1}{\sqrt{2}}$

$l=1$, $m=0$ のとき： $\int |\cos\theta|^2 \sin\theta \, d\theta = \frac{2}{3}$ より，$\Theta_{10} = \sqrt{\frac{3}{2}} \cos\theta$

$l=1$, $m=\pm 1$ のとき： $\int |\sin\theta|^2 \sin\theta \, d\theta = \frac{4}{3}$ より，$\Theta_{1\pm 1} = \sqrt{\frac{3}{4}} \sin\theta$

これらより

$$Y_{00} = \frac{1}{\sqrt{4\pi}}, \quad Y_{10} = \sqrt{\frac{3}{4\pi}} \cos\theta, \quad Y_{1\pm 1} = \mp \sqrt{\frac{3}{8\pi}} \sin\theta \, e^{\pm i\phi}$$

最後の $Y_{1\pm 1}$ の複号は同順．Y_{11} の最初に負号を付けるか否かは任意だが，角運動量との関係で，このようにするのが習慣となっている（応用問題 5.4）．

答 基本 3.13 (a) $n'=0$ のときは，$n=l+1$ なので $\sqrt{\varepsilon} = \frac{1}{l+1}$ であり
$$R_{l+1\,l} \propto \rho^l e^{-\frac{\rho}{l+1}} \propto r^l e^{-\frac{r}{a_0(l+1)}}$$

同様に，$n'=1$ のときは $n=l+2$，$\sqrt{\varepsilon} = \frac{1}{l+2}$ であり
$$R_{l+2\,l} \propto \rho^l e^{-\frac{\rho}{l+2}} (\rho - (l+1)(l+2)) \propto r^l \left(\frac{r}{a_0} - (l+1)(l+2)\right) e^{-\frac{r}{a_0(l+2)}}$$

(b) $n=3$ のときは $l=0,1,2$ の 3 通りある．それぞれが $2l+1$ 個の状態を含むので，合計は $1+3+5=9$ 通りとなる．具体的には

$l=0$： ψ_{300}, $\quad l=1$： $\psi_{311}, \psi_{310}, \psi_{31-1}$

$l=2$： $\psi_{322}, \psi_{321}, \psi_{320}, \psi_{32-1}, \psi_{32-2}$

(c) $l=0,1,\ldots,n-1$ までの可能性があり，それぞれが $2l+1$ 個の状態を含むので
$$\text{状態数の合計} = 1+3+5+\cdots+(2n-1) = n^2$$

答 基本 3.14 (a) 前問 (a) の $R_{l+1\,l}$ より，l が増えると指数の係数（$\propto (l+1)^{-1}$）が減るので，減少の程度が減る（遠方まで延びる）．また R_{20} は 1 次式がかかるので，途中でゼロになり符号が変わる．

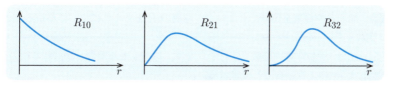

(b) $r^2 |R_{l+1\,l}|^2 \propto r^{2+2l} e^{-2br}$，ただし $b = \frac{1}{a_0(l+1)}$. これが最大になる r の値を r_m とすれば，微分計算により $r_\mathrm{m} = \frac{2+2l}{2b} = a_0(l+1)^2 = a_0 n^2$. 基底状態（$l=0$）では a_0.

応用問題 ※類題の解答は巻末

応用 3.1　(球形の井戸型ポテンシャル)　半径 L の球面内 ($r<L$) で $U=0$，球面外で $U=U_0$ (>0) というポテンシャルを考える．$E<U_0$ ならば，これは球面内に閉じ込められた粒子を表すと考えられ，スペクトルは離散的になるだろう．束縛状態のエネルギー E を求める式を導こう．

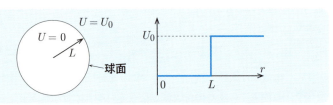

(a)　球対称な問題なので 50 ページの変数分離法が使える．成分 R に対する方程式は式 (3.12) になるが，$\frac{2m_{\rm e}(E-U)}{\hbar^2}=k^2$ とし $\rho=kr$ とすると，この式は

$$-\frac{1}{\rho^2}\frac{d}{d\rho}\rho^2\left(\frac{dR}{d\rho}\right)+\left(\frac{l(l+1)}{\rho^2}-1\right)R=0 \qquad (*)$$

となることを示せ (k は球内外で異なる定数であり，球外では虚数になる)．

(b)　上式の解は三角関数を使って表すことができる（下記のコラムも参照）．2 例だけ示すと，一般解は A と B を任意定数として

$l=0$ の場合：　　$R=A\rho^{-1}\sin\rho+B\rho^{-1}\cos\rho$

$l=1$ の場合：　　$R=A\rho^{-2}(\sin\rho-\rho\cos\rho)+B\rho^{-2}(\cos\rho+\rho\sin\rho)$

これを使って，$l=0$ と $l=1$ の場合に，束縛状態のエネルギーを求める式を導け．

ヒント　球内では $r=0$ で R が無限にならず，球外では $r\to\infty$ で R が無限にならないという条件から係数 A，B を限定し，その上で $r=L$ での接続条件を使う．そのとき，R そのものを使う必要はなく，rR，あるいは r^2R の接続条件を考えても同じである．●

(c)　$U_0=\infty$ の場合に束縛状態のエネルギーはどうなるか．$l=0$ と $l=1$ それぞれの場合に考えよ．

ヒント　問 (b) の結果を使ってもよいが，球内の R を考えればすぐにわかる．●

■ **コラム** ─────────────────

式 (*) の，一般の非負の整数 l に対する解は，**球ベッセル関数**と呼ばれる次の 2 つの関数 j_l と n_l の 1 次結合として書ける．

$$j_l(\rho)=(-1)^l\rho^l\left(\frac{1}{\rho}\frac{d}{d\rho}\right)^l\frac{\sin\rho}{\rho}$$

$$n_l(\rho)=(-1)^{l+1}\rho^l\left(\frac{1}{\rho}\frac{d}{d\rho}\right)^l\frac{\cos\rho}{\rho}$$

■

第3章 束縛状態

答 応用 3.1 (a) 与式に $\rho = kr$ を代入し，$E-U$ を全体に掛ければ元の式になる．
(b) $l=0$ の場合：**ヒント** に与えられた条件を課すと，球内では第 2 項は排除され ($B=0$)

$$R = A\rho^{-1}\sin\rho = \frac{A}{kr}\sin kr$$

また球外については，$\kappa = \sqrt{2m_{\mathrm{e}}(U_0-E)} = ik$ とすれば $\rho = i\kappa r$ であることを考えると

$$\cos\rho + i\sin\rho = e^{-\kappa r}$$

という組合せにしたい ($e^{\kappa r}$ という項を打ち消し合わせる)．つまり $A = iB$ とすれば (上の A と区別するために A' として)

$$R = \frac{iA'}{\kappa r}e^{-\kappa r}$$

rR を使って $r=L$ での接続条件を考えれば

$$\frac{A}{k}\sin kL = \frac{iA'}{\kappa}e^{-\kappa L}, \qquad A\cos kL = iA'e^{-\kappa L}$$

両式の比をとれば

$$\tan kL = \frac{k}{\kappa}$$

これは 1 次元の基本問題 3.1 での条件と同じである．
$l=1$ の場合：上と同様に

球内： $R = A\rho^{-2}(\sin\rho - \rho\cos\rho) = \frac{A}{k^2 r^2}(\sin kr - kr\cos kr)$

球外： $R = \frac{iA'}{\kappa^2 r^2}(1+\kappa r)e^{-\kappa r}$

$r^2 R$ を使って接続条件を考えれば

$$\frac{A}{k^2}(\sin kL - kL\cos kL) = \frac{iA'}{\kappa^2}(1+\kappa L)e^{-\kappa L}$$

$$AL\sin kL = -iA'Le^{-\kappa L}$$

両式の比を取れば

$$\frac{1}{k^2}(1 - kL\cot kL) = -\frac{1}{\kappa^2}(1+\kappa L)$$

これを解いて k (κ) を求めるには数値計算をする必要がある．
(c) $r=0$ での条件は変わらないので，球内での R の形は問 (b) と変わらない．$R=L$ での条件は $R(L)=0$ になるので，この式を解けばよい．
$l=0$ の場合： $\sin kL = 0$ が条件．エネルギーは $E = \frac{\hbar^2}{2m}k^2$．
$l=1$ の場合： $\sin kL - kL\cos kL = 0$，すなわち $\tan kL = kL$ が条件．k が大きいときは $\cos kL \fallingdotseq 0$ が条件になるので，k あるいは E は，$l=0$ の場合と互い違いに並ぶ．

応用 3.2（調和振動の別解法） (a) 1次元の調和振動子のハミルトニアン $H = -\frac{\hbar^2}{2m}\frac{d^2}{dx^2} + \frac{1}{2}m\omega x^2$ は $\beta = \frac{m\omega}{\hbar}$ として

$$a = \frac{1}{\sqrt{2\beta}}\left(\beta x + \frac{d}{dx}\right), \qquad a^\dagger = \frac{1}{\sqrt{2\beta}}\left(\beta x - \frac{d}{dx}\right)$$

という2つの演算子を導入すると

$$H = \hbar\omega\left(a^\dagger a + \frac{1}{2}\right) \qquad (*)$$

と書けることを示せ．

ヒント x と $\frac{d}{dx}$ が交換しない，つまり $x\frac{d}{dx} - \frac{d}{dx}x \neq 0$ であることがポイント．まず，$[x, \frac{d}{dx}] = -1$ を証明しよう．ただしここで

$$[A, B] = AB - BA$$

は，A と B の**交換関係**（あるいは**交換子**）と呼ばれている記号である．

(b) $[a, a^\dagger] = aa^\dagger - a^\dagger a = 1$ を示せ．

ヒント $[A, B] = -[B, A]$, $[A + B, C] = [A, C] + [B, C]$ などを利用すると早い．

(c) $[a, a^{\dagger n}] = aa^{\dagger n} - a^{\dagger n}a = na^{\dagger n-1}$ を示せ．

(d) $a\psi = 0$ という式を満たす ψ（ψ_0 と書く）は，基本問題 3.6 で求めた基底状態であることを示せ．

(e) $\psi_n = a^{\dagger n}\psi_0$ とすると，ψ_n はエネルギー $E = \left(n + \frac{1}{2}\right)\hbar\omega$ の状態（第 n 励起状態）になることを示せ（$a^\dagger$ は n を1つ増やすので**生成演算子**と呼ばれ，a は**消滅演算子**と呼ばれる．詳細は基本問題 5.9 を参照）．

(f) ψ_1 と ψ_2 を具体的に計算せよ（基本問題 3.6 での結果と同じになるか）．

類題 3.17（波束） (a) $\psi_\lambda(x) = \exp(\lambda a^\dagger)\psi_0(x)$ と表される状態 ψ_λ を考える（λ は何らかの定数）．ただし演算子の指数関数は

$$\exp(\lambda a^\dagger) = 1 + \lambda a^\dagger + \frac{1}{2}\lambda^2 a^{\dagger 2} + \cdots$$

とテイラー級数で定義される．ψ_λ は，無数の状態 ψ_n の重ね合わせである．

(a) $a\psi_\lambda = \lambda\psi_\lambda$ という式が成り立つことを証明せよ（a と $\exp(\lambda a^\dagger)$ の交換関係を考えよ）．

(b) 問 (a) の式は，$\frac{d}{dx}\psi_\lambda = -\beta\left(x - \lambda\sqrt{\frac{2}{\beta}}\right)\psi_\lambda$ と書けることを示し，この式を解くことによって ψ_λ を x の関数として表せ（応用問題 2.4 の波束になる）．

答 応用 3.2

(a) $(A+B)(A-B) = -B^2 + A^2 - (AB - BA)$ なので，もし $AB = BA$ ならば，つまり A と B が交換するならば，(A を βx，B を $\frac{d}{dx}$ に対応させて) $H = \hbar\omega a^\dagger a$ である．しかし任意の関数 $f(x)$ に対して

$$\left(x\frac{d}{dx} - \frac{d}{dx}x\right)f = x\frac{df}{dx} - \frac{d(xf)}{dx} = x\frac{df}{dx} - \left(f + x\frac{df}{dx}\right) = -f$$

なので x と $\frac{d}{dx}$ は交換せず

$$x\frac{d}{dx} - \frac{d}{dx}x = -1 \quad \left(\text{あるいは } \left[x, \frac{d}{dx}\right] = -1 \text{ と書く}\right)$$

これより

$$\frac{1}{2\beta}\left[\beta x, \frac{d}{dx}\right] = -\frac{1}{2}$$

なので，式 (∗) に $\frac{1}{2}\hbar\omega$ を加えて打ち消す必要がある．

(b) 同じものは交換する（$[x, x] = \left[\frac{d}{dx}, \frac{d}{dx}\right] = 0$）ことを考えて計算すると

$$\left[\beta x + \frac{d}{dx}, \beta x - \frac{d}{dx}\right] = \left[\beta x, -\frac{d}{dx}\right] + \left[\frac{d}{dx}, \beta x\right] = \beta + \beta = 2\beta$$

これに $\frac{1}{2\beta}$ を掛ければ与式が得られる．

(c)
$$aa^{\dagger n} = (1 + a^\dagger a)a^{\dagger n-1} = a^{\dagger n-1} + a^\dagger a a^{\dagger n-1}$$
$$= a^{\dagger n-1} + a^\dagger(1 + a^\dagger a)a^{\dagger n-2} = 2a^{\dagger n-1} + a^{\dagger 2}aa^{\dagger n-2}$$
$$= \cdots = na^{\dagger n-1} + a^{\dagger n}a$$

より，与式が得られる．

注 このように a を右に1つずつずらしていけば答えが得られるが，簡単な方法もある．$[a, a^\dagger] = 1$ という関係を，$\left[\frac{d}{da^\dagger}, a^\dagger\right] = 1$ と比較して，交換関係については a を $\frac{d}{da^\dagger}$ としても同じになることに着目する．だとすればこの問題は

$$\left[\frac{d}{dx}, x^n\right]f(x) = \frac{d}{dx}(x^n f) - x^n \frac{df}{dx} = nx^{n-1}f$$

すなわち $\left[\frac{d}{dx}, x^n\right] = nx^{n-1}$ という関係と同じことになる．

(d) $a\psi \propto \left(\beta x + \frac{d}{dx}\right)\psi_0(x) = 0$ なので，$\psi_0 \propto e^{-\frac{1}{2}\beta x^2}$ が解であることは明らか．$a\psi_0 = 0$ であることからエネルギーもすぐに得られる．

$$H\psi_0 = \tfrac{1}{2}\hbar\omega\psi_0 \quad \to \quad E = \tfrac{1}{2}\hbar\omega$$

(e) 問 (c) の関係を使うと

$$a^\dagger a \psi_n = a^\dagger a(a^{\dagger n}\psi_0) = a^\dagger(a^{\dagger n}a + na^{\dagger n-1})\psi_0 = n\psi_n$$

したがって，$H\psi_n = \hbar\omega\left(n + \tfrac{1}{2}\right)\psi_n$ となる．

(f)
$$\psi_1 \propto \left(\beta x - \frac{d}{dx}\right)e^{-\frac{1}{2}\beta x^2} \propto xe^{-\frac{1}{2}\beta x^2}$$
$$\psi_2 = a^\dagger \psi_1 = \left(\beta x - \frac{d}{dx}\right)(xe^{-\frac{1}{2}\beta x^2})$$
$$= (\beta x^2 + \beta x^2 - 1)e^{-\frac{1}{2}\beta x^2} = (2\beta x^2 - 1)e^{-\frac{1}{2}\beta x^2}$$

応用 3.3 (Θ) 基本問題3.10では，簡単なケースに対して解を具体的に求めたが，一般解については天下り的に与えた（同問(c)）．ここではこの一般解を証明しよう．

(a) 同問の Θ についての微分方程式が，$x = \cos\theta$ として書き換えると

$$-\frac{d}{dx}\left((1-x^2)\frac{d\Theta}{dx}\right) = \left(\lambda - \frac{m^2}{1-x^2}\right)\Theta \qquad (*)$$

となることを確かめよ（Θ は x にしか依存しないので常微分に置き換えた．x は位置座標 x とは無関係）．

ヒント 一般の θ の関数 f に対して

$$\frac{df}{d\theta} = \frac{dx}{d\theta}\frac{df}{dx} = -\sin\theta \frac{df}{dx}$$

(b) まず $m=0$ のケースを考える．Θ が x の l 次の多項式だとする（l は任意の非負の整数）．最高次の係数がゼロになるという条件から λ を求めよ（調和振動子での基本問題3.6(c)と同じ議論である）．

(c) 式$(*)$（ただし $m=0$）の l 次の解 Θ_l が，任意の比例係数は別として

$$\Theta_l = \frac{d^l}{dx^l}(1-x^2)^l \qquad (**)$$

と書けることを，次の **ヒント** に示した手順で示せ．

ヒント

$$(1-x^2)\frac{d}{dx}(1-x^2)^l = -2lx(1-x^2)^l \qquad (***)$$

という式の両辺を，x で $l+1$ 回微分する．積の微分公式の一般形

$$\frac{d^n}{dx^n}(fg) = f\frac{d^n}{dx^n}g + n\frac{df}{dx}\frac{d^{n-1}g}{dx^{n-1}} + \frac{n(n+1)}{2}\frac{d^2f}{dx^2}\frac{d^{n-2}g}{dx^{n-2}} + \cdots$$

を使って計算して整理すればよい．$\cdots$ の部分は途中からゼロになる．

(d) 次に $m \neq 0$ の場合を考える．まず Θ が

$$\Theta = (1-x^2)^{\frac{|m|}{2}} f(x)$$

という形だとする．これを式$(*)$に代入すると，f に対する式が

$$(1-x^2)\frac{d^2f}{dx^2} - 2x(|m|+1)\frac{df}{dx} + (\lambda - m^2 - |m|)f = 0$$

となることを示せ．

(e) $\lambda = l(l+1)$ とすると，$f = \frac{d^{|m|}\Theta_l}{dx^{|m|}}$ が上式の解になることを示せ．

解説 数学では

$$P_l(x) = \frac{1}{2^l l!}\frac{d^l}{dx^l}(x^2-1)^l, \qquad P_l^m(x) = (x^2-1)^{\frac{|m|}{2}}\frac{d^m}{dx^m}P_l^m$$

をそれぞれ，ルジャンドルの多項式，ルジャンドル陪関数という．上問の Θ_l と $\Theta_l^{|m|}$ は比例係数を除きこれらに等しい．

第 3 章　束縛状態　　　　　　　　　　**81**

答　応用 3.3　(a)　基本問題 3.10 式 (∗) の左辺第 1 項は，ヒント の式より

$$-\frac{1}{\sin\theta}(-\sin\theta)\frac{d}{dx}(-\sin^2\theta)\frac{d\Theta}{dx} = -\frac{d}{dx}(1-x^2)\frac{d\Theta}{dx}$$

これより与式が得られる．
(b)
$$\Theta = a_l x^l + a_{l-1}x^{l-1} + \cdots$$
として問 (a) の式に代入すれば

$$\text{左辺} = -\frac{d}{dx}(1-x^2)(a_l l x^{l-1} + \cdots) = a_l l(l+1)x^l + \cdots$$

これが右辺の $\lambda\Theta = \lambda(a_l x^l + a_{l-1}x^{l-1} + \cdots)$ に等しいのだから，最高次 (x^l) の係数を比較することによって

$$\lambda = l(l+1)$$

(c)　ヒント の最初の式の左辺を $l+1$ 回微分する．積の微分公式の右辺は全部で $n+1$ 項あるが，ここでは $f = 1-x^2$ なので第 4 項以下はゼロになる．つまり

$$\frac{d^{l+1}}{dx^{l+1}}(\text{式 }(***)\text{ の左辺}) = (1-x^2)\frac{d^{l+2}}{dx^{l+2}}(1-x^2)^l$$
$$+ (l+1)(-2x)\frac{d^{l+1}}{dx^{l+1}}(1-x^2)^l + \frac{l(l+1)}{2}(-2)\frac{d^l}{dx^l}(1-x^2)^l$$

同様に右辺は，$f = -2lx$ なので第 3 項以下はゼロになり

$$\frac{d^{l+1}}{dx^{l+1}}(\text{式 }(***)\text{ の右辺}) = l(-2x)\frac{d^{l+1}}{dx^{l+1}}(1-x^2)^l - 2l(l+1)\frac{d^l}{dx^l}(1-x^2)^l$$

これを等しいとおいて整理すると

$$(1-x^2)\frac{d^{l+2}}{dx^{l+2}}(1-x^2)^l - 2x\frac{d^{l+1}}{dx^{l+1}}(1-x^2)^l = -l(l+1)\frac{d^l}{dx^l}(1-x^2)^l$$

となる．この式の左辺は

$$\frac{d}{dx}(1-x^2)\frac{d^{l+1}}{dx^{l+1}}(1-x^2)^l = \frac{d}{dx}\left((1-x^2)\frac{d\Theta_l}{dx}\right)$$

に他ならないので，$\lambda = l(l+1)$ とすれば式 (∗∗) が式 (∗)（ただし $m = 0$）の解であることがわかる．
(d)　代入して計算すればよい．$(1-x^2)^{-1}$ の項を消すための変形である．
(e)　Θ_l に対する式

$$(1-x^2)\frac{d^2\Theta_l}{dx^2} - 2x\frac{d\Theta_l}{dx} + l(l+1)\Theta_l = 0$$

を x で $|m|$ 回，微分する．Θ_l の $|m|$ 階微分を $\Theta_l^{|m|}$ と書けば，第 1 項の $|m|$ 階微分は

$$\frac{d^{|m|}}{dx^{|m|}}(1-x^2)\frac{d^2\Theta_l}{dx^2} = (1-x^2)\frac{d^2\Theta_l^{|m|}}{dx^2} - 2|m|x\frac{d\Theta_l^{|m|}}{dx} - (|m|+1)|m|\Theta_l^{|m|}$$

同様に第 2 項も計算すれば，$\Theta_l^{|m|}$ に対して問 (d) と同じ形の式が得られる．

応用 3.4 (ラゲールの陪多項式)　基本問題 3.11 (d) の式の解 L はラゲールの陪多項式として知られている．各 l に対する n' 次式の解を $L_{n'l}(\rho)$ と書けば

$$L_{n'l}(\rho) = L_{n'}^{2l+1}(2\sqrt{\varepsilon}\,\rho)$$

と書ける．ただし，右辺がラゲールの陪多項式であり

$$L_n^{\alpha}(x) = \tfrac{1}{n!}\,x^{-\alpha}\,e^x \left(\tfrac{d}{dx}\right)^n x^{n+\alpha}\,e^{-x}$$

と表される ($2l+1$ を α，n' を n と書いた)．これが同問 (e) および (f) の結果と一致することを確かめよ．ε は同問 (g) で求めた値である．

注　$\alpha = 0$ の場合を単に**ラゲールの多項式**という．数学では，これらは次問に記す微分方程式の解として知られている．

応用 3.5 (ラゲールの微分方程式)　n 次のラゲールの陪多項式 $L_n^{\alpha}(x)$ は

$$x\tfrac{d^2y}{dx^2} + (\alpha + 1 - x)\tfrac{dy}{dx} + ny = 0$$

という式の解である (このこと自体の証明は数学の本を参照していただきたい)．そのことから基本問題 3.11 (g) で求めた ε が正しいことを確かめよ．

応用 3.6 (r の期待値)　原子の大きさの程度を見るために，基本問題 3.14 では $r^2 R_{nl}$ が最大になる位置を求めた．ここでは r の期待値 (平均値) を計算しよう．ただし同問と同様に $n = l+1$ の場合，すなわち L が定数の場合に限定する．

(a)　比例係数を N，$b = \tfrac{1}{a_0(l+1)}$ とすると，$R_{l+1\,l} = Nr^l e^{-\tfrac{br}{2}}$ と書けるが，$R_{l+1\,l}$ が規格化されているとしたとき，N の値を求めよ．

注　p を非負の整数，q を任意の正の数とすると

$$\int_0^{\infty} r^p\,e^{-qr}\,dr = \tfrac{p!}{q^{p+1}}$$

であることを使え．この公式自体は $\int_0^{\infty} e^{-qr}\,dr = \tfrac{1}{q}$ の両辺を q で p 回微分すれば得られる．

(b)　$R_{l+1\,l}$ について，r の期待値 $\langle r \rangle$ を求めよ．基本問題 3.14 で求めた，$r^2 R^2$ が最大になる r と比較せよ．

(c)　同様に，逆数の期待値 $\left\langle \tfrac{1}{r} \right\rangle$ を求めよ．

(d)　$\left\langle \tfrac{1}{r^2} \right\rangle$ を求めよ．

第3章 束縛状態

答 応用 3.4 基本問題 3.11 (e) は $n' = 0$ のケースであり,$L = $ 定数 となる.
同問 (f) は $n' = 1$ のケースなので
$$\frac{d}{dx} x^{1+\alpha} e^{-x} = (\alpha+1)x^\alpha e^{-x} - x^{1+\alpha} e^{-x}$$
を代入すれば
$$L_1^\alpha(x) = (\alpha+1) - x \quad \rightarrow \quad L_1^l(\rho) = L_1^{2l+1}(2\sqrt{\varepsilon}\,\rho) = 2(l+1) - 2\sqrt{\varepsilon}\,\rho$$
$\sqrt{\varepsilon} = \frac{1}{l+2}$ を代入し $-\frac{l+2}{2}$ を掛ければ問 (f) の結果になる.

答 応用 3.5 基本問題 3.11 (d) の式を $x = 2\sqrt{\varepsilon}\,\rho$ として書き換えると(全体を $2\sqrt{\varepsilon}$ で割る)
$$x \frac{d^2 L}{dx^2} + \left(2(l+1) - x\right) \frac{dL}{dx} + \frac{1-\sqrt{\varepsilon}\,(l+1)}{\sqrt{\varepsilon}} L = 0$$
これを本問の式と比較すれば
$$2(l+1) = \alpha + 1, \qquad \frac{1-\sqrt{\varepsilon}\,(l+1)}{\sqrt{\varepsilon}} = n$$
$$\rightarrow \quad \alpha = 2l+1, \qquad \varepsilon = \frac{1}{(n+l+1)^2}$$
ここで n は L の次数であり問 (g) の n' に対応するので,これは問 (g) の ε に等しい.

答 応用 3.6 (a) 規格化の条件とは
$$\int |R_{l+1\,l}|^2 r^2\, dr = |N|^2 \int r^{2l+2}\, e^{-2br}\, dr = 1$$
である.したがって
$$|N|^2 = \left(\int r^{2l+2}\, e^{-br}\, dr\right)^{-1} = \frac{(2b)^{2l+3}}{(2l+2)!}$$

(b) 規格化してあれば,期待値の計算は確率の和で割る必要はなくなる.
$$\langle r \rangle = \int |R_{l+1\,l}|^2 r^3\, dr = |N|^2 \int r^{2l+3}\, e^{-2br}\, dr$$
$$= \frac{(2b)^{2l+3}}{(2l+2)!} \times \frac{(2l+3)!}{(2b)^{2l+4}} = \frac{2l+3}{2b} = \frac{(2l+3)(l+1)}{2} a_0$$
これは最大になる位置 $r_\mathrm{m} = (l+1)^2 a_0$ よりも大きい.

(c) 問 (b) と同様に
$$\left\langle \frac{1}{r} \right\rangle = \int |R_{l+1\,l}|^2 r\, dr = \frac{2b}{2l+2} = \frac{1}{(l+1)^2}\, \frac{1}{a_0}$$

(d) $\left\langle \frac{1}{r^2} \right\rangle = \int |R_{l+1\,l}|^2\, dr = \frac{(2b)^2}{(2l+2)(2l+1)} = \frac{2}{(l+1)^3 (2l+1)}\, \frac{1}{a_0^2}$

応用 3.7 （U が 1 次式のとき）　応用問題 2.3 で扱った，ポテンシャルが位置座標の 1 次式で表される場合の，エネルギーの固有状態を求めよう．同問で求めた解は k の値で決まり（$A_0 = 1$ として）

$$\psi_k(x,t) = e^{i\alpha \tilde{k}^3} e^{i\tilde{k}x} \quad \text{ただし} \quad \tilde{k} = k - \beta t, \quad \beta = \frac{mg}{\hbar}, \quad \alpha = \frac{\hbar^2}{6m^2 g}$$

であった．しかしこの ψ_k は複雑な t 依存性をもっており（t 依存性が $e^{-\frac{iEt}{\hbar}}$ という形になっていない），エネルギーの固有状態ではない．そこで，このような ψ_k を重ね合わせてエネルギーの固有状態を作ろう．重ね合わせの重みを $A(k)$ として，エネルギー E の状態の波動関数 ψ_E を次のように書く．

$$\psi_E(x,t) = \int A(k) e^{i\alpha \tilde{k}^3} e^{i\tilde{k}x} dk$$
$$= \int A(\tilde{k} + \beta t) e^{i\alpha \tilde{k}^3} e^{i\tilde{k}x} d\tilde{k}$$

積分変数を k から $\tilde{k}$ に変えた．どちらの積分領域も $-\infty$ から ∞ までである．
(a)　$i\hbar \frac{\partial \psi_E}{\partial t} = E\psi_E$ という条件から，$A(k)$ を求めよ．
(b)　$\psi_E \propto e^{-\frac{iEt}{\hbar}} \times$ （t に依存しない因子）という形になることを示せ．

類題 3.18　（別解）　応用問題 2.3 の解を知らないとして

$$\psi_E(x) = \int A(k) e^{ikx} dk$$

とし，$A(k)$ に対する微分方程式を考えてこの問題を解け（フーリエ変換の方法）．

応用 3.8　（解の形）　(a)　応用問題 3.7 (b) の「t に依存しない因子」は

$$\int e^{\frac{i\theta(\tilde{k})}{mg}} d\tilde{k}$$

という形に書ける（便宜上，mg を θ から取り出した）．この $\tilde{k}$ 積分では，$\tilde{k}$ のどの値が重要か．x と E の関数として求めよ．その関係式は，古典力学的に理解できる形か．

ヒント　定常位相の方法で考えれば，θ が変化しない値が重要である．
(b)　問 (a) の積分を

$$\int e^{\frac{i\theta(\tilde{k})}{mg}} d\tilde{k} \propto e^{\frac{i\theta(\tilde{k}_0)}{mg}}$$

と近似する．ただし $\tilde{k}_0$ は問 (a) で求めた $\tilde{k}$ の値である．そのとき

$$\psi_E \propto e^{-\frac{iEt}{\hbar}} e^{i \int^x \tilde{k}(x') dx'}$$

と書けることを示せ．

注　$E > mgx$ であり $\tilde{k}(x)$ が実数になる領域で考えよ．

第 3 章 束縛状態

答 応用 3.7 (a)

$$i\hbar \frac{\partial \psi_E}{\partial t} = i\hbar \int \frac{\partial A(\widetilde{k}+\beta t)}{\partial t} e^{i\alpha \widetilde{k}^3} e^{i\widetilde{k}x} d\widetilde{k} = i\hbar \beta \int \frac{\partial A(\widetilde{k}+\beta t)}{\partial \widetilde{k}} e^{i\alpha \widetilde{k}^3} e^{i\widetilde{k}x} d\widetilde{k} \quad (*)$$

なので

$$i\hbar \beta \frac{dA(k)}{dk} = EA(k) \quad (**)$$

であれば

$$\text{式}\,(*) = E \int A(\widetilde{k}+\beta t) e^{i\alpha \widetilde{k}^3} e^{i\widetilde{k}x} d\widetilde{k}$$

となって問題の条件を満たす．式 $(**)$ の解は，A_0 を定数として

$$A(k) = A_0\, e^{-\frac{iE}{mg}k}$$

(b) 上の $A(k)$ を使えば $A(\widetilde{k}+\beta t) = A_0\, e^{-\frac{iEt}{\hbar}} e^{-\frac{iE}{mg}\widetilde{k}}$ なので

$$\psi_E(x,t) = A_0\, e^{-\frac{iEt}{\hbar}} \int e^{-\frac{iE}{mg}\widetilde{k}} e^{i\alpha \widetilde{k}^3} e^{i\widetilde{k}x} d\widetilde{k}$$

$\widetilde{k}$ は積分領域 $-\infty$ から ∞ までの積分変数なので，$\widetilde{k}$ の定義式に t が含まれていたとしても，積分結果は t に依存しない．

答 応用 3.8 (a) 前問 (b) の式より

$$\theta(\widetilde{k}) = -E\widetilde{k} + mg\alpha \widetilde{k}^3 + mgx\widetilde{k}$$

これの変化がゼロ（つまり $\frac{d\theta}{d\widetilde{k}} = 0$）になる位置が定常位相の位置であり，積分に最もきく．$\frac{d\theta}{d\widetilde{k}} = 0$ は，具体的には

$$E = 3mg\alpha \widetilde{k}^2 + mgx = \frac{\hbar^2 \widetilde{k}^2}{2m} + mgx$$

$\hbar \widetilde{k} = p$（運動量）とすれば，これはまさに古典力学での関係である．

(b) 上式で決まる $\widetilde{k}\,(=\widetilde{k}_0)$ を $\theta(\widetilde{k})$ に代入すると，多少の計算の結果

$$\theta(\widetilde{k}_0) = \tfrac{2}{3}\sqrt{\tfrac{2}{m}}\, \tfrac{1}{\hbar g}\, (E - mgx)^{\frac{3}{2}}$$

一方

$$\int^x \widetilde{k}(x')\, dx' = \sqrt{\tfrac{2m}{\hbar^2}} \int \sqrt{E - mgx'}\, dx' = \text{上式} + \text{定数}$$

となる．「定数」は積分の下限で決まるが，x には依存しない．したがって ψ_E では比例係数に含まれる．これより，与式が示される．

解説 一般のポテンシャル U では

$$\int^x \widetilde{k}(x')\, dx' = \sqrt{\tfrac{2m}{\hbar^2}} \int \sqrt{E - U(x')}\, dx'$$

となる．もし $U = 0$ だったら $\widetilde{k} = k = $ 定数 だから，$\psi_E \propto e^{ikx}$ ということに他ならない．また，$U > E$ の領域（禁止領域）では $\widetilde{k}$ が虚数になり，指数関数的に減少する波動関数が得られる．

応用 3.9 （波束の反射と透過） 理解度のチェック 3.5 では，ポテンシャル U に段差があるときの，特定の波数 k をもつ波の反射と透過を考えた．粒子の反射と透過を計算するには，さまざまな波数 k の波を重ね合わせて波束を作り，その振る舞いを計算しなければならない．段差が無限という単純な場合はすでに類題 2.10 で解いているので，そこでの方針を拡張して，次のように考えよう．

(a) 理解度のチェック 3.5 と同じ状況を考える．ただし波動関数はさまざまな k の重ね合わせであり，$t=0$ において

$$領域 \text{I}: \quad \psi_\text{I} = \int A(k)\,e^{ikx}\,dk + \int B(k)\,e^{-ikx}\,dk$$
$$領域 \text{II}: \quad \psi_\text{II} = \int C(k)\,e^{ik'x}\,dk$$

と書けるとする．同じ k に対しては，$A(k)$，$B(k)$，$C(k)$ は同問で求めた関係を満たす．$t=0$ で $x=-x_0$（<0）の位置に波束ができるように

$$A(k) = |A(k)|e^{ikx_0}$$

という形をしているとする．$|A(k)|$ は $k=k_0$ にピークをもつ実数関数とする．このとき，A 項，B 項，C 項それぞれの波束のピークが各時刻 t でどの位置にできるかを求めよ（応用問題 2.2 の定常位相の方針で考えよ）．

(b) 同じポテンシャルの問題を，今度は $E < U_0$ の場合に考えよ．波数が決まった状態の各領域での波動関数は，理解度のチェック 3.6 に示してある．

ヒント A については問 (a) と同じだが，B については，$\frac{B}{A}$ が実数ではないことによる位相の変化がある．

$$\frac{B}{A} = e^{-i2\delta(k)}$$

と書くと，理解度のチェック 3.6 の結果から $\tan\delta = \frac{\kappa}{k}$ である． ●

類題 3.19 （反射率と透過率） 前問 (a) の波束を考える．領域 I の波動関数の入射部分を $\psi_\text{入}$，同様に反射部分を $\psi_\text{反}$，ψ_II を $\psi_\text{透}$ と書くと

$$\int |\psi_\text{入}|^2\,dx \fallingdotseq \int |\psi_\text{反}|^2\,dx + \int |\psi_\text{透}|^2\,dx$$

が成り立つことを示せ．ただし左辺は $t \ll \frac{x_0}{v}$，右辺は $t \gg \frac{x_0}{v}$ での値であるとし，また k 積分は k_0 付近での振る舞い，x 積分は波束の中心付近での振る舞いで近似できるとせよ．またこの結果の物理的意味を論ぜよ．

類題 3.20 （トンネリング） 基本問題 3.4 のトンネル現象での波束の動きを，応用問題 3.9 (b) の議論も参考にしながら論ぜよ．

答 応用 3.9 (a) A 項の位相は
$$\theta(k) = kx + kx_0 - \omega t$$
($\hbar\omega = \frac{\hbar^2 k^2}{2m}$) なので，これが定常になる位置は
$$\frac{d\theta}{dk} = x + x_0 - \frac{d\omega}{dk}t = x + x_0 - vt = 0$$
$\frac{d\omega}{dk} = \frac{\hbar k}{m} = v$ は k に依存するが，$A(k)$ がピークをもつ $k = k_0$ での値だとする．これを解けば
$$x = -x_0 + vt$$
となり，波束は $-x_0$ から等速 v で動いていることがわかるが，$x < 0$ なので，$t = \frac{x_0}{v}$ で $x = 0$ に達し，それ以降は，波束は生じない．

同様に B 項の位相は，$\theta(k) = -kx + kx_0 - \omega t$．

波束の位置は $\frac{d\theta}{dk} = 0$ より，$x = x_0 - vt$．$x < 0$ なので，$t = \frac{x_0}{v}$ で $x = 0$ に波束が発生し，それ以降，負の方向に等速で動く．反射した粒子を表す．

C 項の位相は
$$\theta(k) = ik'x + kx_0 - \omega t$$
波束の位置は
$$\frac{dk'}{dk}x + x_0 - vt = 0 \quad \to \quad x = -\frac{dk}{dk'}(x_0 - vt)$$

領域 II は $x > 0$ なので，$t = \frac{x_0}{v}$ で波束は出現し，正の方向に等速で動くことがわかる．境界を通過した後の粒子を表す．上式で v は領域 I での速さであり

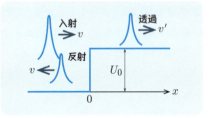

$$\text{領域 II での速さ} = \frac{dk}{dk'}\frac{d\omega}{dk}$$
$$= \frac{d\omega}{dk'} = \frac{\hbar k'}{m}$$

であることに注意．

(b) A 項は変わらない．B 項の位相は ヒント の記号も使うと
$$\theta(k) = -kx + kx_0 - 2\delta - \omega t$$
波束の位置は $\frac{d\theta}{dk} = 0$ より
$$x = x_0 - vt - 2\frac{d\delta}{dk}$$
したがって，問 (a) と比べて $-2\frac{d\delta}{dk}$ だけずれる．$\frac{\kappa}{k} = \sqrt{\left(\frac{2mU_0}{\hbar^2 k^2}\right) - 1}$ なのでこの量は正であり，波束は問 (a) と比べて遅れて左に動くことがわかる．つまり $x = 0$ 付近に少しとどまってから反射している．

第4章 角運動量とスピン

ポイント

● **角運動量** まず古典力学での角運動量を復習する。質点が，ある時刻に r の位置を速度 v で動いているとする。運動量は $p = mv$ である。このとき

$$L = r \times p$$

という量を**角運動量**という。

右辺の掛け算は2つのベクトルの外積というものである。つまり L 自体もベクトルであり，r と p の両方に垂直な方向を向き，$|r||p|\sin\theta$ という大きさをもつ。

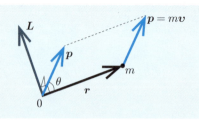

● **角運動量の成分表示** 質点が xy 平面上を動いているとする。r も p も xy 平面内にあるので，角運動量はそれに垂直な $\pm z$ 方向を向く。つまり角運動量は z 成分 L_z しかもたず，そのとき

$$L_z = xp_y - yp_x \tag{4.1a}$$

と書ける（理解度のチェック 4.1）。より一般的な場合でも L_z は上式で表され，他の成分も同様に

$$L_x = yp_z - zp_y, \qquad L_y = zp_x - xp_z \tag{4.1b}$$

と書ける（これらは一般の外積の成分表示に他ならない）。

● **量子力学**では，状態は波動関数 ψ で表される。つまり質点の各時刻の状態は位置や運動量が定まった状態ではないので，量の関係としては角運動量を上式のように定義できない。しかし（量ではなく）演算子としての角運動量ならば上式によって定義できる。たとえば

$$L_z = -i\hbar\left(x\frac{\partial}{\partial y} - y\frac{\partial}{\partial x}\right) \tag{4.2}$$

後で出てくる別種の角運動量（スピン）と区別するときは，この L を**軌道角運動量**という（ここで L は演算子のベクトル (L_x, L_y, L_z) を意味する）。

第4章 角運動量とスピン

● **球座標** (r, θ, ϕ) を使うと，角運動量は角度座標（θ と ϕ）だけで表されるが，特に L_z は

$$L_z = -i\hbar \frac{\partial}{\partial \phi} \tag{4.3}$$

となる（理解度のチェック 4.2）．L_z の角度表示（ϕ 表示）である．

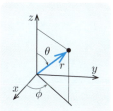

● **Y_{lm} と角運動量** 他の成分の角度表示は複雑だが，前章で導入した Λ（式 (3.9)）は，角運動量の 2 乗と

$$\boldsymbol{L}^2 = L_x^2 + L_y^2 + L_z^2 = \hbar^2 \Lambda \tag{4.4}$$

という関係にある（応用問題 4.1）．そして前章で得た Y_{lm} は

$$\boldsymbol{L}^2 Y_{lm} = \hbar^2 l(l+1) Y_{lm}, \quad L_z Y_{lm} = \hbar m Y_{lm} \tag{4.5}$$

つまり $\boldsymbol{L}^2$ と L_z に対する固有関数である．

● **交換関係** 演算子の積は一般に，並べる順番を変えると異なるものになる．A と B を何らかの演算子としたとき，順番を変えたときの差を**交換関係**といい（すでに応用問題 3.2 でふれたことだが，ここで改めて導入する），次のように書く．

$$A \text{ と } B \text{ の交換関係}: \quad [A, B] = AB - BA \tag{4.6}$$

● 最も基本的な交換関係は，位置座標と運動量に関するものである（式 (4.7)～(4.9) の式は理解度のチェック 4.4 を参照）．

$$[x, p_x] = [y, p_y] = [z, p_z] = i\hbar \tag{4.7}$$

角運動量演算子は，次の交換関係を満たす．

$$[L_x, L_y] = i\hbar L_z, \quad [L_y, L_z] = i\hbar L_x, \quad [L_z, L_x] = i\hbar L_y \tag{4.8}$$

またこれから

$$[\boldsymbol{L}^2, L_x] = [\boldsymbol{L}^2, L_y] = [\boldsymbol{L}^2, L_z] = 0 \tag{4.9}$$

● **同時固有状態** 関数 ψ が 2 つの演算子 A と B に対する固有関数である，すなわち a と b を何らかの数値として

$$A\psi = a\psi \quad \text{かつ} \quad B\psi = b\psi$$

であるとき，ψ を A と B の**同時固有関数**（**同時固有状態**）という．こうなるためには，$[A, B] = C$ としたとき，$C\psi = 0$ でなければならない（通常は C 自体がゼロ）．

したがって，L_z の固有状態である Y_{lm}（式 (4.5)）は，$l \neq 0$ である限り，L_x および L_y については特定の値をもつことができない（理解度のチェック 4.5）．

● **シュテルン–ゲルラッハの実験** 銀原子のビームを図のような装置の中を通すと，2つのビームに分離することが 1922 年に発見された．これは，銀原子の一番外側にある電子（最外殻の電子）の性質に起因することがわかっているので，話を簡単にするために，以下では電子のビームとして考えよう．

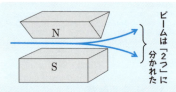

この装置のような磁場によってビームが分離するのは，電子がミクロの棒磁石のような性質をもっていると考えれば理解できるが，なぜ連続的ではなく 2 つだけに分かれるのかは古典力学では理解できない．

そして考えられたのが**スピン**という性質であり，それによれば電子の波動関数は 2 つの成分によって，$\begin{pmatrix} \psi_1 \\ \psi_2 \end{pmatrix}$ のように表される．

● **スピン演算子** スピンを数学的に定式化するために，まず，次の 3 つの行列（**パウリ行列**という）を導入する．

$$\sigma_x = \begin{pmatrix} 0 & 1 \\ 1 & 0 \end{pmatrix}, \qquad \sigma_y = \begin{pmatrix} 0 & -i \\ i & 0 \end{pmatrix}, \qquad \sigma_z = +\begin{pmatrix} 1 & 0 \\ 0 & -1 \end{pmatrix} \qquad (4.10)$$

行列も演算子の一種であり一般に交換しない．

$$S_x = \frac{\hbar}{2}\sigma_x, \qquad S_y = \frac{\hbar}{2}\sigma_y, \qquad S_z = \frac{\hbar}{2}\sigma_z \qquad (4.11)$$

とすると，この 3 つをセットにした $\boldsymbol{S}$ は $\boldsymbol{L}$ と同じ交換関係 (4.8) を満たす（理解度のチェック 4.7）．この $\boldsymbol{S}$ を**スピン演算子**という．

● **固有ベクトル** 一般に，$n \times n$ の行列 M と n 成分のベクトル $\boldsymbol{u}$ があり，何らかの定数 λ に対して

$$M\boldsymbol{u} = \lambda \boldsymbol{u}$$

という関係にあるとき，$\boldsymbol{u}$ を M の**固有ベクトル**，λ をその**固有値**という．

第 3 章では演算子に対して固有状態（固有関数）と固有値を定義したが，それと同じ関係である．M が何かの物理量を表す行列だとすれば，$\boldsymbol{u}$ は，その物理量について λ という値をもつベクトルということになる．

● **スピン** スピン演算子は 2×2 の行列であり，2 つの固有ベクトルをもつ（理解度のチェック 4.8～4.11）．シュテルン–ゲルラッハの実験装置で磁場が z 方向を向いているとすれば，分かれた 2 つのビームはそれぞれ，S_z の（つまり σ_z の）固有ベクトルに相当する状態だとみなされる．

S_z の固有値 s_z は $\pm\frac{\hbar}{2}$ だが，それに対する固有ベクトルを $\chi_{z\pm}$ と書くと

$$\chi_{z+} = \begin{pmatrix} 1 \\ 0 \end{pmatrix}, \quad \chi_{z-} = \begin{pmatrix} 0 \\ 1 \end{pmatrix} \tag{4.12}$$

S_x や S_y の固有ベクトル（$\chi_{x\pm}$，$\chi_{y\pm}$）は理解度のチェック 4.10，4.11 を参照．

● **回転と角運動量** 波動関数 ψ を，ある方向を回転軸として微小な角度だけ回転させたときの変化は，角運動量演算子を使って $L\psi$ と表される（正確な式は基本問題 4.4 参照）．スピンの回転は S を使って表される．

演算子自体の回転は，交換関係で表される．たとえば，ハミルトニアンが球対称（任意の回転軸に対して回転不変）であるということは

$$[\boldsymbol{L}, H] = 0 \tag{4.13}$$

という式で表される．この式が満たされている場合，エネルギー固有状態 ψ_E に対して，$L\psi_E$ も，（ゼロではない限り）同じエネルギー E の固有状態になる．このことによって，たとえば第 3 章で導いた水素原子で，なぜ m が異なる状態が同じエネルギーをもつのか説明することができる（**球対称性によるスペクトルの縮退**）．

● **軌道角運動量とスピンの合成** 水素原子中の電子のエネルギー固有状態は，前章では ψ_{nlm}（$\propto Y_{lm}$）と表した．この電子のスピンが $s_{z+} = \frac{\hbar}{2}$ である場合，波動関数は全体としては

$$\psi_{nlm+} = \psi_{nlm} \times \chi_{z+} = \begin{pmatrix} \psi_{nlm} \\ 0 \end{pmatrix} \tag{4.14}$$

スピンの一般の状態 χ の場合には $\psi_{nlm}\chi$（積の形）となる．

軌道角運動量とスピンの（ベクトル的な）和を全角運動量といい，通常，$\boldsymbol{J}$ と書く．

$$\boldsymbol{J} = \boldsymbol{L} + \boldsymbol{S} \tag{4.15}$$

軌道角運動量の大きさは l と m で表されるが（式 (4.5)），これに対応する全角運動量を j，j_z と書くと

$$j = l \pm \tfrac{1}{2}, \quad j_z = m \pm \tfrac{1}{2} \tag{4.16}$$

となる（応用問題 4.7）．

理解度のチェック ※類題の解答は巻末

理解 4.1（古典力学での角運動量） (a) xy 平面内で質点 A が，ある時刻に図のように動いている（青矢印の方向）．古典力学の意味での（点 O を基準とする）角運動量の大きさ L は，

$$L = rp\sin\theta \qquad (*)$$

である．これが

$$L = xp_y - yp_x \qquad (**)$$

と書けることを示せ（x 軸から見た r 方向の角度を θ_r，p 方向の角度を θ_p と書くと $\theta = \theta_p - \theta_r$ である．後は $\sin$ の加法定理を使えばよい）．

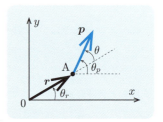

(b) 問 (a) では，θ は r 方向から p 方向へ測った角度としており，図では正である．$\theta < 0$ になるのはどのような状況か．そのとき式 $(**)$ はどうなるか．

理解 4.2（L_z の角度表示） 極座標を使うと，演算子としての z 方向の角運動量が，$-i\hbar\frac{\partial}{\partial\phi}$ と書けることを示せ．

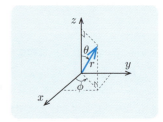

ヒント 任意の関数 $f(x,y,z)$ に対して ϕ 微分を考えると，$r' = r\sin\theta$ として $x = r'\cos\phi$, $y = r'\sin\phi$ であり z は ϕ に依存しない．合成関数の微分公式より

$$\frac{\partial f}{\partial \phi} = \frac{\partial x}{\partial \phi}\frac{\partial f}{\partial x} + \frac{\partial y}{\partial \phi}\frac{\partial f}{\partial y}$$

ただし ϕ での偏微分とは，r と θ を定数とみなしたときの微分である．

理解 4.3（L_z が定まった状態） 量子力学的意味での，角運動量 L_z が一定の値をもつ状態 ψ は，何らかの定数 a に対して

$$L_z\psi = a\psi$$

という式が成り立つ状態である．可能な a の値，およびそれに対する ψ を具体的に求めよ．

ヒント ϕ 表示で考えよ．第 3 章で $\Phi(\phi)$ を求めたとき（基本問題 3.9）と同様の条件がつく．

第4章 角運動量とスピン

答 理解 4.1 (a)
$$L = rp\sin(\theta_p - \theta_r) = rp(\sin\theta_p \cos\theta_r - \sin\theta_r \cos\theta_p)$$
$$= (r\cos\theta_r)(p\sin\theta_p) - (r\sin\theta_r)(p\cos\theta_p) = xp_y - yp_x$$

(b) 右図の場合は $\theta < 0$ になる．このときも $\theta = \theta_p - \theta_r$ であることには変わりはないので，式 (**) はそのまま成り立つ．図の例では p_y に比べて p_x が大きくなっているので，式 (**) で計算しても $L < 0$ となる．

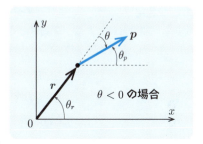

注 この問題の例では角運動量ベクトル（ポイント参照）は $\pm z$ 方向を向いており，与式は z 成分 L_z に等しく式 (4.1) に一致する．一般の動きの場合は，その動きの xy 平面への射影から L_z が得られ，yz 平面（zx 平面）への射影からは x 成分 L_x（y 成分 L_y）が得られる． ●

答 理解 4.2 r' は ϕ に依存しないので，$\frac{\partial x}{\partial \phi} = -r'\sin\phi = -y$, $\frac{\partial y}{\partial \phi} = r'\cos\phi = x$ である．これらを **ヒント** の式に代入すると

$$\frac{\partial f}{\partial \phi} = -y\frac{\partial f}{\partial x} + x\frac{\partial f}{\partial y} = \left(x\frac{\partial}{\partial y} - y\frac{\partial}{\partial x}\right)f$$

両辺に $-i\hbar$ を掛け，f は任意の関数であることを考えれば，微分演算子の関係として

$$-i\hbar\frac{\partial}{\partial \phi} = -i\hbar\left(x\frac{\partial}{\partial y} - y\frac{\partial}{\partial x}\right) = xp_y - yp_x$$

となる．これが示すべき関係式である．

答 理解 4.3 変数は ϕ だけを考えればよいので常微分で表すと，与式は

$$-i\hbar\frac{d\psi}{d\phi} = a\psi$$

である．これの一般解は，K を任意の定数として

$$\psi = Ke^{\frac{ia}{\hbar}\phi}$$

となるが，$\phi = 0$ と $\phi = 2\pi$ が同じ方向であることを考えると

$$1 = e^{\frac{i2\pi a}{\hbar}} \left(= \cos\left(\frac{2\pi a}{\hbar}\right) + i\sin\left(\frac{2\pi a}{\hbar}\right)\right)$$

でなければならない．これより，$a = \hbar \times$（任意の整数）となる（式 (4.5) の第 2 式に相当する）．

理解 4.4 （交換関係） 演算子を並べる順番による結果の違いを表すのが交換関係 (4.6) である．以下の交換関係を調べよう．ただし以下で出てくる運動量や角運動量はすべて，微分演算子を意味する．

(a) $[x, p_x] = i\hbar$ を証明せよ．

(b) 位置座標 x, y, z および運動量の 3 成分 p_x, p_y, p_z のうち，交換関係がゼロにならない組合せはどれか．運動量どうしの組合せも考えよ．

(c) A, B, C を何らかの演算子とするとき，次の関係を証明せよ．

$$[A, B] = -[B, A]$$
$$[A + B, C] = [A, C] + [B, C]$$
$$[AB, C] = A[B, C] + [A, C]B$$

(d) 角運動量演算子が式 (4.1) のように表されているとき

$$[L_x, L_y] = i\hbar L_z$$

を示せ．

ヒント L_x 等は演算子の積の和なので，問 (c) の公式が利用できる．

(e) 問 (d) と同様にすれば，$[L_y, L_z] = i\hbar L_x$，$[L_z, L_x] = i\hbar L_y$ も同様に証明できる．これらを使って，$\boldsymbol{L}^2 = L_x^2 + L_y^2 + L_z^2$ としたとき

$$[\boldsymbol{L}^2, L_x] = [\boldsymbol{L}^2, L_y] = [\boldsymbol{L}^2, L_z] = 0$$

注 $\boldsymbol{L}^2$ とは，演算子のセット (L_x, L_y, L_z) をベクトルとみなしたときの，その大きさの 2 乗である．この交換関係がもつ意味は基本問題 4.7 で説明する．

理解 4.5 （同時固有状態） (a) $[A, B] = C$ であり，また関数 ψ が 2 つの演算子 A と B に対する固有関数である，すなわち a と b を何らかの数値として

$$A\psi = a\psi \quad \text{かつ} \quad B\psi = b\psi$$

であるとき（同時固有関数），$C\psi = 0$ であることを示せ．

(b) L_z の固有状態 ψ が L_x の固有状態でもあるときは，必然的に $\boldsymbol{L}^2 \psi = 0$ となることを示せ．

注 これより，L_z の固有関数である Y_{lm} は（式 (4.5)），$l = 0$ でない限り，L_x や L_y の固有関数にはなれないことがわかる．

類題 4.1 （$[x, p_x] = i\hbar$） 位置と運動量が同時に決まっている状態がありえないことを，交換関係から示せ．

第 4 章　角運動量とスピン

答 理解 4.4　(a) 応用問題 3.2 の繰り返しになるが，任意の，x に依存する関数 $f(x)$ に対して

$$\left(x\frac{\partial}{\partial x} - \frac{\partial}{\partial x}x\right)f = x\frac{\partial f}{\partial x} - \frac{\partial(xf)}{\partial x} = x\frac{\partial f}{\partial x} - \left(f\frac{\partial x}{\partial x} + x\frac{\partial f}{\partial x}\right) = -f$$

$\frac{\partial x}{\partial x} = 1$ を使った．したがって演算子の関係として

$$x\frac{\partial}{\partial x} - \frac{\partial}{\partial x}x = -1$$

これは $\left[x, \frac{\partial}{\partial x}\right] = -1$ を意味し，全体に $-i\hbar$ を掛ければ与式になる．

(b) $[y, p_y] = [z, p_z] = i\hbar$ は同様に証明される．また，たとえば $\frac{\partial x}{\partial y} = 0$ なので，$[x, p_y] = 0$. つまり変数が違えば座標と運動量は交換する（順番を入れ換えられる）．また，(通常の関数については) 微分の順番を入れ換えられる，つまり

$$\frac{\partial}{\partial x}\left(\frac{\partial f}{\partial y}\right) = \frac{\partial}{\partial y}\left(\frac{\partial f}{\partial x}\right)$$

であり，$\left[\frac{\partial}{\partial x}, \frac{\partial}{\partial y}\right] = 0$. つまり $[p_x, p_y] = 0$. 他の成分についても同様．

(c)　$[A, B] = AB - BA = -(BA - AB) = -[B, A]$
$[A + B, C] = (A + B)C - C(A + B) = (AC - CA) + (BC - CB)$
$\qquad = [A, C] + [B, C]$
$[AB, C] = ABC - CAB = ABC - ACB + ACB - CAB$
$\qquad = A[B, C] + [A, C]B$

(d) 交換関係がゼロのものは自由に順番を変えられる．したがって，同じ変数が関係するもの（たとえば z と p_z）だけに気を付けて計算すると

$[L_x, L_y] = [yp_z - zp_y, zp_x - xp_z]$
$\qquad = [yp_z, zp_x] - [yp_z, xp_x] - [zp_y, zp_x] + [zp_y, xp_z]$

$\qquad = (yp_z zp_x - zp_x yp_z) - 0 - 0 + (zp_y xp_z - xp_z zp_y)$
$\qquad = yp_x(p_z z - zp_z) + p_y x(zp_z - p_z z) = i\hbar(-yp_x + xp_y) = i\hbar L_z$

(e)　$[\boldsymbol{L}^2, L_x] = [L_y^2, L_x] + [L_z^2, L_x]$
$\qquad = L_y[L_y, L_x] + [L_y, L_x]L_y + L_z[L_z, L_x] + [L_z, L_x]L_z$
$\qquad = -i\hbar(L_y L_z + L_z L_y) + i\hbar(L_z L_y + L_y L_z) = 0$

他も同様である．

答 理解 4.5　(a) a と b は単なる数値なので自由に順番を変えられることから $AB\psi = A(b\psi) = bA\psi = ab\psi$. 同様に $BA\psi = ab\psi$ なので $C\psi = (AB - BA)\psi = 0$.

(b) $[L_z, L_x] = i\hbar L_y$ なので，問 (a) より $L_y \psi = 0$ となる．これを $[L_x, L_y] = i\hbar L_z$ に使えば，$L_z \psi = 0$. 同様に $L_x \psi = 0$ でもある．

理解 4.6 （パウリ行列） 式 (4.1) で定義されるパウリ行列について，以下の性質をもつことを示せ．ただし，2×2 の単位行列を I と書く．
(a) $\sigma_x^2 = \sigma_y^2 = \sigma_z^2 = I$
(b) $\sigma_x \sigma_y = -\sigma_y \sigma_x = i\sigma_z$, $\sigma_y \sigma_z = -\sigma_z \sigma_y = i\sigma_x$, $\sigma_z \sigma_x = -\sigma_x \sigma_z = i\sigma_y$ （順番を変えると符号が変わることを**反交換**するという）．

理解 4.7 （スピン角運動量） (a) パウリ行列を使って，スピン演算子を式 (4.11) のように定義すると，角運動量と同じ交換関係

$$[S_x, S_y] = i\hbar S_z, \qquad [S_y, S_z] = i\hbar S_x, \qquad [S_z, S_x] = i\hbar S_y$$

が成り立つことを示せ．
(b) $\boldsymbol{S}^2 = S_x^2 + S_y^2 + S_z^2$ を計算せよ．またその結果から，$\boldsymbol{S}$ をある種の角運動量（スピン角運動量）とみなしたとき，その大きさは $\frac{1}{2}$ であるという理由を説明せよ．ただし角運動量の大きさとは式 (4.4) の l であるとする．

注 これは 2×2 の行列で角運動量の演算子を表した結果である．たとえば 3×3 の行列で表すと角運動量の大きさは 1 になる（基本問題 4.5 参照）．

理解 4.8 （スピン角運動量） 次に角運動量の各成分の値について考えよう．
(a) 一般に $M = \begin{pmatrix} a & b \\ c & d \end{pmatrix}$ という行列の固有値 λ は

$$(\lambda - a)(\lambda - d) - bc = 0$$

という式の解である（左辺は行列 $\lambda I - M$ の行列式である）．σ_x, σ_y, σ_z の固有値はすべて，1 と -1 であることを示せ．
(b) σ_z の，固有値 1 と -1 に対する固有ベクトル（それぞれ χ_{z+}, χ_{z-} と書く）を求めよ．ただしいずれも規格化されているとする．

ヒント 1 $\chi_z = \begin{pmatrix} a \\ b \end{pmatrix}$ として，$\sigma_z \chi_z = \pm \chi_z$，すなわち

$$\begin{pmatrix} 1 & 0 \\ 0 & -1 \end{pmatrix} \begin{pmatrix} a \\ b \end{pmatrix} = \lambda \begin{pmatrix} a \\ b \end{pmatrix} = \pm \begin{pmatrix} a \\ b \end{pmatrix}$$

を解く．成分ごとに式を書けば，次の連立方程式になる．

$$a = \pm a, \qquad -b = \pm b$$

ヒント 2 $\chi = \begin{pmatrix} a \\ b \end{pmatrix}$ が規格化されているとは，$|a|^2 + |b|^2 = 1$ となっていることを意味する．この条件を付けても解は一意的には決まらないが（ベクトル全体に絶対値 1 の任意の複素数を掛けても解になっている），例を 1 つ示せばよい．

第 4 章 角運動量とスピン

答 理解 4.6 すべて具体的に計算して確認する．例をあげると

(a) $\sigma_x^2 = \begin{pmatrix} 0 & 1 \\ 1 & 0 \end{pmatrix}\begin{pmatrix} 0 & 1 \\ 1 & 0 \end{pmatrix} = \begin{pmatrix} 1 & 0 \\ 0 & 1 \end{pmatrix} = I$

(b) $\sigma_x\sigma_y = \begin{pmatrix} 0 & 1 \\ 1 & 0 \end{pmatrix}\begin{pmatrix} 0 & -i \\ i & 0 \end{pmatrix} = \begin{pmatrix} i & 0 \\ 0 & -i \end{pmatrix} = i\begin{pmatrix} 1 & 0 \\ 0 & -1 \end{pmatrix} = i\sigma_z$

$\sigma_y\sigma_x = \begin{pmatrix} 0 & -i \\ i & 0 \end{pmatrix}\begin{pmatrix} 0 & 1 \\ 1 & 0 \end{pmatrix} = \begin{pmatrix} -i & 0 \\ 0 & i \end{pmatrix} = -i\begin{pmatrix} 1 & 0 \\ 0 & -1 \end{pmatrix} = -i\sigma_z$

答 理解 4.7 (a) 上問 (b) より，たとえば

$$\sigma_x\sigma_y - \sigma_y\sigma_x = 2i\sigma_z$$

両辺に $\left(\frac{\hbar}{2}\right)^2$ を掛ければ

$$\left(\tfrac{\hbar}{2}\sigma_x\right)\left(\tfrac{\hbar}{2}\sigma_y\right) - \left(\tfrac{\hbar}{2}\sigma_y\right)\left(\tfrac{\hbar}{2}\sigma_x\right) = i\hbar\left(\tfrac{\hbar}{2}\sigma_z\right)$$

これは $[S_x, S_y] = i\hbar S_z$ を意味する．他のケースも同様．

(b) 前問 (a) より，$\sigma_x^2 + \sigma_y^2 + \sigma_{z-}^2 = 3I$．両辺に $\left(\frac{\hbar}{2}\right)^2$ を掛ければ

$$S^2 = S_x^2 + S_y^2 + S_{z-}^2 = \tfrac{3}{4}\hbar^2 I = \tfrac{1}{2}\left(\tfrac{1}{2}+1\right)\hbar^2 I$$

最右辺は，式 (4.4) のように $l(l+1)$ という形になるように $\frac{3}{4}$ を書き換えた．この式より，任意のベクトル $\begin{pmatrix} a \\ b \end{pmatrix}$ を右から掛けたときに

$$S^2\begin{pmatrix} a \\ b \end{pmatrix} = \tfrac{1}{2}\left(\tfrac{1}{2}+1\right)\hbar^2 \begin{pmatrix} a \\ b \end{pmatrix}$$

となることがわかり，式 (4.4) と比較すれば，$\begin{pmatrix} a \\ b \end{pmatrix}$ は，(a と b が何であっても）角運動量の大きさが $\frac{1}{2}$ の状態に相当していることがわかる．

答 理解 4.8 (a) 与えられた 2 次式を具体的に書くと

σ_x と σ_y の場合： $\lambda^2 - 1 = 0$

σ_z の場合： $(\lambda-1)(\lambda+1) - 0 = 0$

いずれも解は $\lambda = 1$ と $\lambda = -1$ である．

(b) χ_{z+} の場合，**ヒント 1** の第 1 式（複号が +）は $a = a$ となり条件にならず（恒等式），第 2 式より $b = 0$ となる．規格化条件は $|a|^2 = 1$ なので，たとえば

$$\chi_{z+} = \begin{pmatrix} 1 \\ 0 \end{pmatrix}$$

とすればよい．$\begin{pmatrix} -1 \\ 0 \end{pmatrix}$ でもよいが，ここではとりあえずこのようにする．

χ_{z-} の場合は第 1 式（複号が -）より $a = 0$．したがって，たとえば

$$\chi_{z-} = \begin{pmatrix} 0 \\ 1 \end{pmatrix}$$

とすればよい．

理解 4.9 （スピンの値） (a) 理解度のチェック 4.8 の結果から，S_z に対して特定の値をもつ状態と，その値を述べよ．
(b) 軌道角運動量の場合，その値は l と m で指定され，l の値を定めたとき m の値は

$$m = l, l-1, \ldots, -l$$

であった．この関係は，スピン角運動量の場合にはどうなっているか．

理解 4.10 （x 方向のスピン） 理解度のチェック 4.8 (b) と同様にして，σ_x の 2 つの固有ベクトル（$\chi_{x\pm}$ と書く）を求めよ．結果は規格化して表せ．

理解 4.11 （y 方向のスピン） 同様にして，σ_y の 2 つの固有ベクトル（$\chi_{y\pm}$ と書く）を求めよ．結果は規格化して表せ．

理解 4.12 （向きを変えたシュテルン–ゲルラッハの実験） (a) 電子のビームを，z 方向を向いたシュテルン–ゲルラッハの装置（ポイント参照）を通し，上に曲がった部分（χ_{z+} に対応）だけ取り出す．その取り出したビームを，今度は x 方向を向いたシュテルン–ゲルラッハの装置を通す．ビームはどのような割合で分かれるか．
(b) 2 番目の x 方向を向いたシュテルン–ゲルラッハの装置を通り，$+x$ 方向に曲がったビームだけを 3 番目の z 方向を向いたシュテルン–ゲルラッハの装置を通す．ビームはどのような割合で分かれるか．

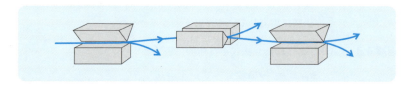

類題 4.2 （向きを変えたシュテルン–ゲルラッハの実験） (a) 上問と同じ実験だが，2 番目のシュテルン–ゲルラッハの装置が $+y$ 方向を向いていたら，問 (a) と問 (b) の結果はどうなるか．
(b) 上問と同じ設定で，2 番目のシュテルン–ゲルラッハの装置によって分かれた 2 つのビームを再度，合流させ，3 番目の（z 方向を向いた）シュテルン–ゲルラッハの装置に通したらどうなるか．

第 4 章 　角運動量とスピン

答 理解 4.9 　(a) 　S_z に対して特定の値をもつ χ とは S_z の固有ベクトルのことであり，その固有値が S_z の値である．S_z とは σ_z に $\frac{\hbar}{2}$ を掛けたものだから，その固有値は $\pm\frac{\hbar}{2}$ であり，固有ベクトルはそれぞれ，理解度のチェック 4.8 の χ_{z_+} と χ_{z_-}（あるいはそれに定数を掛けたもの）である．
(b) 　理解度のチェック 4.7 より，l に相当する値はスピンの場合は $\frac{1}{2}$ である．また m に相当する値は（S_z の値が $\hbar m$ なので），$m=\pm\frac{1}{2}$ である．これは m が l から $-l$ までの 1 つおきの値であるという関係を満たしている．

答 理解 4.10 　$\chi_x = \begin{pmatrix} a \\ b \end{pmatrix}$ として，$\sigma_x \chi_x = \pm \chi_x$ とすると

$$\begin{pmatrix} 0 & 1 \\ 1 & 0 \end{pmatrix} \begin{pmatrix} a \\ b \end{pmatrix} = \pm \begin{pmatrix} a \\ b \end{pmatrix}$$

すなわち，$b=\pm a$, $a=\pm b$. 複号が $+$ のときは $a=b$, $-$ のときは $a=-b$ である．

$$|a|^2 + |b|^2 = 1$$

となる例をあげると

$$\chi_{x_+} = \frac{1}{\sqrt{2}} \begin{pmatrix} 1 \\ 1 \end{pmatrix}, \quad \chi_{x_-} = \frac{1}{\sqrt{2}} \begin{pmatrix} 1 \\ -1 \end{pmatrix}$$

答 理解 4.11 　$\chi_y = \begin{pmatrix} a \\ b \end{pmatrix}$ として，$\sigma_y \chi_y = \pm \chi_y$ とすると

$$\begin{pmatrix} 0 & -i \\ i & 0 \end{pmatrix} \begin{pmatrix} a \\ b \end{pmatrix} = \pm \begin{pmatrix} a \\ b \end{pmatrix}$$

すなわち，$-ib=\pm a$, $ia=\pm b$. 複号が $+$ のときは $b=ia$, $-$ のときは $b=-ia$ である．規格化された一例をあげると

$$\chi_{y_+} = \frac{1}{\sqrt{2}} \begin{pmatrix} 1 \\ i \end{pmatrix}, \quad \chi_{y_-} = \frac{1}{\sqrt{2}} \begin{pmatrix} 1 \\ -i \end{pmatrix}$$

答 理解 4.12 　(a) 　最初のシュテルン–ゲルラッハの装置の後で取り出したビームの状態は $\begin{pmatrix} 1 \\ 0 \end{pmatrix}$ である．それを，理解度のチェック 4.10 で求めた 2 つの状態に分解する．つまり

$$\begin{pmatrix} 1 \\ 0 \end{pmatrix} = \frac{1}{2} \begin{pmatrix} 1 \\ 1 \end{pmatrix} + \frac{1}{2} \begin{pmatrix} 1 \\ -1 \end{pmatrix} = \frac{1}{\sqrt{2}} \chi_{x_+} + \frac{1}{\sqrt{2}} \chi_{x_-}$$

である．χ_{x_+} と χ_{x_-} の係数が等しいので，ビームは $\pm x$ 方向に同程度に分かれる（係数の絶対値が等しければそうなるので，$\chi_{x_\pm}$ に絶対値 1 の定数を掛けておいても結論は変わらない）．
(b) 　3 番目のシュテルン–ゲルラッハ装置に入る直前の状態は χ_{x_+} である．これを $\chi_{z_\pm}$ で展開すると

$$\chi_{x_+} \propto \begin{pmatrix} 1 \\ 1 \end{pmatrix} = \begin{pmatrix} 1 \\ 0 \end{pmatrix} + \begin{pmatrix} 0 \\ 1 \end{pmatrix}$$

係数が同じなので $\pm z$ 方向に同程度に（確率 $\frac{1}{2}$ ずつで）分かれる．

基本問題 ※類題の解答は巻末

基本 4.1 （昇降演算子） 量子力学での角運動量の性質は，その交換関係に凝縮されている．角運動量演算子が具体的にどのような形に書けるか（たとえば微分演算子か行列か）には関係なく，交換関係だけから何がいえるかを議論しよう．

(a) まず準備として，$L_+ = L_x + iL_y$ という組合せを考える．すると
$$[\boldsymbol{L}^2, L_+] = 0, \qquad [L_z, L_+] = \hbar L_+$$
であることを示せ．

(b) $L_- = L_x - iL_y$ とすると．上と同様にして $[L_z, L_-] = -\hbar L_-$ となるが，さらに
$$\boldsymbol{L}^2 = L_+ L_- + L_z^2 - \hbar L_z = L_- L_+ + L_z^2 + \hbar L_z$$
となることを示せ．

(c) $\boldsymbol{L}^2$ の値が $\hbar^2 \lambda$，L_z の値が $\hbar m$ である状態を ψ_m^λ と記す．つまり
$$\boldsymbol{L}^2 \psi_m^\lambda = \hbar^2 \lambda \psi_m^\lambda, \qquad L_z \psi_m^\lambda = \hbar m \psi_m^\lambda$$
ただしここで λ と m は未知の数である．このとき
$$L_+ \psi_m^\lambda \propto \psi_{m+1}^\lambda, \qquad L_- \psi_m^\lambda \propto \psi_{m-1}^\lambda$$
であることを示せ（つまり $L_\pm$ は λ の値を変えず，m を1だけ増減する）．

注 $L_\pm$ は m を1だけ増減させるので，**昇降演算子**（それぞれは**上昇演算子**，**下降演算子**）と呼ばれる．●

(d) λ の値を固定したとき，m には最大値があるはずである（下の**注**を参照）．それを l とすると $L_+ \psi_l^\lambda = 0$ であることを示せ．

注 $\boldsymbol{L}^2$ の値を固定したときに L_z^2 の値が無限に大きくなれないことは，差 $L_x^2 + L_y^2$ の期待値が負にならないことから証明される（基本問題 5.7 参照）．●

(e) 問 (b) の関係式を使って，$\lambda = l(l+1)$ であることを示せ．

(f) λ の値を固定したとき，m には最小値があるはずである．それを l' とすると $L_- \psi_{l'}^\lambda = 0$ であることを示せ．

(g) $\lambda = l'(l'+1)$ であることを示し，問 (e) の結果と組み合わせて，$l' = -l$，$2l = $ 整数であることを導け．

ヒント m は最大値 l から1つずつ減ることを考える．

答 基本 4.1 (a) 式 (4.9) より

$$[\boldsymbol{L}^2, L_+] = [\boldsymbol{L}^2, L_x] + i[\boldsymbol{L}^2, L_y] = 0$$

また式 (4.8) より

$$[L_z, L_+] = [L_z, L_x] + i[L_z, L_y] = i\hbar L_y + i(-i\hbar)L_x = \hbar L_+$$

(b) 第 1 式は

$$L_+L_- = (L_x + iL_y)(L_x - iL_y) = L_x^2 + L_y^2 - i(L_xL_y - L_yL_x)$$
$$= L_x^2 + L_y^2 - i[L_x, L_y] = L_x^2 + L_y^2 + \hbar L_z$$

より得られる．第 2 式も同様に，$L_-L_+ = L_x^2 + L_y^2 - \hbar L_z$ より得られる．

(c) まず，λ については，$\boldsymbol{L}^2$ と L_+ が交換するので，問 (c) の第 1 式より

$$\boldsymbol{L}^2(L_+\psi_m^\lambda) = L_+\boldsymbol{L}^2\psi_m^\lambda = \hbar^2\lambda L_+\psi_m^\lambda$$

つまり $L_+\psi_m^\lambda$ という状態の $\boldsymbol{L}^2$ の値も $\hbar^2\lambda$ である．

また m については，問 (a) の交換関係より

$$L_z(L_+\psi_m^\lambda) = (L_+L_z + \hbar L_+)\psi_m^\lambda = (\hbar m L_+ + \hbar L_+)\psi_m^\lambda = \hbar(m+1)(L_+\psi_m^\lambda)$$

なので，$L_+\psi_m^\lambda$ という状態は L_z の値が $\hbar$ だけ増えていることがわかる．全体にかかる係数については，これだけではわからないので比例式で書いた．L_- についても同様である．

(d) L_+ は m の値を 1 だけ増やすが，l が m の最大値であれば，$m = l+1$ という状態は存在しないので．

(e) $\boldsymbol{L}^2\psi_l^\lambda = (L_-L_+ + L_z^2 + \hbar L_z)\psi_l^\lambda$ なので，$L_+\psi_l^\lambda = 0$ であることを使えば

$$\hbar^2\lambda = (\hbar l)^2 + \hbar(\hbar l) \quad \to \quad \lambda = l(l+1)$$

(f) $m = l' - 1$ という状態が存在しないので．

(g) 問 (b) のもう一方の式を使えば $\lambda = l'(l'-1)$．これより

$$l(l+1) = l'(l'-1)$$

l' についての 2 次方程式としてこれを解き，$l > l'$ であることも使えば，$l' = -l$ となる．また，l を 1 ずつ減らしていくと $l'\ (=-l)$ になるのだから，$l - l' = 2l$ が整数でなければならない．

● $2l$ が整数であるとは，l が整数であるか，奇数の半分（整数 $+\frac{1}{2}$ … 半整数という）であることを意味する．ただし軌道角運動量では l は整数．

基本 4.2 （スピンの場合） 基本問題 4.1 で導入した昇降演算子は，スピンの場合，行列として表すとどうなるか．また，これが昇降演算子としての性質をもっていることを確かめよ．

注 基本問題 4.1 の L を S に置き換えて考えよ．m は $\pm\frac{1}{2}$ の 2 通りだけである．

基本 4.3 （軌道角運動量の場合） 昇降演算子は具体的に波動関数（の角度部分）を求めるのにも役立つ．以下の手順で考えよ．球座標で考えると L_z は $-i\hbar\frac{\partial}{\partial\phi}$ となるので（理解度のチェック 4.2），L_z の値が $\hbar m$ である状態は

$$-i\hbar\frac{\partial\psi}{\partial\phi} = \hbar m\psi \quad \to \quad \psi \propto e^{im\phi}$$

となる（比例係数は r や θ に依存しうる）．$x = r\sin\theta\cos\phi$，$y = r\sin\theta\sin\phi$ であることを考えると

$$e^{im\phi} = (e^{i\phi})^m = (\cos\phi + i\sin\phi)^m \propto (x+iy)^m$$

となり（比例係数として $(r\sin\theta)^m$ を掛けた）．したがって

$$\psi = f(r,\theta)(x+iy)^m$$

となる．残りの比例係数を $f(r,\theta)$ と書いた．この f が θ に依存しないとき，この状態は基本問題 4.1 の $m=l$ の状態（λ を決めたときの m が最大になる状態）であることを示そう．

(a) まず，f が θ に依存しないとき $L_+f(r)=0$ を示せ．
(b) これを使って，$L_+\psi = 0$ であることを示せ．

注 この式が，この状態の m が最大値であることの条件である．

(c) 基本問題 3.10 (c) によれば，$m=l$ のとき

$$\Theta(\cos\theta) \propto (1-\cos^2\theta)^{\frac{l}{2}} = \sin^l\theta$$

であった（微分の部分は単なる定数になる）．これが，以上の結論と合致することを示せ．

(d) L_- は m を 1 つ下げる演算子なので，上記の ψ から $L_-\psi$ を計算すれば $m=l-1$ の状態になる．その結果は基本問題 3.10 (b) で与えた式と合致するか．

類題 4.3 （$m = -l$ の場合） 上問と同様の考え方で $m = -l$ の場合の状態を求めよ．

類題 4.4 （$l = 2$ の場合） 同様にして，$l = 2$ の場合のすべての Y_{lm} を求めよ．

第4章 角運動量とスピン

答 基本 4.2 スピンの場合は
$$S_+ = S_x + iS_y = \tfrac{\hbar}{2}(\sigma_x + i\sigma_y) = \hbar \begin{pmatrix} 0 & 1 \\ 0 & 0 \end{pmatrix}$$
したがって，$\chi_{z_+} = \begin{pmatrix} 1 \\ 0 \end{pmatrix}$, $\chi_{z_-} = \begin{pmatrix} 0 \\ 1 \end{pmatrix}$ とすれば（理解度のチェック 4.9）
$$S_+\chi_{z_+} = 0, \qquad S_+\chi_{z_-} \propto \chi_{z_+}$$
同様に，$S_- = \hbar \begin{pmatrix} 0 & 0 \\ 1 & 0 \end{pmatrix}$ なので
$$S_-\chi_{z_+} \propto \chi_{z_-}, \qquad S_-\chi_{z_-} = 0$$

答 基本 4.3 (a) まず $L_x r = 0$ を示す．$\frac{\partial r}{\partial x} = \frac{x}{r}$ などを使えば
$$L_x r = x\tfrac{\partial r}{\partial y} - y\tfrac{\partial r}{\partial x} = \tfrac{xy}{r} - \tfrac{yx}{r} = 0$$
したがって r の任意の関数 $f(r)$ に対して
$$L_x f(r) = x\tfrac{\partial f}{\partial y} - y\tfrac{\partial f}{\partial x} = \left(x\tfrac{\partial r}{\partial y} - y\tfrac{\partial r}{\partial x}\right)\tfrac{df}{dr} = 0$$
同様に $L_y f(r) = 0$ なので，$L_+ f(r) = (L_x + iL_y)f(r) = 0$.
別解 L_z は ϕ 微分であり，ϕ と r は互いに独立の変数なので，$L_z r \propto \frac{\partial r}{\partial \phi} = 0$. r にとっては x, y, z すべて同等なので，$L_x r = L_y r = 0$ でもある．角運動量演算子は角度方向の変化率を求める演算子なので，角度方向に対する依存性がない量（球対称な量）$f(r)$ に作用させるとゼロになるということである．
(b) 角運動量は微分演算子なので
$$L_+\bigl(f(x+iy)^m\bigr) = (L_+f)(x+iy)^m + fL_+(x+iy)^m$$
右辺第1項はゼロなので第2項だけを具体的に考えると
$$L_+(x+iy)^m \propto \left(\left(y\tfrac{\partial}{\partial z} - z\tfrac{\partial}{\partial y}\right) + i\left(z\tfrac{\partial}{\partial x} - x\tfrac{\partial}{\partial z}\right)\right)(x+iy)^m$$
$$= z\left(-\tfrac{\partial}{\partial y} + i\tfrac{\partial}{\partial x}\right)(x+iy)^m = 0$$
1行目では $(x+iy)^m$ が z に依存しないので z 微分はゼロになり，残りの2つの項は打ち消し合う．
(c) r に依存する因子を除くと，第3章で導かれた状態は
$$Y_{ll} \propto \sin^l\theta\, e^{il\phi} = (\sin\theta\cos\phi + i\sin\theta\sin\phi)^l \propto (x+iy)^l$$
最後は比例係数として r^l を掛けた．これは f が θ に依存しない形になっている．
(d) 問 (b) 解答の式も参考にすると
$$L_-(x+iy)^l \propto z\left(-\tfrac{\partial}{\partial y} - i\tfrac{\partial}{\partial x}\right)(x+iy)^l \propto z(x+iy)^{l-1}$$
$\Theta \propto \cos\theta\sin^{l-1}\theta$ であることを考えれば，両者は一致する．

基本 4.4（角運動量演算子の量子力学的導入） 理解度のチェック 4.2 では，古典力学での角運動量から量子力学での角運動量演算子を導入した．ここでは量子力学独自の視点から角運動量というものを見直そう．

(a) まず運動量を考える．x 軸上の関数 $f(x)$ に対して，これをプラス方向に微小量 Δx だけずらした関数を $\widetilde{f}(x)$ とする．すなわち

$$\widetilde{f}(x) = f(x - \Delta x)$$

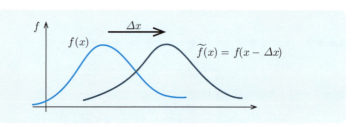

一般に Δx が微小なときは

$$\frac{f(x+\Delta x) - f(x)}{\Delta x} \fallingdotseq \frac{df}{dx} \quad \to \quad f(x + \Delta x) \fallingdotseq f(x) + \frac{df}{dx}\Delta x$$

であることから，差 $\widetilde{f}(x) - f(x)$ と，運動量演算子 $p = -i\hbar \frac{d}{dx}$ との関係を示せ（ここでは変数は x だけなので常微分で書いた）．

(b) 次に，xy 平面上で定義されている関数 $f(x,y)$ を考える．この関数を原点を中心として $\Delta\phi$ だけ回転させたものを $\widetilde{f}(x,y)$ と書く．すなわち

$$\widetilde{f}(x,y) = f(x', y')$$

ただし (x', y') を角度 $\Delta\phi$ だけ回した点が (x, y) である（図参照）．$\Delta\phi$ が微小であるとき，次の関係を証明せよ．

$$x' = x + \Delta\phi\, y$$
$$y' = y - \Delta\phi\, x$$

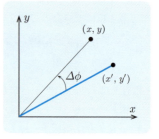

(c) この式を使って，差 $\widetilde{f}(x,y) - f(x,y)$ を，角運動量 $L = -i\hbar\left(x\frac{\partial}{\partial y} - y\frac{\partial}{\partial x}\right)$ との関係を示せ．

(d) 上問 (c) を，極座標を使って議論せよ．ただし極座標での角運動量は，理解度のチェック 4.2 より，$L = -i\hbar \frac{\partial}{\partial \phi}$ である．

第 4 章　角運動量とスピン　　　　　　　　　　　　　　　　　105

答 基本 4.4　(a)

$$\widetilde{f}(x) - f(x) = f(x - \Delta x) - f(x) = \frac{df}{dx}(-\Delta x)$$

Δx に負号が付いていることに注意．ここで $\frac{d}{dx} = \frac{i}{\hbar}p$ であることを使えば

$$\widetilde{f}(x) - f(x) = -\Delta x \frac{ip}{\hbar} f(x)$$

この意味で，p を<u>平行移動を生成する演算子</u>という．

注1　p は演算子なので，49 ページの記法を使えば $\widehat{p}$ である．

注2　上式を書き換えると

$$\widetilde{f}(x) = \left(1 - \Delta x \frac{ip}{\hbar}\right) f(x)$$

となる．この式は Δx の 1 次まで正しい近似式だが，厳密には

$$\widetilde{f}(x) = \left(1 - \Delta x \frac{ip}{\hbar} + \frac{1}{2}\left(-\Delta x \frac{ip}{\hbar}\right)^2 + \cdots\right) f(x) = \exp\left(-\Delta x \frac{ip}{\hbar}\right) f(x)$$

と指数関数になる（応用問題 4.3 参照）．

(b)

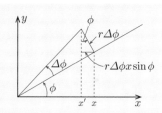

$$x' = x - (r\Delta\phi)\sin\phi = x - \Delta\phi_y$$
$$y' = y + (r\Delta\phi)\cos\phi = y + \Delta\phi_x$$

$x = r\cos\theta$，$y = r\sin\theta$ を使った．

(c)　それぞれの変数について問 (a) と同様の関係を使うと

$$\widetilde{f}(x,y) - f(x,y) = f(x + \Delta\phi_y, y - \Delta\phi_x) - f(x,y)$$
$$= (\Delta\phi_y)\frac{\partial f}{\partial x} + (-\Delta\phi_x)\frac{\partial f}{\partial x} = -\Delta\phi\left(x\frac{\partial}{\partial y} - y\frac{\partial}{\partial x}\right)f$$
$$= -\Delta\phi\frac{iL}{\hbar} f(x,y)$$

すなわち

$$\widetilde{f}(x,y) = \left(1 - \Delta\phi\frac{iL}{\hbar}\right) f(x,y)$$

(d)　原点の周りで回転させたとき，極座標で変化するのは ϕ だけなので

$$\widetilde{f}(r,\phi) = f(r, \phi - \Delta\phi)$$

したがって

$$\widetilde{f}(r,\phi) - f(r,\phi) = (-\Delta\phi)\frac{\partial f}{\partial \phi} = -\Delta\phi\frac{iL}{\hbar} f(x,y)$$

問 (b) の比較から，これによって $L = -i\hbar\frac{\partial}{\partial\phi}$ が証明されたとみなすこともできる．

基本 4.5 (ベクトルの回転) (a) 基本問題 4.4 では関数の回転を扱ったが，本問では xyz 空間内の 3 次元ベクトル (a,b,c) の回転を考えよう．最初は z 軸の周りの，微小な角度 $\Delta\phi$ の回転を考える．回転の結果を $(\tilde{a}, \tilde{b}, \tilde{c})$ とし，

$$\begin{pmatrix} \tilde{a} \\ \tilde{b} \\ \tilde{c} \end{pmatrix} = M_z \begin{pmatrix} a \\ b \\ c \end{pmatrix}$$

と書いたとき，3×3 の行列である M_z を求めよ（添え字 z は，z 軸の周りの回転であることを表す）．

また，基本問題 4.4 に合わせて

$$M_z = I - \Delta\phi \frac{i\Sigma_z}{\hbar}$$

と書いたとき，Σ_z はどのように書けるか（I は単位行列）．

(b) 同様に，回転軸を変えると Σ_x, Σ_y はどうなるかを示せ．また

$$[\Sigma_x, \Sigma_y] = i\hbar \Sigma_z$$

など，角運動量と同じ交換関係（p. 89）が成り立つことを示せ．

基本 4.6 (スピンの回転) (a) スピンの演算子（パウリ行列）は 3 成分ありベクトルとみなせるが，スピンの状態 χ は 2 成分しかなく，通常の意味でのベクトルではない．しかし方向性のある量なので，スピンを回転させると χ も変わるはずである．たとえば x 方向のスピンの値が決まっている状態（理解度のチェック 4.10 で求めた）を $\chi_{x\pm}$，y 方向のスピンの値が決まっている状態を $\chi_{y\pm}$（理解度のチェック 4.11 で求めた）とし，z 軸の周りの 90 度の回転（$\Delta\phi = \frac{\pi}{2}$）を考えると（回転を表す演算子（$2\times 2$ の行列）を $R_z(\Delta\phi)$ と書く）

$$R_z\left(\frac{\pi}{2}\right)\chi_{x\pm} \propto \chi_{y\pm} \quad \text{(複号同順)} \tag{*}$$

となるだろう（$\chi_{x\pm}$ は規格化されているとしても比例係数の任意性があるので，上式も等式ではなく比例関係として書いた）．

$\Delta\phi$ が微小なときは，基本問題 4.5 あるいは基本問題 4.4 からの類推で

$$R_z(\Delta\phi) \propto 1 - \Delta\phi \frac{iS_z}{\hbar} = 1 - \Delta\phi \frac{i\sigma_z}{2}$$

となるとし，また $\Delta\phi$ が微小とは限らないときは指数関数を使って

$$R_z(\Delta\phi) = \exp\left(-\Delta\phi \frac{i\sigma_z}{2}\right) \tag{**}$$

と書けるとして（基本問題 4.4 の解答参照），式 (*) を確かめよ．

ヒント 行列の指数関数については説明が必要だろうが，ここでは σ_z は対角行列なので，各成分ごとに指数を考えればよい．応用問題 4.2 も参照．

(b) $\phi = \pi$ のときは $\chi_{x\pm}$ はどうなるか．

(c) $\phi = 2\pi$ のときはどうなるか．

第4章 角運動量とスピン

答 基本 4.5 (a) z 成分 c は変わらないので, a と b だけを xy 平面上に描くと, 図のように回転する. 基本問題 4.4(b) と同じ状況なので,

$$\tilde{a} = a - \Delta\phi\, b$$
$$\tilde{b} = b + \Delta\phi\, a$$

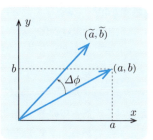

これより

$$M_z = \begin{pmatrix} 1 & -\Delta\phi & 0 \\ \Delta\phi & 1 & 0 \\ 0 & 0 & 1 \end{pmatrix} = I - \Delta\phi \begin{pmatrix} 0 & 1 & 0 \\ -1 & 0 & 0 \\ 0 & 0 & 0 \end{pmatrix}$$

$$\rightarrow \ \Sigma_z = \hbar \begin{pmatrix} 0 & -i & 0 \\ i & 0 & 0 \\ 0 & 0 & 0 \end{pmatrix}$$

(b) Σ_z から Σ_x を求めるには, 1, 2, 3 を 2, 3, 1 に変えればよい. つまり Σ_z の 12 成分を 23 成分, 21 成分を 32 成分へと移動する. Σ_y も同様であり

$$\Sigma_x = \hbar \begin{pmatrix} 0 & 0 & 0 \\ 0 & 0 & -i \\ 0 & i & 0 \end{pmatrix}, \qquad \Sigma_y = \begin{pmatrix} 0 & 0 & i \\ 0 & 0 & 0 \\ -i & 0 & 0 \end{pmatrix}$$

となる. 交換関係は, 行列の掛け算を直接計算すればよい.

答 基本 4.6 (a) ここでは比例関係だけ問題になるので, 計算を簡単にするために, 理解度のチェック 4.10, 4.11 より次のようにする.

$$\chi_{x\pm} \propto \begin{pmatrix} 1 \\ \pm 1 \end{pmatrix}, \qquad \chi_{y\pm} \propto \begin{pmatrix} 1 \\ \pm i \end{pmatrix}$$

また行列 (∗) は, σ_z の対角成分が 1 と -1 であることより (ヒント 参照)

$$R_z(\Delta\phi) = \begin{pmatrix} e^{-i\frac{\Delta\phi}{2}} & 0 \\ 0 & e^{i\frac{\Delta\phi}{2}} \end{pmatrix} = \frac{1}{\sqrt{2}} \begin{pmatrix} 1-i & 0 \\ 0 & 1+i \end{pmatrix} \quad (\Delta\phi = \frac{\pi}{2} \text{ のとき})$$

これより

$$R_z\left(\tfrac{\pi}{2}\right)\chi_{x+} \propto \begin{pmatrix} 1-i & 0 \\ 0 & 1+i \end{pmatrix}\begin{pmatrix} 1 \\ 1 \end{pmatrix} \propto \begin{pmatrix} 1-i \\ 1+i \end{pmatrix} = a\begin{pmatrix} 1 \\ i \end{pmatrix} \propto \chi_{y+}$$

(ただし, $a = 1-i$). 同様に $R_z\left(\tfrac{\pi}{2}\right)\chi_{x-} \propto \chi_{y-}$.

(b) $R_z(\pi) = \begin{pmatrix} -i & 0 \\ 0 & i \end{pmatrix}$ なので, $R_z(\pi)\chi_{x+} \propto \chi_{x-}$, $R_z(\pi)\chi_{x-} \propto \chi_{x+}$ となる. $+$ と $-$ が入れ換わっているが, x 軸の方向を逆転させているので当然だろう.

(c) $R_z(2\pi) = \begin{pmatrix} -1 & 0 \\ 0 & -1 \end{pmatrix}$ なので, $R_z(\pi)\chi_{x\pm} = -\chi_{x\pm}$. 同じものに戻っているので $\chi_\pm$ の比例係数にかかわらず等号が成り立つが, $-$ が付いていることに注意.

注 1 周, つまり 2π だけ回転すると負号がつくのは, すべての方向について共通の性質である. ●

基本 4.7 (演算子の回転) (a) 状態 ψ を z 軸の周りに微小に回転させると $L_z\psi$ に比例する分だけ変化する．同様に，何らかの演算子 O（位置，運動量，角運動量，ハミルトニアンなど）を掛けた状態 $O\psi$ を回転させれば，変化は $L_z O\psi$ に比例するが，これは

$$L_z O\psi = (L_z O - OL_z + OL_z)\psi = [L_z, O]\psi + O(L_z\psi)$$

と書ける．最右辺の第1項は演算子 O の回転による寄与，第2項は状態 ψ の回転による寄与である．つまり回転による演算子の変化は交換関係によって表される．

(a) 位置（x など），運動量演算子（p_x など），角運動量（L_x など）と，L_z との交換関係を書き下せ．

注 (x, y), (p_x, p_y), (L_x, L_y) などの変換が，基本問題 4.5 で得たベクトル (a, b) の変換と同じになっていることを示す問題である．●

(b) r^2, p^2 と L_z との交換関係を求めよ．結果の直観的意味を述べよ．

(c) ポテンシャルが原点からの距離 r のみの関数であるとき，ハミルトニアン H の L_z との交換関係がゼロであることを示せ．

注 同様にして，L_x や L_y との交換関係もゼロであることになる．●

基本 4.8 (回転対称性と縮退) (a) あるハミルトニアン H に対してエネルギー E をもつ状態 ψ_E があったとする（$H\psi_E = E\psi_E$）．また，$[G, H] = 0$ となるような演算子 G があったとする．もし $G\psi_E$ がゼロではなく，また ψ_E に比例してもいないとすると，$G\psi_E$ はエネルギー E をもつ，ψ_E とは異なる状態になることを示せ．

(b) 水素原子のエネルギーが決まった状態は，3つの量子数 n, l, m を使って ψ_{lmn} と表された．角運動量演算子のうち，これらの量子数を変える作用をもつ組合せは何か．それらによって，水素原子の縮退はどのように説明できるか．

(c) 角運動量演算子によって説明できない縮退はあるか．

注 解答からわかるように，角運動量すなわち回転対称性では説明できない縮退がある．これはクーロンポテンシャルが r に反比例するという特殊性の結果であることが知られているが，ここでは触れない（レンツベクトルというものの存在によって説明される）．応用問題 4.8 や類題 4.9 でと触れる補正を考えるとこの縮退はなくなる．●

類題 4.5 (調和振動子の縮退) (a) 基本問題 3.7 で議論した2次元の調和振動子について，対称性と縮退の関係を説明せよ．

(b) 類題 3.16 で議論した3次元の調和振動子について，対称性と縮退の関係を説明せよ．

第4章 角運動量とスピン

答 基本 4.7 (a)
$$[L_z, x] = [xp_y - yp_x, x] = -y[p_x, x] = i\hbar y$$
$$[L_z, y] = [xp_y - yp_x, y] = x[p_y, y] = -i\hbar x$$

同様にして，$[L_z, p_x] = i\hbar p_y$，$[L_z, p_y] = -i\hbar p_x$．
また，z 軸の周りの回転なので z や p_z は影響を受けない ($[L_z, z] = [L_z, p_z] = 0$)．
角運動量については理解度のチェック 4.4 より

$$[L_z, L_x] = i\hbar L_y, \qquad [L_z, L_y] = -i\hbar L_x, \qquad [L_z, L_z] = 0$$

つまり (L_x, L_y, L_z) もベクトルのように変換している．

(b) $[L_z, x^2] = x[L_z, x] + [L_z, x]x = 2i\hbar xy$，同様に $[L_z, y^2] = -2i\hbar xy$ なので $[L_z, r^2] = [L_z, x^2+y^2+z^2] = 0$，同様に $[L_z, p^2] = 0$．これらは r^2 や p^2 が回転に対して不変，つまり方向に関係のない量（スカラー）であることを示す．$\boldsymbol{L}^2$ も同様である．

(c) H の運動エネルギーの部分は p^2 に比例するので，問 (b) より L_z と交換する．また，球座標表示では L_z は ϕ 微分なので任意の r に関する $f(r)$ に対して

$$[L_z, f(r)] \propto \frac{\partial f(r)}{\partial \phi} = 0$$

($f(r)$ は回転に対して不変ということ）なので，$[L_z, H] = 0$．

答 基本 4.8 (a) H と G は交換し，また E は単なる数値なので

$$H(G\psi_E) = GH\psi_E = G(E\psi_E) = E(G\psi_E)$$

これは $G\psi_E$ が（もしゼロでなければ）エネルギー E の状態であることを意味する．ただし，もしこれが ψ_E に比例しているのならば，異なる状態ではない．

(b) 上問 (c) より，G の候補として L_x, L_y, L_z の 3 つがある．このうち，ψ_{nlm} は L_z に対して特定の値をもっているので ($L_z \psi_{nlm} = \hbar m \psi_{nlm}$)，$L_z$ を掛けても別の状態にはならない．L_x や L_y を掛けると別の状態になるが，一般に ψ_{nlm} の線形結合になる．しかし $L_x \pm iL_y$ という組合せを掛けると，m だけを 1 つ増減させることを基本問題 4.1 で説明した．つまり n と l が共通であり m だけが異なる状態のエネルギーが同じである（縮退）ことは，$[L_x, H] = [L_y, H] = 0$ の結果である．H が回転に対して対称であることの結果であるといってもよい．

(c) クーロンポテンシャルを使って解いた水素原子の場合，n が共通ならば l が異なってもエネルギーは変わらない．しかし $\boldsymbol{L}$ は l を変えないので，角運動量からは（つまり H の回転対称性からは），この縮退は説明できない．

応用問題 ※類題の解答は巻末

応用 4.1 ($L^2 \propto \Lambda$) 3次元のハミルトニアンの運動エネルギー（演算子）の球座標表示が，角運動量 L を使って

$$\frac{1}{2m}p^2 = -\frac{\hbar^2}{2m}\frac{1}{r^2}\frac{\partial}{\partial r}\left(r^2\frac{\partial}{\partial r}\right) + \frac{L^2}{2mr^2} \qquad (*)$$

となることを以下の手順で証明せよ．

注 これは式 (3.10) と比較すれば，角運動量の2乗が，$L^2 = \hbar^2 \Lambda$ と書けることを意味する．

(a) $a \sim g$ はすべてベクトルであり，特に b と c は交換する（順番を変えられる）とすると，次の2つの式が成り立つ．

$$(a \times b) \times c = (a \cdot c)b - a(b \cdot c), \qquad (e \times f) \cdot g = e \cdot (f \times g)$$

これらより次の式を証明せよ

$$(a \times b) \cdot (c \times d) = (a \cdot c)(b \cdot d) - \sum_i a_i(b \cdot c)d_i \qquad (**)$$

(b) 角運動量は $L = r \times p = -p \times r$ である．この2つの表現を上式の左辺の各因子に使って L^2 を計算せよ（$a \times b = p \times r$ とする）．

(c) $\sum_i p_i r^2 p_i = \sum_i (r^2 p_i - 2i\hbar r_i)p_i = r^2 p^2 - 2i\hbar r \cdot p$ という関係を使った上で問 (b) の答えを $p^2 = \cdots$ という形にせよ．

(d) $r \cdot p = -i\hbar r \frac{\partial}{\partial r}$ であることを証明せよ．

ヒント 左辺はベクトルの内積だから

$$-i\hbar\left(x\frac{\partial}{\partial x} + y\frac{\partial}{\partial y} + z\frac{\partial}{\partial z}\right)$$

である．合成関数の微分公式を使って，右辺から左辺を導け．

(e) 問 (c) の答えの右辺の p を，問 (d) も使って微分に置き換え，式 $(*)$ を導け．

応用 4.2 （演算子の指数関数） (a) O を何らかの演算子としたとき（行列でもよい），その指数関数 e^O を

$$e^O = 1 + O + \frac{1}{2}O^2 + \frac{1}{6}O^3 + \cdots = \sum_n \frac{1}{n!}O^n$$

というように，通常の指数関数 e^x と同じ無限級数（テイラー級数）によって定義する．通常の微分 $\frac{de^{ax}}{dx} = ae^{ax}$ と同じ形の式

$$\frac{de^{xO}}{dx} = Oe^{xO}$$

が成り立つことを証明せよ．

第4章 角運動量とスピン

答 応用 4.1 (a) 最初の2式は，順番の問題を除けば通常のベクトル解析の説明で出てくる公式であり，ここではこのまま認めよう．第1式の両辺に右から d を掛け内積を取ると

$$((a \times b) \times c) \cdot d = (a \cdot c)(b \cdot d) - \sum_i a_i (b \cdot c) d_i$$

左辺は $a \times b$ 全体を e とみなし第2式を使うと式 (**) の右辺になる．順番を気にしない場合は右辺第2項は $(a \cdot d)(b \cdot c)$ である．

(b) r と p は一般には交換しないが，外積では同じ項に同じ成分（たとえば x と p_x）が出てこないので，L の式では順番を変えられることを利用している．問 (a) で証明した式の左辺に L のそれぞれの表式を代入すると，b と c は交換する（どちらも r）ので右辺に等しく，$a = d = p$ も使えば

$$L^2 = -(p \times r) \cdot (r \times p) = -(p \cdot r)(r \cdot p) + \sum_i p_i r^2 p_i$$

(c) 問題文1行目の式は，p_i が微分であることを考えればすぐにわかるだろう．これを使えば

$$L^2 = -(p \cdot r)(r \cdot p) + r^2 p^2 - 2i\hbar r \cdot p$$
$$\to \quad p^2 = \tfrac{1}{r^2}(p \cdot r)(r \cdot p) + \tfrac{2i\hbar}{r^2} r \cdot p + \tfrac{L^2}{r^2}$$

(d) 任意の関数 $f(x,y,z)$ に対して

$$-i\hbar r \tfrac{\partial f}{\partial r} = -i\hbar r \Big(\tfrac{\partial x}{\partial r} \tfrac{\partial f}{\partial x} + \tfrac{\partial y}{\partial r} \tfrac{\partial f}{\partial y} + \tfrac{\partial z}{\partial r} \tfrac{\partial f}{\partial z} \Big)$$

後は，$\tfrac{\partial x}{\partial r} = \sin\theta \cos\phi = \tfrac{x}{r}$ などを使えば左辺になる．

(e) $p \cdot r = r \cdot p - 3i\hbar$ であることも使うと，問 (c) の解答より

$$p^2 = -\tfrac{\hbar^2}{r^2} \big(r \tfrac{\partial}{\partial r} + 3 \big) \big(r \tfrac{\partial}{\partial r} \big) + \tfrac{2\hbar^2}{r^2} \big(r \tfrac{\partial}{\partial r} \big) + \tfrac{L^2}{r^2}$$
$$= -\hbar^2 \big(\tfrac{\partial^2}{\partial r^2} + \tfrac{2}{r} \tfrac{\partial}{\partial r} \big) + \tfrac{L^2}{r^2}$$

$2m$ で割れば，これは式 (*) に一致する．

答 応用 4.2 同じ級数で定義されているのだから同じ式が成り立つのも当然であるともいえるが，具体的に計算すると

$$e^{xO} = 1 + xO + \tfrac{1}{2}(xO)^2 + \tfrac{1}{6}(xO)^3 + \cdots = \sum_n \tfrac{1}{n!}(xO)^n$$

より

$$\tfrac{de^{xO}}{dx} = 0 + O + xO^2 + \tfrac{1}{2}x^2 O^3 + \cdots = O\big(1 + xO + \tfrac{1}{2}(xO)^2 + \cdots\big) = O e^{xO}$$

応用 4.3 （回転の指数関数表示） (a) 基本問題 4.4 より，xy 平面内での関数 $f(x,y)$ の微小な回転は，xy 平面内の角運動量演算子（z 方向の角運動量演算子）L を使って，$\tilde{f}(x,y) \fallingdotseq (1 - \Delta\phi \frac{iL}{\hbar}) f(x,y)$ と表された．これを $\frac{df}{d\phi}$ についての微分方程式に書き直し，それを，応用問題 4.2 を参考にして解け．

注 基本問題 4.4 の解答ですでに，微小ではない回転に対する演算子は指数関数によって表されると指摘したが，それを証明する問題である．

応用 4.4 （スピンの回転） (a) 今度はスピンの回転を考える．前問の L はスピン演算子になる．たとえば y 軸を回転軸とする，角度 ϕ の回転を表す演算子（行列）$R_y(\phi)$ は

$$R_y(\phi) = e^{-i\phi \frac{S_y}{\hbar}} = e^{-i\phi \frac{\sigma_y}{2}}$$

である（ここで ϕ は y 軸の周りの回転の角度であり，球座標での z 軸の周りの角度ではない）．これを，応用問題 4.2 の指数関数の定義（無限級数）を使って計算せよ．

ヒント $\sigma_y^2 = I$（単位行列）なので，σ_y の偶数乗はすべて I，奇数乗はすべて σ_y になる．また虚数の指数関数は $e^{i\phi} = \cos\phi + i\sin\phi$ だが，$e^{i\phi}$ を級数展開したとき，偶数項が $\cos\phi$，奇数項が $i\sin\phi$ になることを使う（それぞれ ϕ について偶関数部分と奇関数部分である）．

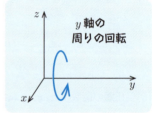

(b) 問 (a) で求めた $R_y(\phi)$ を使って，スピンが $\pm z$ 方向を向いた状態 $\chi_{z\pm}$ がどのようになるか計算しよう．$\phi = \frac{\pi}{2}$, $\phi = \pi$, $\phi = 2\pi$ の場合にそれぞれ計算せよ．答えは予想通りになっているか．

ヒント たとえば χ_{z+} を y 軸の周りに 90 度回転させれば χ_{x+} になると想像される．$\chi_{z\pm}$ や $\chi_{x\pm}$ は理解度のチェック 4.8, 4.10 で定義されている．

類題 4.6 （スピンの回転） 上問と同様の計算を，x 軸の周りの角度 ϕ の回転に対して行え．

類題 4.7 （加法性） 以上で求めた $R_y(\phi)$ や $R_x(\phi)$ が，$R(\phi_1)R(\phi_2) = R(\phi_1+\phi_2)$ という性質を満たしていることを確かめよ．

第 4 章　角運動量とスピン

答 応用 4.3
$$\Delta f = \widetilde{f}(x,y) - f(x,y) = -\Delta\phi \, \frac{iL}{\hbar} f(x,y)$$

より

$$\frac{df}{d\phi}\left(=\frac{\Delta f}{\Delta \phi}\right) = -\frac{iL}{\hbar} f(x,y) \quad (*)$$

より，解は

$$\widetilde{f}(x,y) = e^{-\phi \frac{iL}{\hbar}} f(x,y)$$

(右辺を ϕ で微分すれば $-\frac{iL}{\hbar}$ が出て，式 $(*)$ の右辺になる)．

答 応用 4.4 (a) **ヒント** より

n が偶数のとき： $\left(-i\phi\frac{\sigma_y}{2}\right)^n = \pm\left(\frac{\phi}{2}\right)^n I$

n が奇数のとき： $\left(-i\phi\frac{\sigma_y}{2}\right)^n = \pm i\left(\frac{\phi}{2}\right)^n \sigma_y$

σ_y の効果は，級数の奇数項に σ_y が付くということだけである．
また σ_y が単に単位行列だったら

$$e^{-\frac{i\phi}{2}} = \cos\frac{\phi}{2} - i\sin\frac{\phi}{2}$$

なので，結局

$$R_y(\phi) = e^{-i\phi\frac{\sigma_y}{2}} = \cos\frac{\phi}{2} - i\sigma_y \sin\frac{\phi}{2} = \begin{pmatrix} \cos\frac{\phi}{2} & -\sin\frac{\phi}{2} \\ \sin\frac{\phi}{2} & \cos\frac{\phi}{2} \end{pmatrix}$$

(b) $\phi = \frac{\pi}{2}$ のとき： $R_y\left(\frac{\pi}{2}\right) = \begin{pmatrix} \frac{1}{\sqrt{2}} & -\frac{1}{\sqrt{2}} \\ \frac{1}{\sqrt{2}} & \frac{1}{\sqrt{2}} \end{pmatrix}$ より

$$R_y\left(\tfrac{\pi}{2}\right)\chi_{z_+} = R_y\left(\tfrac{\pi}{2}\right)\begin{pmatrix}1\\0\end{pmatrix} = \tfrac{1}{\sqrt{2}}\begin{pmatrix}1\\1\end{pmatrix} = \chi_{x_+}$$

$$R_y\left(\tfrac{\pi}{2}\right)\chi_{z_-} = R_y\left(\tfrac{\pi}{2}\right)\begin{pmatrix}0\\1\end{pmatrix} = \tfrac{1}{\sqrt{2}}\begin{pmatrix}1\\-1\end{pmatrix} = -\chi_{x_-}$$

2 番目の式には負号が付くが，全体に係数がかかっても状態は変わらないので，$\pm z$ 方向を向いている状態は回転により $\pm x$ 方向を向く状態に移ることになる．これは予想通りだろう．

$\phi = \pi$ のとき： $R_y(\pi) = \begin{pmatrix} 0 & -1 \\ 1 & 0 \end{pmatrix}$ より

$$R_y(\pi)\chi_{z_+} = \begin{pmatrix}0\\1\end{pmatrix} = \chi_{z_-}, \quad R_y\left(\tfrac{\pi}{2}\right)\chi_{z_-} = \begin{pmatrix}-1\\0\end{pmatrix} = -\chi_{z_+}$$

$\pm$ が入れ換わっている．

$\phi = 2\pi$ のとき： $R_y(2\pi) = \begin{pmatrix} -1 & 0 \\ 0 & -1 \end{pmatrix}$ より

$$R_y(2\pi)\chi_{z_+} = -\chi_{z_+}, \quad R_y(2\pi)\chi_{z_-} = -\chi_{z_-}$$

1 回転させているのでもとの状態に戻るが負号が付く．これは大きさが半整数の角運動量の特徴である．

応用 4.5（スピンの回転） (a) z 軸から x 軸方向に $\Delta\phi$ だけ傾いた方向のスピンに対するパウリ行列（$\sigma(\Delta\phi)$ と記す）を求めよ．
(b) χ_{z+} を同じように回転させた状態（$\chi_+(\Delta\phi)$ と記す）を，応用問題 4.4 の R_y を使って計算せよ．
(c) 問 (b) の答えが $\sigma(\Delta\phi)$ の固有状態になっていることを確かめよ．

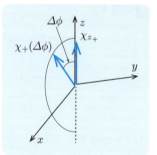

応用 4.6（逆ゼノン効果） (a) すべてが χ_{z+} の状態になっている電子のビームを，z 軸から x 軸方向に $\Delta\phi$ だけ傾いた方向を向いたシュテルン–ゲルラッハの装置に通す．どのような割合で分離するか．

ヒント $\chi_+(\Delta\phi)$ の状態にある電子（上問 (b)）のビームを，z 軸方向を向いたシュテルン–ゲルラッハの装置を通すと考えたほうが簡単．結果は同じはずである．

(b) 上問の答えは，理解度のチェック 4.12 (a) の結果に合致しているか．
(c) すべてが χ_{z+} の状態になっている電子のビームを，z 軸から x 軸方向に半分（$\Delta\phi = \frac{\pi}{4}$）だけ傾いた方向を向いたシュテルン–ゲルラッハの装置に通し，その装置の上側に曲がったビームだけを取り出す．次に，x 軸方向を向いたシュテルン–ゲルラッハの装置に通して，$+x$ 方向に曲がったビームだけを取り出す．最初のビームと

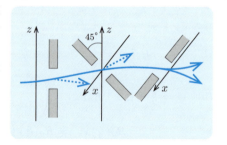

比較して強度はどれだけになるか．中間のシュテルン–ゲルラッハの装置がない場合と比べてどうか．
(d) 問 (c) と出発点は同じだが，最初のシュテルン–ゲルラッハの装置は $\Delta\phi = \frac{\pi}{2N}$ だけ傾いており，次のシュテルン–ゲルラッハの装置はさらにそれから $\Delta\phi = \frac{\pi}{2N}$ だけ傾いている．これを N 回繰り返し $N \to \infty$ としたとき，最後のビームの強度はどうなるか．

注 問 (d) の結果を**逆ゼノン効果**という．ゼノンという名称は古代ギリシャのゼノンのパラドックスに由来する．ゼノン効果は 116 ページ参照．

第4章　角運動量とスピン

答 応用 4.5 (a) パウリ行列は3成分をもつベクトルだから，通常のベクトルと同様に考えて

$$\sigma(\Delta\phi) = \cos\Delta\phi\,\sigma_z + \sin\Delta\phi\,\sigma_x = \begin{pmatrix} \cos\Delta\phi & \sin\Delta\phi \\ \sin\Delta\phi & -\cos\Delta\phi \end{pmatrix}$$

注 微小な回転に対する演算子の変化分は交換関係によって表されるが（基本問題 4.7），微小とは限らない場合の厳密な公式は，指数関数（応用問題 4.3）ではさむことで得られる．パウリ行列の場合には $R_y\sigma_z R_y^{-1}$ となり，これより上式が得られるのだが，計算しなくても上式は直観的に納得できるだろう．

(b) $\chi_+(\Delta\phi) = R_y(\Delta\phi)\chi_{z+} = \begin{pmatrix} \cos\frac{\Delta\phi}{2} \\ \sin\frac{\Delta\phi}{2} \end{pmatrix}$

(c) $\sigma(\Delta\phi)\chi_+(\Delta\phi) = \begin{pmatrix} \cos\Delta\phi\,\cos\frac{\Delta\phi}{2} + \sin\Delta\phi\,\sin\frac{\Delta\phi}{2} \\ \sin\Delta\phi\,\cos\frac{\Delta\phi}{2} - \cos\Delta\phi\,\sin\frac{\Delta\phi}{2} \end{pmatrix} = \begin{pmatrix} \cos\frac{\Delta\phi}{2} \\ \sin\frac{\Delta\phi}{2} \end{pmatrix}$

計算するとこのような式になるが，$\sigma(\Delta\phi) = R_y\sigma_z R_y^{-1}$ であることを使えば計算せずにわかる結果ではある（考えてみよ）．

答 応用 4.6 (a) **ヒント** のように考えよう．上問 (b) の結果より

$$\chi_+(\Delta\phi) = \cos\tfrac{\Delta\phi}{2}\,\chi_{z+} + \sin\tfrac{\Delta\phi}{2}\,\chi_{z-}$$

なのでシュテルン–ゲルラッハの装置の＋側と－側への分離の割合は（一般化されたボルンの確率則）

$$\left|\cos\tfrac{\Delta\phi}{2}\right|^2 : \left|\sin\tfrac{\Delta\phi}{2}\right|^2$$

(b) 同問 (a) は $\Delta\phi = \frac{\pi}{2}$ の場合であり，$\pm x$ 方向に半分ずつ分かれるという結論だった．上式にあてはめれば比率は $1:1$ になるので，合致している．

(c) 最初のシュテルン–ゲルラッハの装置の上側に曲がったビームの強度は，元々の強度と比べて

$$\left|\cos\tfrac{\pi}{8}\right|^2 = \tfrac{1}{2}\left(1 + \cos\tfrac{\pi}{4}\right) = \tfrac{1}{2}\left(1 + \tfrac{1}{\sqrt{2}}\right) \fallingdotseq 0.85$$

これを2回繰り返すのだから，最終的な強度は $(0.85)^2 \fallingdotseq 0.73$．これは中間がない場合（問 (b) より 0.5）よりも大きい．

(d) $\Delta\phi = \frac{\pi}{2N}$ の回転を N 回繰り返すと強度は $\left|\cos\tfrac{\pi}{4N}\right|^{2N}$．$N\to\infty$ では

$$\lim_{N\to\infty}\left|\cos\tfrac{\pi}{4N}\right|^{2N}$$

ここで，$|x|\ll 1$ のときに成り立つ近似式 $\cos x \fallingdotseq 1 - \tfrac{1}{2}x^2$，$(1-x)^n \to 1-nx$ を使えば

$$\text{上式} = \lim\left(1 - \tfrac{1}{2}\left(\tfrac{\pi}{4N}\right)^2\right)^{2N} = \lim\left(1 - \tfrac{1}{2}\tfrac{\pi^2}{16N}\right) = 1$$

つまり<u>スピンを回転させていないのに</u> χ_{z+} は 100 パーセント χ_{x+} になる．

類題 4.8 (ゼノン効果) 応用問題 4.6 (d) と似た状況だが，連続して置かれた N 個のすべてのシュテルン–ゲルラッハの装置が z 軸方向を向いており，またシュテルン–ゲルラッハの装置の間でスピンを一様磁場によって $\frac{\pi}{2N}$ だけ回転させるという設定を考える．各シュテルン–ゲルラッハの装置の後では $+z$ 方向に曲がったビームを取り出す．$N \to \infty$ の極限で，ビームの強度はまったく減らないことを示せ（磁場によってスピンを回転させているはずなのに，実際にはスピンはまったく回転しないということである）．

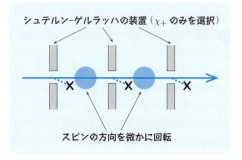

応用 4.7 (角運動量の合成) 全角運動量についての式 (4.16) を証明しよう．

(a) 全角運動量の演算子 $\boldsymbol{J} = \boldsymbol{L} + \boldsymbol{S}$ が，$\boldsymbol{L}$ や $\boldsymbol{S}$ 単独の場合と同じ交換関係 (4.8) を満たすことを示せ．

(b) $Y_{lm}\chi_{z\pm}$ という状態の，演算子 $J_z (= L_z + S_z)$ の値 $\hbar j_z$ を求めよ．

(c) l の値が与えられているときの j_z の最高値が $l + \frac{1}{2}$ になる理由を述べよ（以下，この問題では l の値は決まっているものとする）．

(d) この状態に J_+ を掛けるとゼロになることを示せ．

注 基本問題 4.1 より，J_+ を掛けるとゼロになる状態の J^2 の値は，その状態の j_z を使って $\hbar^2 j_z(j_z+1)$ になる．

(e) 以上より，$j_z = l + \frac{1}{2}$ の状態の角運動量の大きさ（J^2 の値を $\hbar^2 j(j+1)$ と書いたときの j の値）は，$j = l + \frac{1}{2}$ であることがわかる．角運動量がこの j である状態はいくつあるか．また，$Y_{lm}\chi_{z\pm}$ という状態はいくつあるか．その差はいくつか．

(f) $Y_{lm}\chi_{z\pm}$ という状態の中に，$j_z = l - \frac{1}{2}$ の状態はいくつあるか．

(g) 問 (e) や問 (f) から，$Y_{lm}\chi_{z\pm}$ という状態は，$j = l + \frac{1}{2}$ の状態だけでは尽くされていないことがわかる．$Y_{lm}\chi_{z\pm}$ という状態の中で，$j = l + \frac{1}{2}$ はないもののうちの j_z の最高値が $l - \frac{1}{2}$ であることを示せ．そのことは，問 (e) の，差に対する計算結果とつじつまがあっているか．

解説 大きさ l と $\frac{1}{2}$ の角運動量を合成すると，向きが同じか逆かによって $l \pm \frac{1}{2}$ の角運動量になると考えればわかりやすいが，角運動量の値自体はベクトルではないので，これは直観的なイメージに過ぎない．

第 4 章　角運動量とスピン

答 応用 4.7　(a) 微分演算子である $\boldsymbol{L}$ と，定数行列である $\boldsymbol{S}$ は互いに影響し合わないので交換することを考えると，たとえば J_x と J_y の交換関係は

$$[J_x, J_y] = [L_x + S_x, L_y + S_y] = [L_x, L_y] + [S_x, S_y] = i\hbar(L_z + S_z) = i\hbar J_z$$

解説　これらの交換関係が成り立っているのならば基本問題 4.1 での結論が使える．すなわち固有状態は $\boldsymbol{J}^2$ と J_z の値によって分類でき，$\boldsymbol{J}^2$ の値は j を何らかの整数または半整数として $\hbar^2 j(j+1)$ と書け，そのときの J_z の値を $\hbar j_z$ と書けば，$j_z = j, j-1, \ldots, -j$ となる．以下，j の値を具体的に求める．●

(b)　$J_z(Y_{lm}\chi_{z_\pm}) = (L_z + S_z)(Y_{lm}\chi_{z_\pm}) = (L_z Y_{lm})\chi_{z_\pm} + Y_{lm}(S_z \chi_{z_\pm})$
$$= \hbar m Y_{lm}\chi_{z_\pm} \pm \frac{\hbar}{2} Y_{lm}\chi_{z_\pm} = \hbar\left(m \pm \frac{1}{2}\right) Y_{lm}\chi_{z_\pm}$$

固有値を $\hbar j_z$ と書けば，$j_z = m \pm \frac{1}{2}$．

複号同順であり，χ_{z_+} のときは $m + \frac{1}{2}$，χ_{z_-} のときは $m - \frac{1}{2}$ である．z 成分の値は単純に加えればいいということであり，当然の結果である．

(c)　m の最高値は l だから，j_z の最高値は $l + \frac{1}{2}$．状態は $Y_{ll}\chi_{z_+}$ である．

(d)　$\boldsymbol{J} = \boldsymbol{L} + \boldsymbol{S}$ なのだから，当然 $J_+ = L_+ + S_+$ である．L_+ と S_+ の性質を使えば

$$J_+(Y_{ll}\chi_{z_+}) = (L_+ + S_+)(Y_{ll}\chi_{z_+}) = (L_+ Y_{ll})\chi_z + Y_{ll}(S_+\chi_{z_+}) = 0 + 0 = 0$$

(e)　角運動量 j の状態は $j_z = j, j-1, \ldots, -j$ だから，$2j+1$ 通り．すなわち

$$2j + 1 = 2\left(l + \frac{1}{2}\right) + 1 = 2l + 2 \quad \text{(通り)}$$

また $Y_{lm}\chi_{z_\pm}$ という状態は $(2l+1) \times 2$ 通り．したがって差は

$$(2l+1) \times 2 - (2l+2) = 2l$$

(f)　$j_z = m \pm \frac{1}{2}$ が $l - \frac{1}{2}$ になるには $m = l$ で複号が $-$，または $m = l-1$ で複号が $+$ ならばよい．つまり $j_z = l - \frac{1}{2}$ の状態は 2 つある．

(g)　問 (d) より，1 つしかない $j_z = l + \frac{1}{2}$ の状態は $j = l + \frac{1}{2}$ なのだから，$j = l + \frac{1}{2}$ ではない状態の j_z の最高値は $j_z = l - \frac{1}{2}$ になる．これは $j = l - \frac{1}{2}$ と推定されるが，$j = l - \frac{1}{2}$ の状態は $2(l-\frac{1}{2}) + 1 = 2l$ 通りなので，問 (e) の結果に一致する．

注　2 つある $j_z = l - \frac{1}{2}$ の状態の線形結合によって，$j = l \pm \frac{1}{2}$ の状態にする．具体的には応用問題 5.5 参照．●

	$j = l + \frac{1}{2}$	$j = l - \frac{1}{2}$
$j_z = l + \frac{1}{2}$	○	×
$l - \frac{1}{2}$	○	○
⋮	⋮ $\left.\right\}2l+2$ 通り	⋮ $\left.\right\}2l$ 通り
$-l + \frac{1}{2}$	○	○
$-l - \frac{1}{2}$	○	×

応用 4.8 (スピン軌道結合) 磁気モーメントをもつ粒子（ミクロな棒磁石と考えればよい）は磁場から力を受けるが，それが動いていると，電場からも力を受ける．したがって，原子内で動いている電子のポテンシャルには，従来のクーロンエネルギー（基本問題 3.9）に加えて，そのスピンに起因する項があると想像される．その形は相対論的な考察から得られ，水素原子では

$$\Delta U = \frac{e^2}{4\pi\varepsilon_0} \frac{1}{2m_e^2 c^2 r^3} \boldsymbol{L} \cdot \boldsymbol{S}$$

（c は光速度）．$\boldsymbol{L}$ が電子の動き，$\boldsymbol{S}$ が電子の磁気モーメントを表す量になる．それらの前にある因子は原子核による電場に由来する．この相互作用を**スピン軌道結合**と呼ぶ．$\boldsymbol{L} \cdot \boldsymbol{S}$ はベクトル演算子の内積（スカラー量）であり，ハミルトニアンの球対称性を破らない形をしている．以下の問題に答えよ．

(a) $\boldsymbol{L} \cdot \boldsymbol{S}$ の値（固有値）を j と l を使って表せ．また $j = l \pm \frac{1}{2}$ を使って l のみで表せ．

ヒント 応用問題 4.7 より $\boldsymbol{J}^2 = (\boldsymbol{L} + \boldsymbol{S})^2 = \hbar^2 j(j+1)$ である．●

(b) j で表された $\boldsymbol{L} \cdot \boldsymbol{S}$ の固有値に対応する固有状態は $\boldsymbol{L} \cdot \boldsymbol{S}$ と $\boldsymbol{J}^2$ の同時固有状態である．だとすれば $[\boldsymbol{L} \cdot \boldsymbol{S}, \boldsymbol{J}^2] = 0$ のはずである．これを証明せよ．また，$[\boldsymbol{L} \cdot \boldsymbol{S}, J_z]$ はどうなるか．

(c) ΔU の影響を見積もるために，$\boldsymbol{L} \cdot \boldsymbol{S}$ を $\hbar^2$（問 (a) 参照），$r = a_0$（ボーア半径）と近似して，ΔU とクーロンポテンシャルとの比率を求めよ．結果は，無次元量である**微細構造定数** $\alpha = \frac{e^2}{4\pi\varepsilon_0 \hbar c} = \frac{1}{137}$ を使って表せ．

ヒント $\frac{\hbar}{m_e c}$ を（電子の）コンプトン波長といい，長さの次元をもつ．これを使うとボーア半径は $a_0 = \left(\frac{\hbar}{m_e c}\right)\frac{1}{\alpha}$ である．●

(d) 問 (a) より，スピンの向きによって，原子内の縮退していた電子のエネルギーに差が出ることがわかるが，問 (b) から，この差は非常に小さいことがわかり，これを，スペクトルの**微細構造**という．水素原子の場合，エネルギー準位がどのように分離するか，$n = 0$ の場合と $n = 1$ の場合に考えよ．

類題 4.9 (微細構造) 相対論に基づく考察によれば，水素原子のクーロンポテンシャルに対する補正は上問の ΔU ばかりでなく

$$\Delta U' = -\frac{p^4}{8m_e^3 c^2} + \frac{e^2 \hbar^2}{4\pi\varepsilon_0} \frac{1}{8m_e^2 c^2} 4\pi\delta(\boldsymbol{r})$$

という 2 項が加わることが知られている．これらの寄与も前問の ΔU と同程度であることを示せ．

第4章　角運動量とスピン

答 応用 4.8 (a) $J^2 = L^2 + 2L\cdot S + S^2$ より

$$2L\cdot S = J^2 - L^2 - S^2 = \hbar^2 j(j+1) - \hbar^2 l(l+1) - \frac{3\hbar^2}{4}$$

さらに，$j = l \pm \frac{1}{2}$ であることも使えば

$$L\cdot S = \pm\frac{\hbar^2}{2}\left(l+\frac{1}{2}\right) - \frac{\hbar^2}{4}$$

$$= \begin{cases} \hbar^2 \frac{l}{2} & (j = l+\frac{1}{2} \text{ のとき}) \\ -\hbar^2 \frac{l+1}{2} & (j = l-\frac{1}{2} \text{ のとき}) \end{cases}$$

(b) 式 (4.9) より $[L\cdot S, L^2] = 0$ である（L と S は互いに無関係な演算なので交換する）．同様に，$[L\cdot S, S^2] = 0$ でもある．したがって

$$[L\cdot S, J^2] = [L\cdot S, L^2 + S^2 + 2L\cdot S] = 2[L\cdot S, L\cdot S] = 0$$

最後は，同じ演算子の交換関係なのでゼロになる．

また，J_z は z 軸の周りの回転を生み出す演算子なので，スカラーである $L\cdot S$ と交換するのは当然だが，実際に計算すると

$$[L\cdot S, J_z] = [L\cdot S, L_z] + [L\cdot S, S_z]$$
$$= i\hbar(-L_y S_x + L_x S_y) + i\hbar(-L_x S_y + L_y S_x) = 0$$

これより，$L\cdot S$ の固有状態は J_z の固有状態にもなりうることがわかる．

(c) クーロンポテンシャルは $\frac{e^2}{4\pi\varepsilon_0 r}$ なので

$$\text{比率} \simeq \frac{\hbar^2}{2m_e^2 c^2 r^2} = \left(\frac{\hbar}{m_e c}\right)^2 \frac{1}{2r^2}$$

ここで $r = \left(\frac{\hbar}{m_e c}\right)\frac{1}{\alpha}$ とすれば

$$\text{比率} \simeq \frac{\alpha^2}{2}$$

α は小さい量なので，この比率は非常に小さい（10^{-4} 程度）．

(d) **$n=0$ のとき**：$l = m = 0$（つまり $L = 0$）なので，$j = l-\frac{1}{2}$ という状態はありえない．スピンの違い（$u_{z\pm}$）による 2 つの状態は縮退している．

$n=1$ のとき：$l=0$ については $n=0$ と同様．$l=1$（$m = 1, 0, -1$）については $j = \frac{1}{2}$（2 状態）と $j = \frac{3}{2}$（4 状態）の 2 つの準位に分離する．$L\cdot S$ が $+$ になる $j = \frac{3}{2}$ のほうがエネルギーが高い．

注 $l=0$ と $l=1$ の状態のエネルギーの大小はさらに計算しないとわからないが，類題 4.9 の 2 項を加えた上で比べると，$l=0$ と，$l=1$ の $j=\frac{1}{2}$ はエネルギーが同じであることがわかる．しかしさらに別の効果を考えると，$l=0$ のほうが比率 10^{-5} のレベルでエネルギーが低いことがわかる．これを**超微細構造**という（さらに別の効果とは，電磁場の量子論的効果および原子核のスピンの効果である）．

第5章 ブラケット表示と多体系

ポイント 1. 線形代数とブラケット表示

● a, b を何らかの複素数とし，列ベクトル（縦ベクトル）$\boldsymbol{u} = \begin{pmatrix} a \\ b \end{pmatrix}$ に対して（簡単にするため 2 成分で表す），行ベクトル（横ベクトル）$\boldsymbol{u}^\dagger$ を $\boldsymbol{u}^\dagger = \begin{pmatrix} a^* & b^* \end{pmatrix}$ と定義する．$*$ は複素共役である．$\boldsymbol{u}^\dagger$ を $\boldsymbol{u}$ の**共役ベクトル**という．

● 2 つのベクトル $\boldsymbol{u} = \begin{pmatrix} a \\ b \end{pmatrix}$, $\boldsymbol{v} = \begin{pmatrix} a' \\ b' \end{pmatrix}$ に対して**内積**を次のように定義する．

$$\text{内積：} \quad \boldsymbol{u}^\dagger \boldsymbol{v} = \begin{pmatrix} a^* & b^* \end{pmatrix} \begin{pmatrix} a' \\ b' \end{pmatrix} = a^* a' + b^* b' \tag{5.1}$$

ベクトル $\boldsymbol{u}$ と $\boldsymbol{v}$ の内積がゼロのとき，**直交**しているという．

● **大きさと規格化**　ベクトル $\boldsymbol{u}$ の自身との内積の平方根を，そのベクトルの大きさといい $|\boldsymbol{u}|$ と書く．

$$\text{大きさ：} \quad |\boldsymbol{u}|^2 = \boldsymbol{u}^\dagger \boldsymbol{u} = a^* a + b^* b = |a|^2 + |b|^2 \tag{5.2}$$

全体に何らかの定数を掛けて大きさ 1 とすることを，**規格化**するという．

● **直交基底**　規格化された直交している 2 つのベクトル $\{\boldsymbol{e}_1, \boldsymbol{e}_2\}$ のセットを考える．($\boldsymbol{e}_1^\dagger \boldsymbol{e}_1 = \boldsymbol{e}_2^\dagger \boldsymbol{e}_2 = 1, \; \boldsymbol{e}_1^\dagger \boldsymbol{e}_2 = 0$) 任意のベクトル $\boldsymbol{u}$ は

$$\boldsymbol{u} = \alpha \boldsymbol{e}_1 + \beta \boldsymbol{e}_2 \quad \text{ただし} \quad \alpha = \boldsymbol{e}_1^\dagger \boldsymbol{u}, \quad \beta = \boldsymbol{e}_2^\dagger \boldsymbol{u} \tag{5.3}$$

というように展開できる．このようなセット $\{\boldsymbol{e}_1, \boldsymbol{e}_2\}$ を，**正規直交基底**という．前章で導入した $\{\chi_{x\pm}\}, \{\chi_{y\pm}\}, \{\chi_{z\pm}\}$ は，すべて正規直交基底である．

● 行列 M に対して，行と列を入れ換え，すべての成分を複素共役にしたものを，M の**エルミート共役**といい，$M^\dagger$ と書く．$(M^\dagger)^\dagger = M$ である．

$$M = \begin{pmatrix} a & b \\ c & d \end{pmatrix} \quad \rightarrow \quad M^\dagger = \begin{pmatrix} a^* & c^* \\ b^* & d^* \end{pmatrix} \tag{5.4}$$

任意のベクトル $\boldsymbol{u}$ と $\boldsymbol{v}$ に対して次の式が成り立つ（右辺は $M^\dagger \boldsymbol{u}$ と $\boldsymbol{v}$ の内積）．

$$\boldsymbol{u}^\dagger M \boldsymbol{v} = (M^\dagger \boldsymbol{u})^\dagger \boldsymbol{v} \tag{5.5}$$

● 自身のエルミート共役と等しい行列 ($M = M^\dagger$) を，**エルミート行列**，あるいは単にエルミートであるという．対角成分が実数で，向かい合った非対角成分は互いの複素共役であることを意味する．

第 5 章　ブラケット表示と多体系

- $Mu = \lambda u$ という関係を満たすベクトル u を M の**固有ベクトル**といい，λ をその**固有値**という．n 行 n 列のエルミート行列の固有ベクトルは n 個あり，固有値はすべて実数であり，異なる固有値に対応する固有ベクトルはすべて直交する．1 つのエルミートな行列の n 個の固有ベクトルのセットから正規直交基底を作ることができる．
- 式を簡単にするため 1 変数の関数 $f(x)$ を考える．関数 $f_1(x)$ と $f_2(x)$ の内積を

$$\text{関数の内積：} \quad \int f_1^*(x) f_2(x)\, dx \tag{5.6}$$

と定義する（一方を複素共役にする）．積分範囲は状況に応じて変わる．内積がゼロであるとき，この 2 つの関数は直交しているという．同じ関数 f との内積が 1 のとき，その f は規格化されているという．

- 演算子 O に対して，f_1 と f_2 を任意の関数として

$$\int f_1^* O f_1\, dx = \int (O^\dagger f_1)^* f_2\, dx \tag{5.7}$$

という関係が成り立つ $O^\dagger$ を，O の**共役演算子**という（右辺は $O^\dagger f_1$ と f_2 の内積）．$O = O^\dagger$ であるとき，O を**エルミート演算子**という．演算子がエルミートか否かは，それが作用する関数 f にどのような条件が付いているかにも依存する．

- 演算子 O に対して，$Of = \lambda f$ という関係を満たす f を O の**固有関数**といい，λ をその固有値という．エルミート演算子の固有値は実数であり，異なる固有値に対応する固有関数はすべて，互いに直交する．

- 規格化され互いに直交する関数のセット（f_i ($i = 1, 2, \ldots$)）によって，任意の関数 f が

$$f(x) = \sum c_i f_i(x) \quad \text{ただし} \quad c_i = \int f_i^* f\, dx \tag{5.8}$$

というように展開できるとき，このセット $\{f_i\}$ を正規直交基底という．

- 波動関数 ψ で表される状態を抽象的に $|\psi\rangle$，その共役を $\langle\psi|$，内積を

$$\text{内積：} \quad \int \psi_1^* \psi_2\, dx \;\to\; \langle\psi_1|\psi_2\rangle \tag{5.9}$$

と表す方法を**ブラケット表示**という（$\langle\psi_1|$ がブラ，$|\psi_2\rangle$ がケット）．また

$$\int \psi_1^* O \psi_2\, dx \;\to\; \langle\psi_1|O|\psi_2\rangle = \langle\psi_1|O\psi_2\rangle = \langle O^\dagger \psi_1|\psi_2\rangle \tag{5.10}$$

- 実数である物理量に対応する演算子はエルミート演算子である．例：ハミルトニアン，運動量，角運動量
- 互いにエルミート共役な演算子の例：角運動量の昇降演算子 $(L_+)^\dagger = L_-$，調和振動子の生成・消滅演算子 $(a^\dagger)^\dagger = a$

理解度のチェック 1. 線形代数とブラケット表示

※類題の解答は巻末

理解 5.1 （長さと直交） (a) ベクトル $u = \begin{pmatrix} a \\ b \end{pmatrix}$ の成分がどちらも実数であるとき，式 (5.2) で定義される大きさは，通常の意味でのベクトルの長さになることを説明せよ．

(b) 式 (5.1) の内積で定義される直交性は，すべての成分が実数の場合，通常の意味でのベクトルの直交関係になることを説明せよ．

理解 5.2 （直交性と規格化） (a) $\begin{pmatrix} 1 \\ 1 \end{pmatrix}$ に直交するベクトル u を求めよ．どのような任意性があるか．

ヒント $u = \begin{pmatrix} a \\ b \end{pmatrix}$ として，直交条件を書け．

(b) それを規格化せよ．どのような任意性があるか．

理解 5.3 （共役） (a) u と v を 2 成分のベクトルとして，$(u^\dagger v)^* = v^\dagger u$ であることを証明せよ．左辺は全体の複素共役という意味である．

ヒント 複素共役の複素共役はもとに戻り $((a^*)^* = a)$，積 ab の複素共役は $(ab)^* = a^* b^*$ であることを使う．

(b) さらに，M を 2×2 の行列であり $v' = Mv$ とすると，$v'^\dagger = v^\dagger M^\dagger$ であることを示せ．

(c) $(u^\dagger M v)^* = v^\dagger M^\dagger u$ であることを証明せよ．

理解 5.4 （基底による展開） 式 (5.3) を証明せよ．

理解 5.5 （正規直交基底） ポイントで指摘したように，各パウリ行列の 2 つの固有ベクトルは直交しており，規格化すれば正規直交基底になる．そのことを，理解度のチェック 4.11 で定義した 2 つの σ_y の固有ベクトル

$$\chi_{y+} = \frac{1}{\sqrt{2}} \begin{pmatrix} 1 \\ i \end{pmatrix}, \quad \chi_{y-} = \frac{1}{\sqrt{2}} \begin{pmatrix} 1 \\ -i \end{pmatrix}$$

について確かめよ．

類題 5.1 （基底による展開） 下式の係数 α と β を式 (5.3) を使って求めよ．結果が正しいことを確認せよ．

$$\begin{pmatrix} 1 \\ 0 \end{pmatrix} = \alpha \chi_{y+} + \beta \chi_{y-}$$

第 5 章　ブラケット表示と多体系　　　　　　　　　　　　　　　　123

答 理解 5.1　(a) 実数ならば，$|u|^2 = a^2 + b^2$ だから，三平方の定理より $|u|$ は長さになる．
(b) 実数の場合は内積 (5.1) が，u と v の角度を θ として $|u||v|\cos\theta$ になることを示せばよい．これがゼロならば $\theta = \frac{\pi}{2}$，つまり直交していることがわかる．この式を証明するには，$a = |u|\cos\theta_u$,
$a' = |v|\cos\theta_v$ などを使うと

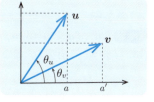

$$式 (5.1) = |u||v|(\cos\theta_u\cos\theta_v + \sin\theta_u\sin\theta_v)$$
$$= |u||v|\cos(\theta_u - \theta_v)$$

答 理解 5.2　(a) 内積 $= a + b$ だから，これがゼロになるには $b = -a$ ならばよい．すなわち
$$u = \begin{pmatrix} a \\ -a \end{pmatrix} = a\begin{pmatrix} 1 \\ -1 \end{pmatrix}$$
つまり全体を任意の数 a 倍する任意性がある．
(b) $|u|^2 = 2|a|^2 = 1$ より，$|a| = \frac{k}{\sqrt{2}}$ として，k が絶対値 1 の複素数ならばよい（$e^{i\theta}$ という形ならばよい）．

答 理解 5.3　(a) $u = \begin{pmatrix} a \\ b \end{pmatrix}$, $v = \begin{pmatrix} a' \\ b' \end{pmatrix}$ とすれば，式 (5.1) より
$$(u^\dagger v)^* = (a^*a' + b^*b')^* = (a^*)^*a'^* + (b^*)^*b'^* = aa'^* + bb'^*$$
これは $v^\dagger u$ に他ならない．
(b) M の第 1 行を $(c\ d)$ とすれば，v' の第 1 成分 $= ca' + db'$. $M^\dagger$ の第 1 列は $(c^*\ d^*)$ なので，$v'^\dagger$ の第 1 成分 $= a'^*c^* + b'^*d^*$. これは v' の第 1 成分の複素共役である．第 2 成分についても同様．
(c) $(u^\dagger M v)^* = (u^\dagger v')^* = v'^\dagger u = v^\dagger M^\dagger u$. 最後に問 (b) を使った．

答 理解 5.4　式 (5.3) と e_1 との内積を考えれば
$$e_1^\dagger u = \alpha(e_1^\dagger e_1) + \beta(e_1^\dagger e_2)$$
規格化 $e_1^\dagger e_1 = 1$ と直交性 $e_1^\dagger e_2 = 0$ より，α の式が得られる．β も u と e_2 の内積より得られる．

答 理解 5.5　$\chi_{y+}^\dagger = \frac{1}{\sqrt{2}}(1\ -i)$, $\chi_{y-}^\dagger = \frac{1}{\sqrt{2}}(1\ i)$ を使って
$$\chi_{y+}^\dagger \chi_{y+} = \chi_{y-}^\dagger \chi_{y-} = 1, \qquad \chi_{y+}^\dagger \chi_{y-} = 0$$
を確かめる．

理解 5.6（エルミート行列）(a) エルミート行列の固有値（λ と書く）は実数であることを証明せよ．すなわち

$$M\boldsymbol{u} = \lambda \boldsymbol{u}, \qquad M^\dagger = M$$

であるならば，λ が実数であること（$\lambda^* = \lambda$）を示せ．

ヒント $\boldsymbol{u}^\dagger M \boldsymbol{u}$ を $\boldsymbol{u}^\dagger (M\boldsymbol{u})$ と $(\boldsymbol{u}^\dagger M)\boldsymbol{u}$ の 2 通りの方法で計算せよ．●

(b) エルミート行列の，異なる固有値に対応する固有ベクトルは直交する，すなわち

$$M\boldsymbol{u}_1 = \lambda_1 \boldsymbol{u}_1, \qquad M\boldsymbol{u}_2 = \lambda_2 \boldsymbol{u}_2, \qquad M = M^\dagger, \qquad \lambda_1 \neq \lambda_2$$

ならば，$\boldsymbol{u}_1^\dagger \boldsymbol{u}_2 = 0$ であることを示せ．

ヒント 問 (a) と同様に $\boldsymbol{u}_1^\dagger M \boldsymbol{u}_2$ を 2 通りの方法で計算せよ．●

理解 5.7（2×2 のエルミート行列） 任意の 2×2 のエルミート行列 M は，3 つのパウリ行列と単位行列 $I = \begin{pmatrix} 1 & 0 \\ 0 & 1 \end{pmatrix}$，および実数 $c_0 \sim c_3$ を使って

$$M = c_0 I + c_1 \sigma_1 + c_2 \sigma_2 + c_3 \sigma_3$$

と書けることを示せ．

ヒント 2×2 の行列がエルミートであるという条件を，成分で表せ．●

理解 5.8（共役） $(\int \psi_2^* O \psi_1 \, dx)^* = \int \psi_1^* O^\dagger \psi_2 \, dx$ を示せ．

注 理解度のチェック 5.3(c) の関数版である．●

理解 5.9（積） (a) 2 つの演算子の積 $O_1 O_2$ のエルミート共役は $O_2^\dagger O_1^\dagger$ であること，すなわち $(O_1 O_2)^\dagger = O_2^\dagger O_1^\dagger$ であることを示せ．

(b) O_1 も O_2 もエルミートであるとき，積 $O_1 O_2$ はエルミートか．

(c) $[O_1, O_2] = i O_3$ であり，O_1 も O_2 もエルミートであるとき，O_3 もエルミートであることを示せ．

類題 5.2（共役の共役） エルミート共役のエルミート共役はもとに戻る（$((O^\dagger)^\dagger = O)$ ことを示せ．

理解 5.10（エルミート演算子） (a) エルミート演算子の固有値は実数であることを証明せよ．

(b) エルミート演算子の異なる固有値に対応する固有関数は直交することを証明せよ．

ヒント いずれもエルミート行列に関する，対応する証明と同様にすればよい．●

第5章　ブラケット表示と多体系

答 理解 5.6 (a) $M\boldsymbol{u} = \lambda \boldsymbol{u} \to \boldsymbol{u}^\dagger M^\dagger = \lambda^* \boldsymbol{u}^* \to \boldsymbol{u}^\dagger M = \lambda^* \boldsymbol{u}^\dagger$. したがって $(\boldsymbol{u}^\dagger M)\boldsymbol{u} = \lambda^* \boldsymbol{u}^\dagger \boldsymbol{u}$. 一方 $\boldsymbol{u}^\dagger(M\boldsymbol{u}) = \lambda \boldsymbol{u}^\dagger \boldsymbol{u}$ だから，$\lambda^* = \lambda$.

(b) $\boldsymbol{u}_1^\dagger(M\boldsymbol{u}_2) = \lambda_2 \boldsymbol{u}_1^\dagger \boldsymbol{u}_2$. また問 (a) より λ_1 は実数なので，$\boldsymbol{u}_1^\dagger M = \lambda_1 \boldsymbol{u}_1^\dagger$. したがって $(\boldsymbol{u}_1^\dagger M)\boldsymbol{u}_2 = \lambda_1$. 右辺どうしを比較すれば

$$\lambda_2 \boldsymbol{u}_1^\dagger \boldsymbol{u}_2 = \lambda_1 \boldsymbol{u}_1^\dagger \boldsymbol{u}_2 \quad \to \quad (\lambda_2 - \lambda_1) \boldsymbol{u}_1^\dagger \boldsymbol{u}_2 = 0$$

これより，$\lambda_2 \neq \lambda_1$ ならば，$\boldsymbol{u}_1^\dagger \boldsymbol{u}_2 = 0$.

答 理解 5.7 パウリ行列の形 (4.10) を使って計算すると，与式は

$$M = \begin{pmatrix} c_0+c_3 & c_1-ic_2 \\ c_1+ic_2 & c_0-c_3 \end{pmatrix}$$

一方，2×2 の複素行列 $\begin{pmatrix} \alpha & \beta \\ \gamma & \delta \end{pmatrix}$ がエルミートであるという条件は $\begin{pmatrix} \alpha & \beta \\ \gamma & \delta \end{pmatrix} = \begin{pmatrix} \alpha^* & \gamma^* \\ \beta^* & \delta^* \end{pmatrix}$. 成分ごとに等しいという式を考えれば，これは，$\alpha$ と δ が実数であり，$\gamma = \beta^*$ であるという条件に等しい．そこで

$$c_0 = \tfrac{1}{2}(\alpha+\delta), \qquad c_3 = \tfrac{1}{2}(\alpha-\delta), \qquad c_1-ic_2 = \beta$$

とすれば，この行列は上の M の形になる．

答 理解 5.8 積分値の複素共役は，被積分関数の複素共役の積分値だから，$(\int \psi_2^* \psi_1 \, dx)^* = \int \psi_1^* \psi_2 \, dx$ である．したがって，$O^\dagger$ の定義より

$$\left(\int \psi_2^* O \psi_1 \, dx\right)^* = \left(\int (O^\dagger \psi_2)^* \psi_1 \, dx\right)^* = \int \psi_1^* O^\dagger \psi_2 \, dx$$

答 理解 5.9 (a) 積 $O_2 O_1$ を1つの演算子とみなせば

$$\int \psi_2^* O_2 O_1 \psi_1 \, dx = \int ((O_2 O_1)^\dagger \psi_2)^* \psi_1 \, dx$$

また，$O_2(O_1 \psi_1)$ と分けて考えれば

$$\int \psi_2^* O_2(O_1 \psi_1) \, dx = \int ((O_2^\dagger \psi_2)^* O_1 \psi_1 \, dx = \int (O_1^\dagger(O_2^\dagger \psi_2))^* \psi_1 \, dx$$

だから，右辺どうしを比較すれば与式が得られる．

(b) 問 (a) より $(O_1 O_2)^\dagger = O_2 O_1$. 2つが<u>交換する</u>ならば $O_1 O_2$ になる．

(c) $[O_1, O_2]^\dagger = O_2 O_1 - O_1 O_2 = -iO_3$. <u>一方，$(iO_3)^\dagger = -iO_3^\dagger$</u> なので $O_3 = O_3^\dagger$.

答 理解 5.10 (a) $O\psi = \lambda \psi$ とすれば，$O = O^\dagger$ なので

$$\int \psi^* O \psi \, dx = \int (O\psi)^* \psi \, dx \quad \to \quad \lambda \int \psi^* \psi \, dx = \lambda^* \int \psi^* \psi \, dx$$

(b) $O\psi_1 = \lambda_1 \psi_1$，$O\psi_2 = \lambda_2 \psi_2$ より

$$\int \psi_2^* O \psi_1 \, dx = \int (O\psi_2)^* \psi_1 \, dx \quad \to \quad \lambda_1 \int \psi_2^* \psi_1 \, dx = \lambda_2 \int \psi_2^* \psi_1 \, dx$$

理解 5.11　(円周上の演算子)　(a)　円周上の各点を，ある方向を基準とした角度 ϕ で表す．この円周上で定義された微分可能な関数 $f(\phi)$ に対する演算子として

$$O = \frac{\partial}{\partial \phi}$$

を考えたとき，O のエルミート共役 $O^\dagger$ を求めよ．

ヒント　$0 \leq \phi \leq 2\pi$ だが，f が $\phi = 0$ つまり $\phi = 2\pi$ でも微分可能であるとすればそこで連続でなければならず，したがって $f(0) = f(2\pi)$ でなければならない．式 (5.7) の定義式と部分積分を使う．

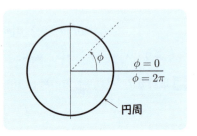

(b)　問 (a) の O に何らかの定数 c を掛けた演算子

$$O = c \frac{\partial}{\partial \phi}$$

を考える．これがエルミート演算子になるためには c はどのような数でなければならないか．

理解 5.12　(円周上のエルミート演算子)　(a)　円周上で定義された演算子，$O = -i \frac{\partial}{\partial \phi}$ の固有関数をすべて求めよ．

ヒント　前問 (b) より固有値は実数のはずである．角運動量の場合は $\hbar$ を付けるが，ここでは式を簡単にするために $\hbar = 1$ とする．

(b)　それらが互いに直交していることを確かめよ．
(c)　それらの固有関数を規格化せよ．

理解 5.13　(ブラケット表示)　以下の式をブラケット表示で書き直せ．
(a)　$\psi = a\psi_1 + b\psi_2$　(a, b は数)
(b)　$O\psi = \lambda \psi$　(O は演算子，λ は数)
(c)　$\int \psi_2^* \psi_1 \, dx$
(d)　$\int \psi_2^* O \psi_1 \, dx = \int (O^\dagger \psi_2)^* \psi_1 \, dx$　($O^\dagger$ の定義式であり恒等式)
(e)　$\int \psi_2^* O \psi_1 \, dx = \int (O\psi_2)^* \psi_1 \, dx$　(O がエルミート，すなわち $O = O^\dagger$ であるための条件を表す式)

類題 5.3　(ブラケット表示)　以下の式（すべて恒等式）をブラケット表示で書き直せ．

(a)　$(\int \psi_2^* \psi_1 \, dx)^* = \int \psi_1^* \psi_2 \, dx$
(b)　$(\int \psi_2^* O \psi_1 \, dx)^* = \int \psi_1^* O^\dagger \psi_2 \, dx$
(c)　$(\int \psi_2^* O^\dagger \psi_1 \, dx)^* = \int \psi_1^* (O^\dagger)^\dagger \psi_2 \, dx = \int \psi_1^* O \psi_2 \, dx$

第 5 章　ブラケット表示と多体系

答 理解 5.11　(a)　条件を満たす任意の関数 $f_1(\phi)$ と $f_2(\phi)$ に対して
$$\int f_1^* O f_2 \, d\phi = \int f_1^* \frac{\partial f_2}{\partial \phi} \, d\phi = \left(f_1^*(2\pi) f_1(2\pi) - f_1^*(0) f_2(0)\right) - \int \frac{\partial f_1^*}{\partial \phi} f_2 \, d\phi$$
部分積分をした．第 1 項は ヒント に書いた条件よりゼロになる．そして残りが $\int (O^\dagger f_1)^* f_2 \, d\phi$ に等しいとすれば（負号に注意）
$$O^\dagger = -\frac{\partial}{\partial \phi}$$

(b)　同じ計算により
$$\int f_1^* O f_2 \, d\phi = -\int c \frac{\partial f_1^*}{\partial \phi} f_2 \, d\phi = -\int \left(c^* \frac{\partial f_1}{\partial \phi}\right)^* f_2 \, d\phi$$
すなわち
$$O^\dagger = -c^* \frac{\partial}{\partial \phi}$$
$O = O^\dagger$ であるには $c = -c^*$，つまり c が純虚数ならばよい．角運動量演算子（理解度のチェック 4.2）はそうなっている．

答 理解 5.12　(a)　固有関数を f，固有値を m とすれば
$$-i \frac{\partial f}{\partial \phi} = mf$$
これを解けば
$$f(\phi) \propto e^{im\phi} \quad \text{（比例係数は任意）}$$
$f(0) = f(2\pi)$ より $1 = e^{i2\pi m}$．すなわち，$m =$ 任意の整数．
(b)　異なる固有関数（m と m'）の固有関数の内積を計算すると（積分範囲は $0 < \phi < 2\pi$）
$$\int (e^{im'\phi})^* e^{im\phi} \, d\phi = \int e^{i(m-m')\phi} \, d\phi \propto e^{i2\pi(m-m')} - 1$$
$m - m'$ が整数ならば右辺はゼロになる．
(c)　$m = m'$ のときは上式左辺の積分は 2π．したがって規格化された固有関数は
$$f(\phi) = \frac{1}{\sqrt{2\pi}} e^{im\phi}$$

答 理解 5.13　(a)　$|\psi\rangle = a|\psi_1\rangle + b|\psi_2\rangle$
(b)　$O|\psi\rangle = \lambda|\psi\rangle$
(c)　$\langle \psi_2|\psi_1\rangle$（$\psi_1$ と ψ_2 という状態の内積．ψ_2^* という状態ではないので $\langle \psi_2^*|$ ではない．)
(d)　左辺 $= \langle \psi_2|O|\psi_1\rangle = \langle \psi_2|O\psi_1\rangle$（$O\psi_1$ と ψ_2 という状態の内積），右辺 $= \langle O^\dagger \psi_2|\psi_1\rangle$（$\psi_1$ と $O^\dagger \psi_2$ という状態の内積).
(e)　左辺 $= \langle \psi_2|O|\psi_1\rangle = \langle \psi_2|O\psi_1\rangle$，右辺 $= \langle O\psi_2|\psi_1\rangle$.

基本問題　1. 線形代数とブラケット表示 ※類題の解答は巻末

基本 5.1　（エルミート行列）(a) $M = \begin{pmatrix} 0 & 1 \\ \alpha & 0 \end{pmatrix}$ という行列の固有値と固有ベクトルを求めよ．ただし α は何らかの定数とする．
(b) 固有ベクトルが直交している条件を求めよ．
(c) M がエルミート行列である条件を求めよ．それが問 (b) の条件に一致することを確かめよ．

基本 5.2　（表示の変換）(a) 電子のスピンの状態 χ が，規格化されたある方向のスピンの固有状態 $\chi_\pm$ を使って，$\chi = a\chi_+ + b\chi_-$ と表され，また，別の方向のスピンの固有状態 $\chi'_\pm$ を使うと $\chi = a'\chi'_+ + b'\chi'_-$ と表されるとする．$\begin{pmatrix} a' \\ b' \end{pmatrix} = M \begin{pmatrix} a \\ b \end{pmatrix}$ と書くと，行列 M の各成分はどのように表されるか．
(b) $\chi_\pm$ が式 (4.2) の $\chi_{z\pm}$，$\chi'_\pm$ が理解度のチェック 4.11 の $\chi_{y\pm}$ であるとき，M を具体的に求めよ（M がスピンの s_z 表示から s_y 表示への変換行列となる）．

基本 5.3　（円周上の演算子）(a) 理解度のチェック 5.12 によれば，円周上の演算子 $O = -i\frac{\partial}{\partial \phi}$ の固有関数は任意の整数 m で指定され，規格化すると

$$f_m(\phi) = \frac{1}{\sqrt{2\pi}} e^{im\phi}$$

円周上の任意の関数 $f(\phi)$ はこれによって展開でき

$$f(\phi) = \sum c_m f_m(\phi)$$

と書ける．展開の係数 c_m を求める式を書け．
(b) $f(\phi)$ が下記の場合に係数 c_m を計算せよ．

$$f(\phi) = \begin{cases} 1 & (0 < \phi < \pi) \\ -1 & (\pi < \phi < 2\pi) \end{cases}$$

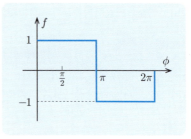

(c) 問 (b) の $f(\phi)$ の展開式で，$\phi = \frac{\pi}{2}$ とするとどのような式が得られるか．

類題 5.4　上問の $f(\phi)$ の展開式で，ϕ が以下の値のときにはどのような式になるか．
(a) $\phi = 0$
(b) $\phi = \frac{\pi}{4}$
(c) $\phi = \frac{\pi}{3}$
(d) $\phi = \pi$

第 5 章　ブラケット表示と多体系　　　　　　　　　　　　　**129**

答 基本 5.1　(a) $\begin{pmatrix} \lambda & -1 \\ -\alpha & \lambda \end{pmatrix}$ の行列式をゼロとすれば固有値は $\lambda = \pm\sqrt{\alpha}$ となる．対応する固有ベクトルは，たとえば $\begin{pmatrix} 1 \\ \pm\sqrt{\alpha} \end{pmatrix}$．

(b)　内積 $= \begin{pmatrix} 1 & -\sqrt{\alpha} \end{pmatrix} \begin{pmatrix} 1 \\ \sqrt{\alpha} \end{pmatrix} = 1 - \alpha = 0$ より，$\alpha = 1$．

(c)　M がエルミートである（実数行列になるので対称になる）条件は $\alpha = 1$ であり，問 (b) の結果と一致する．

答 基本 5.2　(a) χ'_+ と χ'_- は直交しているのだから

$$a' = \chi'^{\dagger}_+ \cdot \chi = a\chi'^{\dagger}_+ \cdot \chi_+ + b\chi'^{\dagger}_+ \cdot \chi_-$$
$$b' = \chi'^{\dagger}_- \cdot \chi = a\chi'^{\dagger}_- \cdot \chi_+ + b\chi'^{\dagger}_- \cdot \chi_-$$
$$\rightarrow \quad M = \begin{pmatrix} \chi'^{\dagger}_+ \cdot \chi_+ & \chi'^{\dagger}_+ \cdot \chi_- \\ \chi'^{\dagger}_- \cdot \chi_+ & \chi'^{\dagger}_- \cdot \chi_- \end{pmatrix}$$

(b)　$\chi'^{\dagger}_+ \cdot \chi_+ = \chi^{\dagger}_{y+} \cdot \chi_{z+} = \frac{1}{\sqrt{2}} \begin{pmatrix} 1 & -i \end{pmatrix} \begin{pmatrix} 1 \\ 0 \end{pmatrix} = \frac{1}{\sqrt{2}}$ などより

$$M = \frac{1}{\sqrt{2}} \begin{pmatrix} 1 & -i \\ 1 & i \end{pmatrix}$$

答 基本 5.3　(a) 両辺に $f^*_{m_0}(\phi)$ を掛けて積分すると，f_m の直交性と規格化条件より

$$\int f^*_{m_0} f \, d\phi = \sum c_m \int f^*_{m_0} f_m \, d\phi = c_{m_0}$$

m_0 を m と書き直せば

$$c_m = \int f^*_m f \, d\phi$$

(b)　f の値を具体的に代入すれば

$$c_m = \frac{1}{\sqrt{2\pi}} \int_0^\pi d\phi - \frac{1}{\sqrt{2\pi}} \int_\pi^{2\pi} e^{-im\phi} \, d\phi$$
$$= \frac{1}{\sqrt{2\pi}} \frac{i}{m} \left((e^{-im\pi} - 1) - (e^{-2im\pi} - e^{-im\pi}) \right)$$
$$= \begin{cases} -\frac{4i}{\sqrt{2\pi}} \frac{1}{m} & (m \text{ が奇数のとき}) \\ 0 & (m \text{ が偶数のとき}) \end{cases}$$

$$f(\phi) = \sum_{m=\text{奇数}} \left(-\frac{4i}{\sqrt{2\pi}} \right) \frac{1}{m} \frac{1}{\sqrt{2\pi}} e^{im\phi} = \frac{4}{\pi} \sum_{m=\text{正の奇数}} \frac{\sin(m\phi)}{m}$$

(c)　$f\left(\frac{\pi}{2}\right) = 1$ なので，$1 = \frac{4}{\pi} \sum_{m=\text{正の奇数}} \frac{\sin\left(\frac{m\pi}{2}\right)}{m}$. すなわち

$$\frac{\pi}{4} = 1 - \frac{1}{3} + \frac{1}{5} - \frac{1}{7} + \cdots$$

ライプニッツの公式，あるいはグレゴリーの公式と呼ばれている．

基本 5.4（円周上の演算子）(a) 円周上の関数に対して定義された演算子 $O = -\frac{\partial^2}{\partial \phi^2}$ の固有関数を $\sin, \cos$ の線形結合で表せ．ただし，$f(0) = f(2\pi)$, $\frac{\partial f}{\partial \phi}\big|_0 = \frac{\partial f}{\partial \phi}\big|_{2\pi}$ であるとする．

注 2階微分が定義できるように，1階微分は $\phi = 0 \, (\phi = 2\pi)$ で連続であるとする．●

(b) 基本問題 5.3 の指数関数の場合との関係を説明せよ．

類題 5.5 (a) 前問で固有関数を $e^{\pm im\phi}$ とすれば，これらは互いに直交する（理解度のチェック 5.12）．一方，前問の解答のように，$\sin$ と $\cos$ とに分けても，互いに直交していることを示せ．

(b) それらを規格化し，任意の円周上の関数 $f(\phi)$ の，それらによる展開式を書き，その係数を計算する式を求めよ．

基本 5.5（井戸型ポテンシャル）(a) 両側の無限大の壁によって $0 < x < L$ の領域に閉じ込められた粒子のハミルトニアンは，この領域内で

$$H = -\frac{\hbar^2}{2m}\frac{\partial^2}{\partial x^2}$$

である．この演算子がエルミートであることを示せ．

ヒント $\int \psi_1^* H \psi_2 \, dx = \int (H\psi_1)^* \psi_2 \, dx$ を証明する．ψ_1 と ψ_2 は境界条件 $\psi(0) = \psi(L) = 0$ を満たす任意の関数である．●

(b) この系の n 番目のエネルギー固有状態は，A_n を任意の係数として

$$\psi_n(x) = A_n \sin k_n x \quad \text{ただし} \quad k_n = \frac{\pi}{L} n \quad (n = 1, 2, \ldots)$$

である（理解度のチェック 3.3 (c)）．異なる状態は直交していることを示せ．

(c) 規格化して係数 A_n を定めよ．

(d)

$$f(x) = \begin{cases} 1 & (0 < x < \frac{L}{2}) \\ -1 & (\frac{L}{2} < x < L) \end{cases}$$

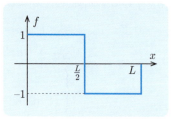

という関数を上記の ψ_n で展開せよ．

(e) 展開した式で $x = \frac{L}{4}$ とした場合はどのような式になるか．

類題 5.6 (a) 上問で，全領域 $(0 < x < L)$ で $f(x) = 1$ のときの展開式を求めよ．

(b) その式で $\phi = \frac{L}{2}$ とするとどうなるか．

(c) $\phi = 0$ とするとどうなるか．

第 5 章　ブラケット表示と多体系　　　　　　　　　　　　　　**131**

答 基本 5.4 (a) 固有値を λ とする．$-\frac{\partial^2 f}{\partial \phi^2} = \lambda f$ という式は単振動の式なので，一般解は

$$f = A\cos(\sqrt{\lambda}\,\phi) + B\sin(\sqrt{\lambda}\,\phi)$$

A と B は任意の数．与えられた条件より，m を任意の非負整数として，$\sqrt{\lambda} = m$ すなわち $\lambda = m^2$ であればよい．

(b) 1 つの固有値 λ に対して固有関数が 2 つあり，組み合わせ方によってさまざまな形になる．たとえば $B = \pm iA$ とすれば，オイラーの公式より $f \propto e^{\pm im\phi}$ となり，基本問題 5.3 の指数関数に一致する．また $B = 0$ の場合（cos だけ）と $A = 0$ の場合（sin だけ）に分ければ，次の類題 5.5 の設定になる．

答 基本 5.5 (a) $-\frac{\hbar^2}{2m}$ は定数で両辺共通だから，省略して **ヒント** の式を書く．

$$\int \psi_1^* \frac{\partial^2 \psi_2}{\partial x^2}\,dx = \psi_1^* \frac{\partial \psi_2}{\partial x}\Big|_0^L - \int \frac{\partial \psi_1^*}{\partial x} \frac{\partial \psi_2}{\partial x}\,dx$$

右辺第 1 項は境界条件からゼロになり，さらにもう一度部分積分をすると

$$上式 = -\frac{\partial \psi_1^*}{\partial x}\psi_2\Big|_0^L + \int \frac{\partial^2 \psi_1^*}{\partial x^2}\psi_2\,dx$$

右辺第 1 項はゼロなので，**ヒント** の式が証明ができた．

(b)
$$\int \sin k_n x \sin k'_n x = \frac{1}{2}\int \bigl(\cos(k_n - k'_n)x - \cos(k_n + k'_n)x\bigr)\,dx$$

$k_n \neq k'_n$ であり，どちらも条件式を満たしていれば，右辺の積分はゼロである．

(c) 問 (b) の積分は $k_n = k'_n$ のときは $\frac{L}{2}$ なので，$A_n = \sqrt{\frac{2}{L}}$ とすればよい．

(d) $f(x) = \sum_n c_n \psi_n$ とすれば（ψ_n は規格化されているとする），展開係数 c_n は，

$$c_n = \int \psi_n f(x)\,dx = A_n \Bigl(\int_0^{\frac{L}{2}} \sin k_n x\,dx - \int_{\frac{L}{2}}^L \sin k_n x\,dx\Bigr)$$
$$= \frac{A_n}{k_n}\bigl(-(\cos k_n \tfrac{L}{2} - 1) + (\cos k_n L - \cos k_n \tfrac{L}{2})\bigr)$$
$$= \begin{cases} \frac{\sqrt{2L}}{\pi n} 2\bigl(1 - (-1)^{\frac{n}{2}}\bigr) & (n：偶数\ (>0)) \\ 0 & (n：奇数) \end{cases}$$

(e) 結局，$f(x) = \sum_{n 偶数} \frac{4}{\pi} \frac{1}{n}\bigl(1 - (-1)^{\frac{n}{2}}\bigr)\sin\bigl(\frac{\pi}{L}nx\bigr)$ なので，$x = \frac{L}{4}$ を代入すると ($n = 2, 6, 10, \ldots$ のとき $\sin \pi \frac{n}{4} = -(-1)^{\frac{n}{2}}$ であることを使うと)

$$1 = \frac{4}{\pi}\Bigl(\frac{2}{2} - \frac{2}{6} + \frac{2}{10} - \cdots\Bigr)$$

これは基本問題 5.2 (c) で得た式と同じである．

基本 5.6 （2次元のハミルトニアン） (a) 領域 $-\infty < x < \infty$ で定義されるハミルトニアン

$$H = -\frac{\hbar^2}{2m}\frac{\partial^2}{\partial x^2} + U(x)$$

がエルミートであることを示せ．ただし $x \to \pm\infty$ で $\psi(x) \to 0$ という条件のもとで考えよ．

(b) 2次元でも，H をデカルト座標 (x,y) で書けば，それがエルミートであることは問 (a) と同様にして証明できる．では極座標で書いた式（類題 3.4 あるいは基本問題 3.7）

$$H = -\frac{\hbar^2}{2m}\left(\frac{1}{r}\frac{\partial}{\partial r}\left(r\frac{\partial}{\partial r}\right) + \frac{1}{r^2}\frac{\partial^2}{\partial \theta^2}\right) + U$$

の場合，これがエルミートであることはどのようにして証明できるか．部分積分の表面項（第1項）は適切な条件によってなくなると考えてよい．

ヒント 極座標では2次元積分は，$\int f(r,\theta)\,r\,dr\,d\theta$ となることに注意．

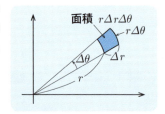
面積 $r\Delta r\Delta\theta$
$r\Delta\theta$
$\Delta\theta$
Δr
r

(c) 3次元の球座標では，H は式 (3.9) および式 (3.10) のようになる．問 (b) と同様にして，これがエルミートであることを示せ．

ヒント 球座標では3次元積分は，
$\int f(r,\theta)r^2 \sin\theta\,dr\,d\theta\,d\phi$ となることに注意（解答の **解説** も参照）．

類題 5.7 （球関数の直交性） (a) 演算子としての角運動量ベクトルの2乗 $\boldsymbol{L}^2$ は，エルミートである理由を述べよ．

ヒント L_z は理解度のチェック 5.11(b) よりエルミートなので，他の成分もエルミートである．

(b) 球関数 Y_{lm} は，エルミート演算子 L_z と $\boldsymbol{L}^2$ の固有関数なので，l と m のいずれかが異なれば直交するはずである．直交関係は

$$\int (Y_{lm})^* Y_{l'm'} \sin\theta\,d\theta\,d\phi = 0$$

と表される（ただし少なくとも $l \neq l'$, $m \neq m'$ のいずれかが成り立っているとする）（基本問題 3.12 も参照）．$m \neq m'$ であるとき上式が成り立っていることを示せ．

(c) $m = m'$ だが $l \neq l'$ であるとき上式が成り立っていることを示せ．

答 基本 5.6 (a) 基本問題 5.5 と同様に部分積分をすればよい．**表面項**（部分積分の第 1 項のこと）は本問では無限遠での値になるが，そこでは $\psi \to 0$ なのでなくなる．また，U は実数なので，$\int \psi_2^* U \psi_1 \, dx = \int (U\psi_2)^* \psi_1 \, dx$ である．

(b) 角度部分 $\frac{\partial^2}{\partial \theta^2}$ のエルミート性は理解度のチェック 5.11 の解答と同様に証明できるので，$O = \frac{1}{r} \frac{\partial}{\partial r} \left(r \frac{\partial}{\partial r} \right)$ のエルミート性を証明すればよい．まず

$$\int \psi_2^* O \psi_1 r \, dr \, d\theta = \int \psi_2^* \frac{\partial}{\partial r} \left(r \frac{\partial}{\partial r} \right) O \psi_1 \, dr \, d\theta$$

である．O の最初の $\frac{1}{r}$ と積分公式の r が打ち消し合うことに注意．以下，2 回，部分積分をする．最初の r が消えているので，$\frac{\partial}{\partial r} \left(r \frac{\partial}{\partial r} \right)$ がそのままの形で ψ_2 側に移動する．ただし $r \to \infty$ では $\psi_i \to 0$，$r = 0$ では ψ_i もその微分も有限であるとして，表面項はなくなるとすると

$$上式 = \int \frac{\partial}{\partial r} \left(r \frac{\partial}{\partial r} \right) \psi_2^* \psi_1 \, dr \, d\theta = \int (O\psi_2)^* \psi_1 r \, dr \, d\theta$$

これは $O^\dagger = O$ であることを意味する．

解説 H の第 1 項は単純に考えれば $\frac{\partial^2}{\partial r^2}$ でよさそうだが，なぜ r という因子がはさまっているのだろうか．その理由が本問 (b) からわかるだろう． ●

(c) ϕ 微分の部分は簡単な形なので問題ない．

θ 微分の部分は，最初に $\frac{1}{\sin\theta}$ があり，微分の間に $\sin\theta$ があるのが特徴である．最初の $\frac{1}{\sin\theta}$ は積分公式の $\sin\theta$ と打ち消し合い，部分積分によって，$\frac{\partial}{\partial \theta} \left(\sin\theta \frac{\partial}{\partial \theta} \right)$ という形が ψ_1 から ψ_2 側に移る．$\theta = 0$ と π で ψ は有限であるとすれば，$\sin\theta = 0$ なので，表面項はなくなる．

r 微分の部分は，最初の $\frac{1}{r^2}$ が積分公式の r^2 と打ち消し合い，部分積分によって，$\frac{\partial}{\partial r} \left(r^2 \frac{\partial}{\partial r} \right)$ という形が ψ_1 から ψ_2 側に移る．表面項については問 (b) と同じ．

解説 球座標での r 方向の変化は Δr，θ 方向の変化は $r\Delta\theta$，ϕ 方向の変化は $r\sin\theta\,\Delta\phi$ となるので，それらを掛け合わせれば **ヒント** の積分公式になる．

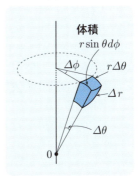
体積
$r\sin\theta d\phi$
$\Delta\phi$
$r\Delta\theta$
Δr
$\Delta\theta$

またこのことから単純に考えれば

$$H \propto \frac{\partial^2}{\partial r^2} + \frac{1}{r^2}\left(\frac{\partial^2}{\partial \theta^2} + \frac{1}{\sin^2\theta}\frac{\partial^2}{\partial \phi^2}\right)$$

となりそうだが，それではまずいことが前問 (c) からわかる． ●

基本 5.7（角運動量の期待値） (a) 任意の状態 $|\psi\rangle$ に対して
$$\langle\psi|\boldsymbol{L}^2|\psi\rangle \geqq \langle\psi|L_z^2|\psi\rangle$$
を証明せよ（基本問題 4.1 で使った関係である）.

ヒント L_x のエルミート性を使って，$\langle\psi|L_x^2|\psi\rangle \geqq 0$ などを証明する.

基本 5.8（上昇演算子） (a) 上昇演算子 $L_+ = L_x + iL_y$ は，角運動量の状態 (l,m) を $(l,m+1)$ に移す（基本問題 4.1）．ブラケット表示で書けば $L_+|l,m\rangle \propto |l,m+1\rangle$ である．この関係の係数を求めよう．まず，$L_+|l,m\rangle = a_{lm}|l,m+1\rangle$ とする．この式のエルミート共役を書け.

ヒント $i^* = -i$ なので，$L_+^\dagger = L_-$ である.

(b) $\langle l,m|\boldsymbol{L}^2|l,m\rangle = \hbar^2 l(l+1)$ という関係の左辺を，基本問題 4.1(b) の 2 番目の式と問 (a) の結果を使って計算し，それから上記の a_{lm} を求めよ.

基本 5.9（生成／消滅演算子） (a) 調和振動子のハミルトニアン $H = -\frac{\hbar^2}{2m}\frac{d^2}{dx^2} + \frac{1}{2}m\omega x^2$ は

$$a = \frac{1}{\sqrt{2\beta}}\left(\beta x + \frac{d}{dx}\right), \quad a^\dagger = \frac{1}{\sqrt{2\beta}}\left(\beta x - \frac{d}{dx}\right) \quad (*)$$

とすると $\left(\beta = \frac{m\omega}{\hbar}\right)$

$$H = \hbar\omega\left(a^\dagger a + \frac{1}{2}\right) \quad (**)$$

と書ける．そして $a\psi_0 = 0$ という式を満たす状態 ψ_0 が基底状態であり，$\psi_n = (a^\dagger)^n \psi_0$ が，エネルギー $E_n = \hbar\omega\left(n+\frac{1}{2}\right)$ の第 n 励起状態になる（規格化はされていない）．以上のことはすでに応用問題 3.2 で示したが，本章で学んだことを使って改めて見直してみよう．

(a) 式 (*) の $a^\dagger$ は，この記法通り，a のエルミート共役であることを示せ．

(b) H の固有値は $\frac{1}{2}\hbar\omega$ 以上であることを示せ（このことより，$a|0\rangle = 0$ という式を満たす状態 $|0\rangle$ がエネルギー $\frac{1}{2}\hbar\omega$ の基底状態であることがわかる）．

(c) $|n\rangle = K_n a^{\dagger n}|0\rangle$ という状態を定義すると，これが $H|n\rangle = E_n|n\rangle$ であることを示せ．K_n は規格化のための係数である．

(d) 規格化 $\langle n|n\rangle = 1$ によって係数 K_n を決めよ（$\langle 0|0\rangle = 1$ は成り立つとする）．

(e) $a^\dagger|n\rangle = a_n|n+1\rangle$ と書いたときの係数 a_n を求めよ．

(f) a を掛けると逆に n が 1 つ減る．すなわち $a|n\rangle = b_n|n-1\rangle$ となる．係数 b_n を求めよ（これらの性質により $a^\dagger$, a はそれぞれ，**生成／消滅演算子**と呼ばれる）．

答 基本 5.7
$$\langle\psi|\boldsymbol{L}^2|\psi\rangle - \langle\psi|L_z^2|\psi\rangle = \langle\psi|L_x^2|\psi\rangle + \langle\psi|L_y^2|\psi\rangle \quad (*)$$
だが，たとえば $L_x|\psi\rangle = |\psi'\rangle$ と書くと，L_x はエルミートなので
$$\langle\psi'| = \langle\psi|L_x^\dagger = \langle\psi|L_x$$
したがって，$\langle\psi|L_x^2|\psi\rangle = \langle\psi'|\psi'\rangle = \int \psi'^*\psi'\,dx\,dy\,dz \geqq 0$. 同様に $\langle\psi|L_y^2|\psi\rangle \geqq 0$ なので，式 $(*) \geqq 0$ が証明された．

答 基本 5.8 (a) ヒントの関係より，$\langle l,m|L_- = a_{lm}^*\langle l,m+1|$.
(b)
$$\langle l,m|\boldsymbol{L}^2|l,m\rangle = \langle l,m|L_-L_+ + L_z^2 + \hbar L_z|l,m\rangle$$
$$= |a_{lm}|^2 + \hbar^2 m^2 + \hbar^2 m$$
これが $\hbar^2 l(l+1)$ に等しいのだから
$$|a_{lm}|^2 = \hbar^2 l(l+1) - \hbar^2 m^2 - \hbar^2 m = \hbar^2(l-m)(l+m+1)$$
a_{lm} には絶対値 1 の係数の任意性があるが，それは $|l,m\rangle$ の同様の任意性と連動している（下降演算子の係数は応用問題 5.3 で求める）．

答 基本 5.9 (a) 運動量を使うと $a \propto \beta x - \frac{i}{\hbar}p$ となるが，x と p はエルミートなので，a のエルミート共役は $\beta x + \frac{i}{\hbar}p \ (\propto a^\dagger)$ となる（部分積分で直接証明することもできる）．
(b) 任意の状態 $|\psi\rangle$ に対して $a|\psi\rangle = |\psi'\rangle$ とすると，エルミート共役より $\langle\psi'| = \langle\psi|a^\dagger$ なので，$\langle\psi|a^\dagger a|\psi\rangle = \langle\psi'|\psi'\rangle \geqq 0$. したがって $\langle\psi|H|\psi\rangle \geqq \frac{1}{2}\hbar\omega$.
(c) $[a, a^{\dagger n}] = na^{\dagger n-1}$（この計算は，詳しくは応用問題 3.2 を参照していただきたい）．したがって，$a|0\rangle = 0$ も使って
$$(a^\dagger a)a^{\dagger n}|0\rangle = a^\dagger(a^{\dagger n}a + na^{\dagger n-1})|0\rangle = na^{\dagger n}|0\rangle$$
(d)
$$1 = \langle n|n\rangle = |K_n|^2\langle 0|a^n a^{\dagger n}|0\rangle = |K_n|^2\langle 0|a^{n-1}[a, a^{\dagger n}]|0\rangle$$
$$= |K_n|^2 n\langle 0|a^{n-1}a^{\dagger n-1}|0\rangle$$
このようにして a を 1 つずつ右に移動すると
$$上式 = |K_n|^2 n!\langle 0|0\rangle = 1 \ \rightarrow \ K_n = \frac{1}{\sqrt{n!}}$$
(e) $a^\dagger|n\rangle = \frac{1}{\sqrt{n!}}a^{\dagger n+1}|0\rangle = \sqrt{n+1}\frac{1}{\sqrt{(n+1)!}}a^{\dagger n+1}|0\rangle = \sqrt{n+1}\,|n+1\rangle$
(f) 問 (c) 解答の交換関係と問 (d) の K_n を使えば $a|n\rangle = \sqrt{n}\,|n-1\rangle$ となる．

応用問題　1. 線形代数とブラケット表示　※類題の解答は巻末

応用 5.1（運動量演算子と周期的境界条件）　(a)　円周上の演算子 $-i\hbar\frac{\partial}{\partial\phi}$ のエルミート性には $f(0)=f(\phi)$ という条件が重要だったが（理解度のチェック 5.12），運動量演算子 $-i\hbar\frac{\partial}{\partial x}$ のエルミート性も無条件では成り立たない．実際，条件を付けないと，その固有値は実数には限定されないことを示せ．

(b)　運動量演算子をエルミート演算子として定義するには，通常，次のようなトリックを使う．まず，対象とする波動関数 ψ は $-L \leq x \leq L$ でのみ定義され，条件 $\psi(-L)=\psi(L)$ を満たしているとする（**周期的境界条件**）．そのとき $-i\hbar\frac{\partial}{\partial x}$ はエルミートであることを示せ．

(c)　問 (b) の状況で，$-i\hbar\frac{\partial}{\partial x}$ の固有値（$\hbar k$ と書く）とその固有関数 $\psi_k(x)$ を求めよ．また ψ_k を規格化せよ（k は離散的になることに注意）．

(d)　離散的に定まる各 k を k_n と表す（n は整数）．任意の関数 $\psi(x)$ を，規格化した ψ_{k_n} で次のように展開したとき，展開係数 c_n を求める式も書け．

$$\psi(x)=\sum_n c_n \psi_{k_n}(x) \tag{$*$}$$

(e)　極限 $L\to\infty$ では k_n は連続的に変わる変数になる．したがって k_n についての和は積分の形にしなければならない．展開係数もうまく再定義して $L\to\infty$ で意味のある式にすると，以下の2式が得られることを示せ．

$$\psi(x)=\tfrac{1}{\sqrt{2\pi}}\int \widetilde{\psi}(k)\,e^{ikx}\,dk \tag{$**$}$$

$$\widetilde{\psi}(k)=\tfrac{1}{\sqrt{2\pi}}\int \psi(x)\,e^{-ikx}\,dx \tag{$***$}$$

ただし $\widetilde{\psi}(k)$ は再定義された展開係数である．

解説　第1式は $\psi(x)$ を e^{ikx} で展開する式，第2式はその展開係数を求める式である．第2式を $\psi(x)$ の**フーリエ変換**，第1式を**逆フーリエ変換**という．●

応用 5.2（δ 関数による規格化）　(a)　前問式 $(*)$ を使うと

$$\int |\psi(x)|^2\,dx = \sum_n |c_n|^2$$

だが，これは $\int |\widetilde{\psi}(k)|^2\,dk$ に等しいことを示せ．

(b)　$\int |\psi(x)|^2\,dx = \int |\widetilde{\psi}(k)|^2\,dk$ に前問式 $(**)$ を代入して得られる式を

$$\delta(K) = \tfrac{1}{2\pi}\int_{-\infty}^{\infty} e^{iKx}\,dx$$

という記号を使って表せ（**ディラックの δ 関数**と呼ばれる）．

(c)　問 (b) の結果は，$\delta(K)$ という関数がどのようなものであることを意味するか．

第5章　ブラケット表示と多体系

答 応用 5.1　(a)　固有値を α として $-i\hbar \frac{\partial \psi}{\partial x} = \alpha \psi$ とすると，α が実数でなくても，$\psi \propto e^{\frac{i}{\hbar}\alpha x}$ という解が存在する．

(b)　周期的境界条件を満たす ψ_1, ψ_2 に対しては，部分積分によって
$$\int \psi_2^* \left(-i\hbar \frac{\partial \psi_1}{\partial x}\right) dx = \int \left(-i\hbar \frac{\partial \psi_2}{\partial x}\right)^* \psi_1 \, dx$$
($i^* = -i$ に注意)．これは $-i\hbar \frac{\partial}{\partial x}$ がエルミートであることを意味する．

(c)　$-i\hbar \frac{\partial \psi_k}{\partial x} = \hbar k \psi_k$ の解は，係数を A として $\psi_k = A e^{ikx}$．境界条件より $e^{-ikL} = e^{ikL}$．すなわち
$$k = k_n = \frac{\pi n}{L} \quad (n \text{ は正負の任意の整数})$$
規格化は
$$1 = |A|^2 \int |e^{ik_n x}|^2 \, dx = |A|^2 L \quad \to \quad A = \frac{1}{\sqrt{2L}}$$

(d)　$\psi(x) = \sum_n \frac{1}{\sqrt{2L}} c_n e^{ik_n x}$ なので，式 (5.6) より
$$c_n = \frac{1}{\sqrt{2L}} \int e^{-ik_n x} \psi(x) \, dx$$

(e)　n についての和 $\sum_n \cdots$ を積分に直すと $\int \cdots \frac{L}{\pi} dk$ となるので，上式は
$$\psi(x) = \frac{1}{\pi} \sqrt{\frac{L}{2}} \int c_n e^{ikx} \, dk$$
このままでは $L \to \infty$ にはできないが，$\sqrt{\frac{L}{\pi}} c_n = \widetilde{\psi}(k)$ と係数を再定義すると与式の1番目が得られ，問 (d) の c_n の式から与式の2番目が得られる．

答 応用 5.2　(a)　前問 (e) の解答と同様に和を積分に置き換え，c_n を $\widetilde{\psi}(k)$ に置き換えればよい．

(b)
$$\int |\psi(x)|^2 \, dx = \frac{1}{2\pi} \int \left(\int e^{-ikx} \widetilde{\psi}(k) \, dk\right) \left(\int \widetilde{\psi}(k') e^{ik'x} dk'\right) dx$$
$$= \frac{1}{2\pi} \iint \widetilde{\psi}(k)^* \widetilde{\psi}(k') \left(\int e^{i(k'-k)x} \, dx\right) dk \, dk'$$
$$= \iint \widetilde{\psi}(k)^* \widetilde{\psi}(k') \delta(k'-k) \, dk \, dk'$$
これが $\int \widetilde{\psi}(k)^* \widetilde{\psi}(k) \, dk$ に等しい，というのが求める式である．

(c)　問 (b) の結果は任意の $\widetilde{\psi}(k)$ に対して成り立つ．したがって $\delta(k'-k)$ は $k \neq k'$ のときは 0，$k'=k$ のときは無限大，また $\int \delta(K) \, dK = 1$ となっていなければならない (そうであれば $\int \widetilde{\psi}(k') \delta(k'-k) \, dk' = \widetilde{\psi}(k) \int \delta(k'-k) \, dk' = \widetilde{\psi}(k)$ となる)．

解説　前問式 (∗∗) は，$\psi(x)$ を $f_k(x) = \frac{1}{\sqrt{2\pi}} e^{ikx}$ で展開する式であり，その直交性と大きさ (規格化) が $\int f_{k'}^*(x) f_k(x) \, dx = \delta(k'-k)$ と表される．固有関数が連続変数 k で指定されるときは，このように δ 関数を使って規格化をする．

応用 5.3 (下降演算子の係数)　(a)　上昇演算子の関係 $L_+|l,m\rangle = a_{lm}|l,m+1\rangle$ を使って，下降演算子 $L_-|l,m\rangle = b_{lm}|l,m-1\rangle$ としたときの係数 b_{lm} を求めよ．

ヒント　$L_+^\dagger = L_-$ である．また，$|a_{lm}| = \hbar\sqrt{(l-m)(l+m+1)}$ であった．

(b)　問 (a) の答えは，L_- が満たすべき関係式 $(L_-|l,-l\rangle = 0)$ と合致しているか．

応用 5.4 ($l=1$ の場合)　(a)　基本問題 3.12 より

$$Y_{10} = \sqrt{\tfrac{3}{4\pi}}\cos\theta = \sqrt{\tfrac{3}{4\pi}}\frac{z}{r}$$

$$Y_{1\pm 1} = \mp\sqrt{\tfrac{3}{8\pi}}\sin\theta\, e^{\pm i\phi} = \mp\sqrt{\tfrac{3}{8\pi}}\frac{1}{r}(x\pm iy)$$

である．$L_+Y_{10} = a_{10}Y_{11} = \sqrt{2}\,\hbar Y_{11}$, $L_-Y_{00} = b_{10}Y_{1-1} = \sqrt{2}\,\hbar Y_{1-1}$ であることを示せ．

ヒント　$L_\pm = -i\hbar\left(\left(y\frac{\partial}{\partial z} - z\frac{\partial}{\partial y}\right) \pm i\left(z\frac{\partial}{\partial x} - x\frac{\partial}{\partial z}\right)\right)$ を使う．$\boldsymbol{L}\left(\frac{1}{r}\right) = 0$ なので，分母の r は定数だとみなしてよい．

応用 5.5 (L と S の合成)　(a)　原子内の電子の全角運動量は，演算子としては軌道角運動量 $\boldsymbol{L}$ とスピン $\boldsymbol{S}$ の和である ($\boldsymbol{J} = \boldsymbol{L} + \boldsymbol{S}$)．そして，状態を j ($\boldsymbol{J}$ の大きさ) と j_z で表すとすれば，$j = l \pm \frac{1}{2}$ であることを応用問題 4.7 で説明した．それぞれの j について，各 j_z の状態 (ブラケット表示で $|j,j_z\rangle$ と書く) を具体的に計算してみよう．(l,m), スピンが $\pm\frac{1}{2}$ の状態を $|l,m,\pm\rangle$ と表す．これらの状態の位相はすべて，a_{lm} や b_{lm} が正の実数になるように決められると考えてよい．

まず，$j = l + \frac{1}{2}$, 最大値 $j_z = j$ にするには，$|l,l,+\rangle$ しかない．すなわち

$$\left|l+\tfrac{1}{2}, l+\tfrac{1}{2}\right\rangle = |l,l,+\rangle$$

次に $j = l + \frac{1}{2}$, $j_z = j - 1$ の状態 ($\left|l+\tfrac{1}{2}, l-\tfrac{1}{2}\right\rangle$) を求めるには，下降演算子 J_- ($= L_- + S_-$) を掛ければよい．応用問題 5.3 で求めた係数を使って具体的に求めよ．

(b)　次に，$j = l - \frac{1}{2}$ の状態を考える．最大値 $j_z = j$ の状態 ($\left|l-\tfrac{1}{2}, l-\tfrac{1}{2}\right\rangle$) を，

$$J_+\left|l-\tfrac{1}{2}, l-\tfrac{1}{2}\right\rangle = 0$$

という条件から求めよ．

ヒント　この状態は j_z の値から $\alpha|l,l-1,+\rangle + \beta|l,l,-\rangle$ という形のはずである．

(c)　問 (a) で求めた状態と問 (b) で求めた状態が直交していることを示せ．

解説　j の値が異なる状態なので，直交しているはずである．

(d)　逆に，問 (a) の状態に直交しているという条件から，問 (b) の解答を求めよ．

第5章 ブラケット表示と多体系

答 応用 5.3 ブラケット表示の状態はすべて規格化されているとするので
$$\langle l, m+1 | L_+ | l, m \rangle = a_{lm} \langle l, m+1 | l, m+1 \rangle = a_{lm}$$
これの複素共役を取ると，
$$\langle l, m+1 | L_+ | l, m \rangle^* = \langle l, m | L_- | l, m+1 \rangle = a_{lm}^*$$
$L_- | l, m+1 \rangle = b_{l\,m+1} | l, m \rangle$ なので，$|b_{l\,m+1}| = |a_{lm}|$ だが，m を 1 ずらせば
$$|b_{lm}| = \hbar \sqrt{(l+m)(l-m+1)}$$
b_{lm} を実数としておけば（基本問題 5.7 の解答参照）絶対値の記号はいらない．
(b) $m = -l$ とすれば $b_{lm} = 0$ となる（同様に $l = m$ とすれば $a_{lm} = 0$ である）．

答 応用 5.4 $-i\hbar(y\frac{\partial}{\partial z} \mp ix\frac{\partial}{\partial z})z = -i\hbar(y \mp ix) = \mp \hbar(x+iy)$ であることを使えば，符号，係数まで正しいことが示せる．Y_{11} に負号を付けて定義するのは，このためである．

答 応用 5.5 (a) $\boldsymbol{L}$ についての式は，角運動量ならば $\boldsymbol{J}$ や $\boldsymbol{S}$ にも使えるので
$$b_{l+\frac{1}{2}\,l+\frac{1}{2}} = \hbar\sqrt{2l+1}, \qquad b_{ll} = \hbar\sqrt{2l}, \qquad b_{\frac{1}{2}\,\frac{1}{2}} = \hbar$$
したがって，
$$J_- \left| l+\tfrac{1}{2}, l+\tfrac{1}{2} \right\rangle = \hbar\sqrt{2l+1} \left| l+\tfrac{1}{2}, l-\tfrac{1}{2} \right\rangle$$
$$(L_- + S_-) | l, l, + \rangle = \hbar\sqrt{2l}\, | l, l-1, + \rangle + \hbar | l, l, - \rangle$$
これらが等しいということから
$$\left| l+\tfrac{1}{2}, l-\tfrac{1}{2} \right\rangle = \sqrt{\tfrac{2l}{2l+1}}\, | l, l-1, + \rangle + \tfrac{1}{\sqrt{2l+1}}\, | l, l, - \rangle$$
(b) **ヒント** の式に J_+ を掛けたらゼロになる．$a_{l\,l-1} = \hbar\sqrt{2l}$，$a_{\frac{1}{2}\,-\frac{1}{2}} = \hbar$ より
$$J_+(\alpha | l, l-1, + \rangle + \beta | l, l, - \rangle) = \hbar\sqrt{2l}\,\alpha + \hbar\beta = 0$$
より，$\frac{\alpha}{\beta} = -\frac{1}{\sqrt{2l}}$．規格化するには $|\alpha|^2 + |\beta|^2 = 1$ とすればよい．
(c) 異なる状態は直交しているので，同じ状態どうしの内積を考えればよい．
$$\left\langle l+\tfrac{1}{2}, l-\tfrac{1}{2} \,\big|\, l-\tfrac{1}{2}, l-\tfrac{1}{2} \right\rangle = \sqrt{\tfrac{2l}{2l+1}}\,\alpha + \tfrac{1}{\sqrt{2l+1}}\,\beta \propto \sqrt{\tfrac{2l}{2l+1}} + \tfrac{1}{\sqrt{2l+1}}(-\sqrt{2l}) = 0$$
(d) $\left\langle l+\tfrac{1}{2}, l-\tfrac{1}{2} \right| \times (\alpha | l, l-1, + \rangle + \beta | l, l, - \rangle) = 0$ という条件は，問 (a) の結果を使えば
$$\sqrt{\tfrac{2l}{2l+1}}\,\alpha + \tfrac{1}{\sqrt{2l+1}}\,\beta = 0$$
これは問 (b) の条件 $\frac{\alpha}{\beta} = -\frac{1}{\sqrt{2l}}$ と同じである．

第5章 ブラケット表示と多体系

応用 5.6 (調和振動子の広がり)　(a)　基本問題 5.9 の調和振動子をさらに考えよう．規格化された第 n 励起状態は $|n\rangle = \frac{1}{\sqrt{n!}} a^{\dagger n} |0\rangle$ であった．$\langle n|x|n\rangle$ および $\langle n|x^2|n\rangle$ を計算せよ．

ヒント　生成消滅演算子を使うと $x = \frac{1}{\sqrt{2\beta}}(a + a^\dagger)$ である．

(b)　同じ x^2 の平均値をもつ古典解（古典力学の解）とエネルギーを比較せよ．

応用 5.7 (振動する状態)　(a)　$|\psi\rangle = \frac{1}{\sqrt{2}}(|0\rangle + |1\rangle)$ であるときの x の期待値 $\langle\psi|x|\psi\rangle$ を求めよ（前問とは異なりゼロにはならない）．

(b)　$|\psi\rangle$ はエネルギーの固有状態ではないので，時間が経過すると 2 項の係数の比の位相が変わる．そのため，$\langle\psi|x|\psi\rangle$ が振動することを示せ．

ヒント　$|\psi\rangle$ の各項には $e^{-\frac{i}{\hbar}Et}$ ($E = \hbar\omega\left(n + \frac{1}{2}\right)$) という因子がかかるが，$\frac{1}{2}$ の部分はすべてに共通なので忘れてよい（内積では打ち消し合う）．

類題 5.8 (振動する状態)　$|\psi\rangle = \frac{1}{\sqrt{2}}(|n\rangle + |n+1\rangle)$ として，前問と同じ考察をせよ．また，応用問題 5.6 (b) と同じ考察（古典解との比較）をせよ．

応用 5.8 (振動する波束)　(a)　類題 3.17 によれば，応用問題 2.4 で扱った調和振動子の波束は，$t = 0$ では $\exp(\lambda a^\dagger)|0\rangle$ と書ける．ただし波束の中心 x_0 は $\lambda\sqrt{\frac{2}{\beta}}$ であり，規格化はされていない．この状態を $|n\rangle$ で展開せよ．

ヒント　$\exp(\lambda a^\dagger) = 1 + \lambda a^\dagger + \frac{1}{2}(\lambda a^\dagger)^2 + \cdots = \sum \frac{1}{n!}(\lambda a^\dagger)^n$ を使う．

(b)　任意の時刻 t での状態は，$\widetilde\lambda = \lambda e^{-i\omega t}$ として，$e^{-\frac{i}{2}\omega t}\exp(\widetilde\lambda a^\dagger)|0\rangle$ と表されることを示せ．

(c)　したがって任意の時刻 t での波束は，$\widetilde{x_0} = \widetilde\lambda\sqrt{\frac{2}{\beta}}$ として $e^{-\frac{\beta}{2}(x-\widetilde{x_0})^2}$ となるが（類題 3.17），この指数を実数と虚数に分けることにより，実数部分が応用問題 2.4 の形 $e^{-\frac{\beta}{2}(x-x_0\cos\omega t)^2}$ になることを示せ．

類題 5.9 (振動する波束)　前問 (a) の展開の各係数の 2 乗が，状態が $|n\rangle$ である相対比率を表すとすると，n の平均値はどうなるか．その値を古典力学での単振動のエネルギーと比較せよ．

第 5 章　ブラケット表示と多体系

答 応用 5.6 (a) $\langle 0|a^n a^{\dagger n'}|0\rangle$ は, $n = n'$ のときは $n!$ であることは基本問題 5.9 (d) で証明した．同じ計算で, $n \neq n'$ のときはゼロになることがわかる（a のほうが多ければ最終的には $a|0\rangle = 0$ でゼロとなり, $a^\dagger$ のほうが多ければ $\langle 0|a^\dagger = 0$ でゼロになる）．したがって, $\langle n|x|n\rangle = 0$ である．波動関数は n が偶数のときは偶関数, n が奇数のときは奇関数だが，いずれにしろ $|\psi|^2$ は左右対称である（x の平均値がゼロ）．

同様に, x^2 の期待値も, a と $a^\dagger$ が同数になる項だけを考えればよい．

$$x^2 = \tfrac{1}{2}\beta(aa^\dagger + a^\dagger a + \cdots) = \tfrac{1}{2}\beta(2aa^\dagger - 1 \cdots)$$

（$[a, a^\dagger] = 1$ を使った）なので

$$\begin{aligned}\langle n|x^2|n\rangle &= \tfrac{1}{2\beta}\tfrac{1}{n!}\langle 0|a^n(2aa^\dagger - 1)a^{\dagger n}|0\rangle \\ &= \tfrac{1}{2\beta}\tfrac{1}{n!}\bigl(2(n+1)! - n!\bigr) = \tfrac{1}{2\beta}\bigl(2(n+1) - 1\bigr) = \tfrac{1}{\beta}\bigl(n + \tfrac{1}{2}\bigr)\end{aligned}$$

n が大きいほど波動関数が両側に広がっていることがわかる．

(b) 古典解 $x = A\sin\omega t$ の x^2 の平均値は $\overline{x^2} = \frac{A^2}{2}$, エネルギーは $E = \frac{m}{2}\omega^2 A^2$ なので, $E = m\omega^2 \overline{x^2}$. 一方，問 (a) によれば（$\beta = \frac{m\omega}{\hbar}$ なので）

$$E = \hbar\omega\bigl(n + \tfrac{1}{2}\bigr) = \hbar\omega\beta\overline{x^2} = m\omega^2 \overline{x^2}$$

となり，古典力学の答えと一致する．

答 応用 5.7 (a) $|\psi\rangle$ を代入して展開し，ゼロにならない項だけを残すと

$$\langle\psi|x|\psi\rangle = \tfrac{1}{2}\tfrac{1}{\sqrt{2\beta}}\bigl(\langle 0|a|1\rangle + \langle 1|a^\dagger|0\rangle\bigr) = \tfrac{1}{\sqrt{2\beta}}$$

(b) **ヒント** も考えると, $|\psi(t)\rangle = \tfrac{1}{\sqrt{2}}\bigl(|0\rangle + e^{-i\omega t}|1\rangle\bigr)$ として計算し直せばよい．

$$\begin{aligned}\langle\psi|x|\psi\rangle &= \tfrac{1}{2}\tfrac{1}{\sqrt{2\beta}}\bigl(\langle 0|a|1\rangle e^{-i\omega t} + \langle 1|a^\dagger|0\rangle e^{i\omega t}\bigr) = \tfrac{1}{\sqrt{2\beta}}\tfrac{1}{2}(e^{-i\omega t} + e^{i\omega t}) \\ &= \tfrac{1}{\sqrt{2\beta}}\cos\omega t\end{aligned}$$

答 応用 5.8 (a) $|n\rangle = \tfrac{1}{\sqrt{n!}}a^{\dagger n}|0\rangle$ なのだから

$$\exp(\lambda a^\dagger)|0\rangle = \sum \tfrac{1}{n!}(\lambda a^\dagger)^n|0\rangle = \sum \tfrac{1}{\sqrt{n!}}\lambda^n|n\rangle$$

(b) 応用問題 5.7 (b) の **ヒント** のように考えれば, $|n\rangle$ の項には $e^{-in\omega t} = (e^{-i\omega t})^n$ がかかるので, λ^n が $\widetilde{\lambda}^n$ に変わったと思えばよい．

(c) $\widetilde{x}_0 = x_0 e^{-i\omega t} = x_0 \cos\omega t - ix_0 \sin\omega t$ なので

$$(x - \widetilde{x}_0)^2 = (x - x_0\cos\omega t)^2 - 2ix_0(x - x_0\cos\omega t)\sin\omega t - x_0^2\sin^2\omega t$$

最後の項は実数だが x に依存しないので，波動関数の形には関係しない．

ポイント 2. 多体系（多電子原子・分子）

● **2電子原子のハミルトニアン** 電子2つをもつヘリウム原子（He）を考える．電荷$2e$をもつ原子核は原点に固定されているとし，各電子の座標は添え字i（$=1,2$）を付けて表すと，2電子の状態を表す波動関数は一般に$\psi(\boldsymbol{r}_1,\boldsymbol{r}_2)$と書ける．

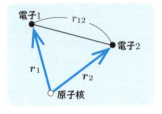

一方の電子iと原子核だけが存在しているときのハミルトニアンは（式(3.1')）

$$H_i = -\frac{\hbar^2}{2m_e}\Delta_i + U_i \quad \text{ただし} \quad U_i = -\frac{1}{4\pi\varepsilon_0}\frac{2e^2}{r_i} \tag{5.11}$$

と書ける．そして電子が2つある場合の全ハミルトニアンは

$$H = H_1 + H_2 + U_{12} \quad \text{ただし} \quad U_{12} = \frac{1}{4\pi\varepsilon_0}\frac{e^2}{r_{12}} \tag{5.12}$$

となり，2電子のエネルギー固有状態を求める式は

$$H\psi(\boldsymbol{r}_1,\boldsymbol{r}_2) = E\psi(\boldsymbol{r}_1,\boldsymbol{r}_2) \tag{5.13}$$

● **変分法** 式(5.13)を厳密に解くことはできず，しばしば**変分法**と呼ばれる近似法が使われる．変分法とは，まず答えを未知のパラメータを含む形で予想する（**試行関数**という）．そしてその形でハミルトニアンの期待値を計算し，それを最小にするという条件でパラメータの値を決定し，それを基底状態の近似解とする．第1励起状態を変分法で求めるには，基底状態に直交するという条件のもとで，エネルギーの期待値を最も小さくする関数を探す．試行関数の適切さによって，どの程度，正確な答えが求まるかが決まる．

● **ヘリウム原子の基底状態** 試行関数として，変数分離型

$$\psi(\boldsymbol{r}_1,\boldsymbol{r}_2) = \psi(\boldsymbol{r}_1)\psi(\boldsymbol{r}_2) \tag{5.14}$$

とし，各$\psi(\boldsymbol{r}_i)$は，水素型原子の基底状態の波動関数だとする．ただしその際，原子核の電荷をZeとする．ヘリウム原子核だったら$Z=2$だが，他方の電子によってその効果が一部，遮蔽され，$1<Z<2$だと考える．そしてHの期待値を最小にするという条件からZを決定する（基本問題5.11）．

● **2電子系の合成スピン** 電子の状態を指定するには，空間部分だけではなくスピン部分も考えなければならない．各電子のスピンの状態をz方向を基準にして$\chi_{z\pm}(1)$，$\chi_{z\pm}(2)$と表すと，2電子系全体のスピンの状態は，それらの積の形になる．電子1つのスピンの大きさは$\frac{1}{2}$なので，2電子全体のスピンの大きさは1またはゼロである（理解度のチェック5.17）．

第5章 ブラケット表示と多体系

● **フェルミ粒子・ボース粒子** 2つの粒子が同じ粒子であった場合，粒子を入れ替えた状態も同じ状態である．ただし波動関数全体の符号が変わっても状態は変わらないということから，符号は変わってもよい（類題5.12も参照）．つまり，2粒子系の状態を，スピン部分も含めて $\Psi(\boldsymbol{r}_1, s_{z_1}; \boldsymbol{r}_2, s_{z_2})$ と表すと

$$\Psi(\boldsymbol{r}_1, s_{z_1}; \boldsymbol{r}_2, s_{z_2}) = \pm \Psi(\boldsymbol{r}_2, s_{z_2}; \boldsymbol{r}_1, s_{z_1}) \tag{5.15}$$

となる．＋になる場合を**対称**，−になる場合を**反対称**という．どちらになるかは粒子ごとに決まっており，対称となる粒子を**ボース粒子**，反対称となる粒子を**フェルミ粒子**という．電子はフェルミ粒子である．

粒子が多数ある場合は，任意の2つの入れ替えに対して，それぞれ対称（**完全対称**という），または反対称（**完全反対称**という）である．

● 2つの粒子が同じ状態になると，全体の波動関数は対称になる．つまり反対称でなければならないフェルミ粒子は2つの粒子が同じ状態になることができない．これを**パウリの排他律**（あるいは**パウリ原理**）という．式 (5.14) は対称になる例だが，電子の場合はスピンがあるので，空間部分が対称であってもスピン部分が反対称であればよい．そのときは一方は $s_z = \frac{1}{2}$，他方は $s_z = -\frac{1}{2}$ である（基本問題5.13）．

● **スレーター行列式** 1電子の空間部分とスピンの状態全体を表す関数を大文字で Ψ と書こう．2電子のうち，一方が Ψ_a，他方が Ψ_b という波動関数で表されることがわかっている場合，反対称の2電子の波動関数は

$$\begin{vmatrix} \Psi_\mathrm{a}(1) & \Psi_\mathrm{b}(1) \\ \Psi_\mathrm{a}(2) & \Psi_\mathrm{b}(2) \end{vmatrix} = \Psi_\mathrm{a}(1)\Psi_\mathrm{b}(2) - \Psi_\mathrm{b}(1)\Psi_\mathrm{a}(2)$$

という行列式で書ける．1や2は2変数 $(\boldsymbol{r}_i, s_{z_i})$ のセットを表す．N 粒子の場合も同様に行列式で書け，**スレーター行列式**という（理解度のチェック5.18）．

● **多電子原子** 式 (5.14) の2電子原子の基底状態では，水素型原子の状態 $\psi_{100} = R_{10}Y_{00}$ に，$s_z = \pm\frac{1}{2}$ の2つの電子が配置されると考えた（基本問題3.13の ψ_{nlm} の記号を使う）．これらを1s状態ともいう．ただし R_{nl} の部分の細かな形は電子どうしの影響により，水素原子と完全に同じではない．電子がさらに増えると，ψ_{200} 型のもの（2s状態）が2つ，次に ψ_{21m} 型のもの（2p状態）が6つ，というように配置されると考えられる（sとは $l = 0$，pとは $l = 1$ を意味する）．

● **分子の形成** 2つの原子核からなる系に電子を配置すると，原子核の中間に位置する電子が両側の原子核を引き付けることによって，安定した状態を作ることができる（基本問題5.10）．

理解度のチェック 2. 多体系（多電子原子・分子）

※類題の解答は巻末

理解 5.14 （クーロンエネルギー） 式 (5.12) 右辺の U_{12} が，式 (5.11) の H_i 内のポテンシャル U_i とは符号も係数も異なる理由を説明せよ．

理解 5.15 （電子間の相互作用） (a) ヘリウム原子の2電子系で，まず式 (5.12) 右辺の U_{12} （電子間の相互作用）がない場合を考えよう．ハミルトニアンは，各電子の座標のみで表される2つの項に分かれるので，$H\psi(\boldsymbol{r}_1, \boldsymbol{r}_2) = E\psi(\boldsymbol{r}_1, \boldsymbol{r}_2)$ という式の解は，$\psi = \psi_1(\boldsymbol{r}_1)\psi_2(\boldsymbol{r}_2)$ と変数分離した形に書ける．各 ψ_i が満たす式を求めよ．またその式から，基底状態の波動関数を求めよ（水素原子の場合の ψ_{nlm} という記号を使ってよい）．
(b) 問 (a) で求めた波動関数を使うと，U_{12} の期待値はどのような式で書けるか．それは直観的にどのように解釈できるか．
(c) 問 (a) で求めた波動関数を変えることによってエネルギーの期待値を下げることができれば，その関数は真の基底状態に，より近いはずである．どのように変えれば，U_{12} の期待値を下げることができるか（ここでは傾向を言葉で表現すればよい．具体的な計算は基本問題 5.11 参照）．

類題 5.10 （変分法の原理） ハミルトニアン H が与えられたときに，その基底状態を求める1つの近似法が変分法である（ポイント2参照）．それは，一般の規格化されている状態 ψ に対する H の期待値（簡単のために1変数で表す）

$$\int \psi^* H \psi \, dx = \langle \psi | H | \psi \rangle$$

が，ψ が基底状態のときに最小になることを使う（ただし規格化されているとしたので $\int \psi^* \psi \, dx = \langle \psi | \psi \rangle = 1$）．このことを証明せよ．

類題 5.11 （変数分離） 式 (5.12) のハミルトニアン H で表される系の，エネルギーの固有状態 $\psi = \psi(\boldsymbol{r}_1, \boldsymbol{r}_2)$ は，$H\psi(\boldsymbol{r}_1, \boldsymbol{r}_2) = E\psi(\boldsymbol{r}_1, \boldsymbol{r}_2)$ という式の解である．この式の近似解として，式 (5.14) では $\psi = \psi_1(\boldsymbol{r}_1)\psi_2(\boldsymbol{r}_2)$ という形（変数分離形）を考えた．$\psi_i(\boldsymbol{r}_i)$ 自体の形には制限を付けないとしたとき，この形は最も一般的な形といえるか．いえないとしたら，これ以外のどのような形がありうるか．

第 5 章 ブラケット表示と多体系　　145

答 理解 5.14 式 (5.11) のポテンシャルは，電子と原子核間の電気エネルギー（クーロンエネルギー）である．電荷は異符号なので引力であり，エネルギーは（$r \to \infty$ でと比べて）負になる．式 (5.12) のポテンシャルは電子間の電気エネルギーであり，電荷は同符号なので斥力でありエネルギーは正になる．係数の違いは電荷の大きさの違いによる．

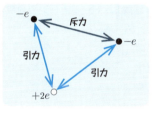

答 理解 5.15 (a) $H = H_1 + H_2$ なので，$H\psi = E\psi$ という式は

$$\psi_2(H_1\psi_1) + \psi_1(H_2\psi_2) = E\psi_1\psi_2$$

後は，以前（たとえば理解度のチェック 3.8）にしたのと同様に，ψ で全体を割れば $\frac{H_1\psi_1}{\psi_1}$ が定数であることがわかり（E_1 と書こう），$\frac{H_2\psi_2}{\psi_2}$ も同様なので

$$H_1\psi_1 = E_1\psi_1, \quad H_2\psi_2 = E_2\psi_2 \quad \text{ただし} \quad E = E_1 + E_2$$

どちらの式も，原子核の電荷が 2 倍になった水素原子の式と同じなので，基底状態は水素原子の ψ_{100} で，$e^2 \to 2e^2$ という置き換えをすればよい．

(b) 解が変数分離していることを考えれば

$$U_{12} \text{ の期待値} = \int \bigl(\psi_1(\boldsymbol{r}_1)\psi_2(\boldsymbol{r}_2)\bigr)^* U_{12}(\boldsymbol{r}_1, \boldsymbol{r}_2) \psi_1(\boldsymbol{r}_1)\psi_2(\boldsymbol{r}_2) \, d\boldsymbol{r}_1 \, d\boldsymbol{r}_2$$
$$= \int \bigl|\psi_2(\boldsymbol{r}_2)\bigr|^2 U_{12} \bigl|\psi_1(\boldsymbol{r}_1)\bigr|^2 \, d\boldsymbol{r}_1 \, d\boldsymbol{r}_2 \qquad (*)$$

これは，$|\psi_1(\boldsymbol{r}_1)|^2$ という広がりをもつ電荷分布と，$|\psi_2(\boldsymbol{r}_2)|^2$ という広がりをもつ電荷分布との間の，クーロン力による電気的ポテンシャルの総和という形をしている（これはあくまでも古典力学的な類推であり，文字通り受け取ってはいけない）．

式 (*) はしばしば**クーロン積分**と呼ばれ，ψ が基底状態の場合に応用問題 5.9 で具体的に計算する．

(c) 上記の期待値を減らすには，電子が互いに離れている可能性が大きければよい（r_{12} が増えて U_{12} が減るので）．そのためには，ψ_i の広がりを増やせばよい．これは，他方の電子の負の電荷によって原子核の正の電荷の効果が一部，相殺され，電子が原子核に引き付けられにくくなると表現することもできる．

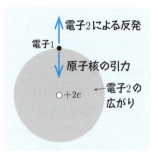

|理解|5.16　（スピンの合成）　電子が2つあるとする．それぞれのスピンの演算子を $\boldsymbol{S}_1$, $\boldsymbol{S}_2$ とすると，全スピンの演算子（単に $\boldsymbol{S}$ と書く）は $\boldsymbol{S} = \boldsymbol{S}_1 + \boldsymbol{S}_2$ である．
(a)　S_z はどのような値を取りうるか．
(b)　各電子のスピンの，z 成分の値が決まっている状態を，$\chi_{z\pm}(1)$, $\chi_{z\pm}(2)$ と書こう．問 (a) で求めた各 S_z の値をもつ状態はどのように表されるか（ψ の場合と同様に，2電子系のスピンは $\chi(1)\chi(2)$ というような単純な積の場合と，そのような形の線形結合になっている場合がある）．

|理解|5.17　（スピンの合成）　(a)　上問では z 成分の値だけを考えたが，角運動量はその大きさを表す値も同時に決められ，一般論から，$\boldsymbol{S}^2 = \hbar^2 s(s+1)$ という形になるはずである（s は整数か半整数）．2電子系の場合，s はどのような値になるか．$\boldsymbol{L}$ と $\boldsymbol{S}$ の合成の場合，大きさは $l \pm \frac{1}{2}$ であったことから推定せよ．
(b)　その推定が，上問 (b) の結果とつじつまがあっていることを，角運動量の大きさとその z 成分の大きさの関係から確かめよ．

|理解|5.18　（反対称化とスレーター行列式）　(a)　2つの同種のフェルミ粒子1と2がある（電子であると考えてよい）．各粒子は Ψ_a という状態と Ψ_b という状態を取れるとする（この粒子がスピンをもつ場合には，Ψ は波動関数の空間部分とスピン部分の積 $\psi\chi$ 全体を指すとする）．スレーター行列式は

$$\begin{vmatrix} \Psi_\mathrm{a}(1) & \Psi_\mathrm{b}(1) \\ \Psi_\mathrm{a}(2) & \Psi_\mathrm{b}(2) \end{vmatrix}$$

となる．この行列式を計算し，反対称化されている確認せよ．
注　たとえば $\Psi_\mathrm{a}(1)$ とは，Ψ_a を表す座標が粒子1の座標 r_1 であり，スピンが粒子1のスピンであることを意味する．
(b)　反対称化されていることは，行列式のどのような性質と関係しているか．
(c)　n 粒子系のスレーター行列式が任意の粒子の入れ替えに対して反対称，つまり完全反対称である理由を説明せよ．

|類題|5.12　（ボース粒子とフェルミ粒子）　(a)　式 (5.15) では符号が入れ換わる場合だけを考えた．一般に ± 1 とは限らない何らかの定数が付くことは許されないか．
(b)　自然界には，同種の多粒子系の波動関数が対称である粒子（ボース粒子）と反対称である粒子（フェルミ粒子）が存在すると述べた．同じ粒子が対称な状態と反対称な状態の両方の可能性をもつことはありえるか．

第 5 章　ブラケット表示と多体系

答 理解 5.16　(a)　$S_z = S_{1z} + S_{2z}$ なので，z 成分の値はそれぞれの電子の z 成分の値の和である．そして各電子の z 成分は $\pm\frac{1}{2}\hbar$ なので，組み合わせ方により，S_z の値は $\hbar$, 0, $-\hbar$ の 3 通りあることがわかる．
(b)　$S_z = \hbar$ にするのはどちらも $+\frac{1}{2}\hbar$ でなければならないから，状態は $\chi_{z_+}(1)\chi_{z_+}(2)$ である．S_z の計算を具体的に示せば，

$$S_z(\chi_{z_+}(1)\chi_{z_+}(2)) = (S_{1z} + S_{2z})(\chi_{z_+}(1)\chi_{z_+}(2))$$
$$= (S_{1z}\chi_{z_+}(1))\chi_{z_+}(2) + \chi_{z_+}(1)(S_{2z}\chi_{z_+}(2))$$
$$= (\tfrac{1}{2} + \tfrac{1}{2})\hbar\chi_{z_+}(1)\chi_{z_+}(2)$$

という計算になる．各演算子は対応する電子の χ に作用することに注意．
　同様に，$S_z = -\hbar$ となる状態は $\chi_{z_-}(1)\chi_{z_-}(2)$．
　また，$S_z = 0$ になる状態は，積で表せば $\chi_{z_+}(1)\chi_{z_-}(2)$ と $\chi_{z_-}(1)\chi_{z_+}(2)$ の 2 通りあるが，状態は重ね合わせることができるので，一般には

$$a\chi_{z_+}(1)\chi_{z_-}(2) + b\chi_{z_-}(1)\chi_{z_+}(2) \tag{*}$$

という形になる（規格化されていれば係数は，$|a|^2 + |b|^2 = 1$）．

答 理解 5.17　(a)　どちらのスピンの大きさも $\frac{1}{2}$ なので，合成スピンの大きさは $\frac{1}{2} \pm \frac{1}{2}$，つまり 1 またはゼロであると推定される．イメージとしては，2 つのスピンが平行な場合と反平行な場合である．
(b)　$s \geqq |s_z|$ なので，$s = 1$ の場合は $s_z = \pm 1$ と 0．$s = 0$ の場合は $s_z = 0$．合計 4 つの状態があり，上問 (b) の結果と合致している．ただし $s_z = 0$ の状態は 2 つあるので，どのように対応しているのかはさらに考えなければならない．それについては基本問題 5.12 で議論する．

答 理解 5.18　(a)

$$行列式 = \Psi_a(1)\Psi_b(2) - \Psi_b(1)\Psi_a(2)$$

粒子を入れ替える，つまり 1 と 2 を入れ替えると

$$\Psi_a(2)\Psi_b(1) - \Psi_b(2)\Psi_a(1) = -(\text{上式})$$

全体に負号が付く．つまり反対称化されている．
(b)　行列式では行を入れ換えると負号が付くことと対応している．
(c)　粒子の入れ替えとは，スレーター行列式の行の入れ換えを意味する．そして $n \times n$ の行列式でも任意の 2 つの行を入れ換えると負号が付くので，スレーター行列で表される状態は完全反対称になる．

基本問題 2. 多体系（多電子原子・分子） ※類題の解答は巻末

基本 5.10　（変分法の例）　変分法を 1 粒子系で使ってみよう．ハミルトニアンが

$$H = -\frac{\hbar^2}{2m_e}\Delta - \frac{e^2}{4\pi\varepsilon_0}\frac{1}{r}$$

であるとき，基底状態（球対称）が $\psi \propto e^{-qr}$ という形をしていると仮定した上で，H の期待値を最小にするということから q の値を定めよ．

ヒント　Δ の球座標表示で考える．応用問題 3.6 の積分公式が使える．

類題 5.13　（変分法の例）　ハミルトニアンが

$$H = -\frac{\hbar^2}{2m_e}\frac{d^2}{dx^2} + \frac{1}{2}m\omega^2 x^2$$

であるとき（$-\infty < x < \infty$），基底状態が $\psi \propto e^{-\frac{\beta}{2}x^2}$ という形であるとして，H の期待値を最小にするということから β の値を定めよ．

基本 5.11　（ヘリウム原子）　(a)　ヘリウム原子内の 2 電子の状態を，ポイント 2 で説明した変分法によって求めてみよう．試行関数は式 (5.14) の変数分離型とし，各 ψ_i は水素原子の ψ_{100} と同じ形の

$$\psi_i(r_i) = \sqrt{\frac{q^3}{\pi}}\,e^{-qr}$$

とする．もし $U_{12} = 0$ ならば，q は基本問題 5.10 の解で e^2 を $2e^2$ にすればよいはずである（原子核の電荷が 2 倍になっているので）．
(a)　この試行関数で，$H_1 + H_2$ の期待値を求めよ（基本問題 5.10 の解答を参照すればよい）．
(b)　U_{12} の期待値 $\langle U_{12}\rangle$ の計算（クーロン積分）は少し難しいので，応用問題 5.9 で行うとして，ここでは結果だけ示すと

$$\langle U_{12}\rangle = \frac{e^2}{4\pi\varepsilon_0}\frac{5q}{8}$$

である．これを使って H 全体の期待値を最小にする q を定めよ（変分法である）．

注　電子間の反発によるエネルギーは，1 電子・原子核間のエネルギーの $\frac{5}{16}$ 倍であることを意味する．

(c)　変分法による補正前の $\langle H_1 + H_2\rangle$，$\langle U_{12}\rangle$，および補正後の $\langle H_1 + H_2\rangle$，$\langle U_{12}\rangle$ を，$\varepsilon = \left(\frac{e^2}{2\pi\varepsilon_0}\right)^2\frac{m_e}{\hbar^2}$ の何倍かという形で示せ（補正がどの程度の効果なのか考える問題である）．

第5章 ブラケット表示と多体系

答 基本 5.10　まず規格化を考える．
$$\int (e^{-qr})^2 r^2 \sin\theta\, dr\, d\theta\, d\phi = 4\pi \int e^{-2qr} r^2\, dr = 4\pi \times \frac{2}{(2q)^3} = \frac{\pi}{q^3}$$
なので，$\psi = \sqrt{\frac{q^3}{\pi}} e^{-qr}$ となる．
次に
$$4\pi \int e^{-qr} \Delta e^{-qr} r^2\, dr = 4\pi \int e^{-qr} \frac{d}{dr}\left(r^2 \frac{d}{dr}\right) e^{-qr}\, dr$$
$$= 4\pi \int \left((qr)^2 e^{-2qr} - 2(qr) e^{-2qr}\right) dr = -\frac{\pi}{q}$$
$$4\pi \int e^{-qr} \frac{1}{r} e^{-qr} r^2\, dr = \frac{\pi}{q^2}$$
なので
$$\langle H \rangle = \frac{q^3}{\pi} \times \left(\frac{\hbar^2}{2m_e} \frac{\pi}{q} - \frac{e^2}{4\pi\varepsilon_0} \frac{\pi}{q^2}\right)$$
$$= \frac{\hbar^2}{2m_e} q^2 - \frac{e^2}{4\pi\varepsilon_0} q$$
これを最小にするには，$\frac{d\langle H \rangle}{dq} = 0$ より
$$q = \frac{e^2}{4\pi\varepsilon_0} \frac{m_e}{\hbar^2}$$
これはボーア半径 a_0 の逆数に等しく，正しい答えになっている．

答 基本 5.11　(a) 基本問題 5.10 と比較して，運動エネルギーの寄与は（H_1 と H_2 があるので）2倍，ポテンシャルエネルギーの寄与は原子核の電荷が2倍なので合計 4倍になる．したがって
$$(H_1 + H_2 \text{ の期待値}) = \frac{\hbar^2}{m_e} q^2 - \frac{e^2}{4\pi\varepsilon_0} 4q$$
(b) H 全体の期待値を，q の関数として $\langle H(q) \rangle$ と書くと
$$\langle H(q) \rangle = \frac{\hbar^2}{m_e} q^2 - \frac{e^2}{4\pi\varepsilon_0} 4q + \frac{e^2}{4\pi\varepsilon_0} \frac{5q}{8}$$
$$= \frac{\hbar^2}{m_e} q^2 - \frac{e^2}{4\pi\varepsilon_0} \frac{27q}{8}$$
$\frac{d\langle H(q) \rangle}{dq} = 0$ より
$$q = \frac{27}{16} \frac{e^2}{4\pi\varepsilon_0} \frac{m_e}{\hbar^2}$$
となる．もし U_{12} の効果を考えなければ，q は原子核の電荷の違いによって，基本問題 5.10 の 2 倍になっていたはずである．それが $\frac{27}{16} \simeq 1.7$ 倍にしかなっていない．これが，理解度のチェック 5.15 (c) で議論した U_{12} の効果である．
(c) 補正前は $q = 2 \frac{e^2}{4\pi\varepsilon_0} \frac{m_e}{\hbar^2}$ なので
$$\langle H_1 + H_2 \rangle = -4\varepsilon, \qquad \langle U_{12} \rangle = \frac{5}{4}\varepsilon$$
補正後は
$$\langle H_1 + H_2 \rangle = -3.90\varepsilon, \qquad \langle U_{12} \rangle = 1.05\varepsilon$$

基本 5.12 （合成スピンの形） (a) 2電子系の合成スピンの大きさは $s=0$ または 1 である（理解度のチェック 5.16）．$s_z=0$ の状態は両方に含まれているが，$s=1$ のほう（χ_{10} と記す）は

$$\chi_{10} = \frac{1}{\sqrt{2}}\chi_{z_+}(1)\chi_{z_-}(2) + \frac{1}{\sqrt{2}}\chi_{z_-}(1)\chi_{z_+}(2) \tag{*}$$

と表されることを説明せよ．この形を対称性という観点から説明できるか．

ヒント $\frac{1}{\sqrt{2}}$ という数字は規格化のためであり，2項の係数が等しいという点が重要である．

(b) $s=0$ のほうを χ_{00} と記すと

$$\chi_{00} = \frac{1}{\sqrt{2}}\chi_{z_+}(1)\chi_{z_-}(2) - \frac{1}{\sqrt{2}}\chi_{z_-}(1)\chi_{z_+}(2) \tag{**}$$

である．これを直交性という観点から説明せよ．また，昇降演算子という観点からも説明できるか．

ヒント エルミート演算子の異なる固有値に対応する状態は直交している．また一般に，角運動量の大きさが j であるとき，$j=j_z$ の状態に上昇演算子を掛けるとゼロになる（$j_z=j+1$ という状態は存在しないので）．

類題 5.14 （χ_{00}） 前問式 (**) では χ_{00} を $\chi_{z_\pm}$ を使って表したが，$\chi_{x_\pm}$ あるいは $\chi_{y_\pm}$ を使っても同じである．つまり次式が成り立つことを示せ．

$$\chi_{00} \propto \frac{1}{\sqrt{2}}\chi_{x_+}(1)\chi_{x_-}(2) - \frac{1}{\sqrt{2}}\chi_{x_-}(1)\chi_{x_+}(2)$$
$$\propto \frac{1}{\sqrt{2}}\chi_{y_+}(1)\chi_{y_-}(2) - \frac{1}{\sqrt{2}}\chi_{y_-}(1)\chi_{y_+}(2)$$

基本 5.13 （He の基底状態） 電子がフェルミ粒子であることを考えて，ヘリウム原子の基底状態のスピンと全角運動量について説明せよ．ただし空間部分については式 (5.14) の形であると考えてよい．すなわち，どちらの電子も水素原子の ψ_{100} に対応する同じ状態（ψ_{1s} と記す）にあり，$\psi(\boldsymbol{r}_1,\boldsymbol{r}_2)=\psi_{1s}(\boldsymbol{r}_1)\psi_{1s}(\boldsymbol{r}_2)$ と書けるとする．

基本 5.14 （He の励起状態） ヘリウム原子の第1励起状態の波動関数を，空間部分については，一方の電子は 1s（水素原子の ψ_{100}），もう一方は 2s（ψ_{200}）に対応する状態にあるとして考えよ．全スピンと全角運動量の値は何か．

ヒント 空間部分とスピン部分それぞれを対称，反対称にして考えよ．

類題 5.15 （スレーター行列式） 上 2 問で求めた波動関数を，スレーター行列式の形で記せ．

ヒント 場合によっては 2 つの行列式の組合せになる．

第5章 ブラケット表示と多体系

答 基本 5.12 (a) χ_{10} は，$\chi_{11} = \chi_{z_+}(1)\chi_{z_+}(2)$ から下降演算子 $S_{1-} + S_{2-}$ を掛けて得られる．$S_{i-}\chi_+ = c\chi_-$ と書けば（$c = \hbar$ だがここでは必要ない）

$$(S_{1-} + S_{2-})(\chi_{z_+}(1)\chi_{z_+}(2)) = (c\chi_{z_-}(1))\chi_{z_+}(2) + \chi_{z_+}(1)(c\chi_{z_-}(2))$$

なので，問題の式 (*) の形になる．

式 (*) は1と2の入れ替えで変わらない（対称）のが特徴だが，もとの χ_{11} が対称，下降演算子も対称なので，結果の χ_{10} が対称になるのは当然である．

(b) まず一般形として（理解度のチェック 5.16 (b) 解答の式 (*)）

$$\chi_{00} = a\chi_{z_+}(1)\chi_{z_-}(2) + b\chi_{z_-}(1)\chi_{z_+}(2)$$

とする．$\chi_{10}^\dagger \chi_{00} = 0$ という条件から（2電子のスピン $\chi(1)\chi(2)$ の内積は，各電子のスピンの内積の積であり，各電子について $\chi_{z_+}^\dagger \chi_{z_-} = 0$ などを使う）

$$\frac{1}{\sqrt{2}}a + \frac{1}{\sqrt{2}}b = 0 \quad \rightarrow \quad b = -a$$

規格化し係数は実数だとすれば（たとえば）$a = -b = \frac{1}{\sqrt{2}}$ となる．

また，χ_{00} に上昇演算子 $S_{1+} + S_{2+}$ を掛けるとゼロにならなければならない．$S_{i+}\chi_- = c\chi_+$ と書いて式 (**) を使えば

$$(S_{1+} + S_{2+})(a\chi_{z_+}(1)\chi_{z_-}(2) + b\chi_{z_-}(1)\chi_{z_+}(2)) = (ac + bc)\chi_{z_+}(1)\chi_{z_+}(2) = 0$$

この式からも $b = -a$ であることがわかる．

注 一般に，2粒子の波動関数で対称なものと反対称のものの内積はゼロになる．●

答 基本 5.13 空間部分は r_1 と r_2 の入れ替えに対して対称である．しかし全体としては反対称でなければならないので，スピン部分が反対称，つまり χ_{00}（基本問題 5.12 の式 (**)）でなければならない．全体の状態を ψ_{1+2} と書けば

$$\psi_{1+2} \propto \psi_{1s}(r_1)\psi_{1s}(r_2)(\chi_{z_+}(1)\chi_{z_-}(2) - \chi_{z_-}(1)\chi_{z_+}(2))$$

これは1と2を入れ替えると負号が付く．軌道角運動量はゼロ，全スピンもゼロ，したがって全角運動量もゼロである．

答 基本 5.14

対称形： $\psi_{1s}(r_1)\psi_{2s}(r_2) + \psi_{2s}(r_1)\psi_{1s}(r_2)$

反対称形： $\psi_{1s}(r_1)\psi_{2s}(r_2) - \psi_{2s}(r_1)\psi_{1s}(r_2)$

全体を反対称にするため，前者には χ_{00} を，後者には χ_{1s_z} を掛ける．後者は $s_z = \pm 1, 0$ の3通りあるので状態は3つある（**3重項**という）．前者は **1重項**，あるいは**単項**という．

基本 5.15 （反対称状態の性質）　(a)　ψ_a, ψ_b を 1 電子の波動関数とすると，それからできる 2 電子の反対称化された波動関数は

$$\psi_a(1)\psi_b(2) - \psi_b(1)\psi_a(2)$$

である．この波動関数に演算子 O を掛ける．ただしこの演算子は $O = O_1 + O_2$ というように，各粒子への演算子の和であるとする．結果はどう表されるか．
(b)　それを行列式で表すとどうなるか．2 通りの表し方がある．

注　このように，1 粒子ごとに作用する演算子を **1 粒子演算子**という．2 粒子に同時に作用する演算子（たとえば式 (5.12) の U_{12}）が **2 粒子演算子**である． ●

基本 5.16 （4 電子原子）　(a)　電子を 4 つもつ原子（ベリリウム）の基底状態を考えよう．波動関数の空間部分は 1s と 2s だが（ポイント 2 参照），それぞれの波動関数を ψ_{1s}, ψ_{2s} と記す．それぞれの状態に s_z が $\pm\frac{1}{2}$ の 2 通りあるので全部で 4 つの状態があり，それぞれに 1 つの電子が割り当てられる．ただし波動関数は完全反対称でなければならない．そのときの全スピンの大きさを考えよう．
(a)　4 つの状態の波動関数を具体的に書けば，$\psi_{1s}\chi_{z_+}, \psi_{1s}\chi_{z_-}, \psi_{2s}\chi_{z_+}, \psi_{2s}\chi_{z_-}$ である．4 電子（1〜4 とする）の波動関数は，これらの積の（完全反対称の）線形結合である．スレーター行列式から考えて，いくつの項があるか求めよ．
(b)　そのうちで空間部分が $\psi_{1s}(1)\psi_{1s}(2)\psi_{2s}(3)\psi_{2s}(4)$ である項のスピン部分はどう書けるか．

ヒント　電子 1 と 2 を入れ替えてもこの空間部分は形も符号も変わらないので，スピンが 1 と 2 の交換に対して反対称になっていなければならない． ●

(c)　それはいくつの項を含むか．また全体では，そのような式がいくつあり，その結果として項は全体でいくつになるかを考えよ（問 (a) の答えと一致するか）．
(d)　全スピンがゼロになる理由を説明せよ．
(e)　全スピンがゼロであることを，スレーター行列式を使って証明できるか．

ヒント　上昇あるいは下降演算子を掛けてゼロになることを示せばよい（基本問題 5.12(b) 参照）．行列式は

$$\begin{vmatrix} \psi_{1s}(1)\chi_{z_+}(1) & \psi_{1s}(1)\chi_{z_-}(1) & \psi_{2s}(1)\chi_{z_+}(1) & \psi_{2s}(1)\chi_{z_-}(1) \\ \psi_{1s}(2)\chi_{z_+}(2) & \psi_{1s}(2)\chi_{z_-}(2) & \psi_{2s}(2)\chi_{z_+}(2) & \psi_{2s}(2)\chi_{z_-}(2) \\ \psi_{1s}(3)\chi_{z_+}(3) & \psi_{1s}(3)\chi_{z_-}(3) & \psi_{2s}(3)\chi_{z_+}(3) & \psi_{2s}(3)\chi_{z_-}(3) \\ \psi_{1s}(4)\chi_{z_+}(4) & \psi_{1s}(4)\chi_{z_-}(4) & \psi_{2s}(4)\chi_{z_+}(4) & \psi_{2s}(4)\chi_{z_-}(4) \end{vmatrix}$$

第 5 章　ブラケット表示と多体系

答 基本 5.15　(a)　演算子 O_i は粒子 i のみに作用するということを考えれば

$$O\bigl(\psi_\mathrm{a}(1)\psi_\mathrm{b}(2) - \psi_\mathrm{b}(1)\psi_\mathrm{a}(2)\bigr) = (O_1 + O_2)\bigl(\psi_\mathrm{a}(1)\psi_\mathrm{b}(2) - \psi_\mathrm{b}(1)\psi_\mathrm{a}(2)\bigr)$$
$$= O_1\bigl(\psi_\mathrm{a}(1)\psi_\mathrm{b}(2) - \psi_\mathrm{b}(1)\psi_\mathrm{a}(2)\bigr) + O_2\bigl(\psi_\mathrm{a}(1)\psi_\mathrm{b}(2) - \psi_\mathrm{b}(1)\psi_\mathrm{a}(2)\bigr)$$
$$= \bigl(O_1\psi_\mathrm{a}(1)\bigr)\psi_\mathrm{b}(2) - \bigl(O_1\psi_\mathrm{b}(1)\bigr)\psi_\mathrm{a}(2) + \psi_\mathrm{a}(1)\bigl(O_2\psi_\mathrm{b}(2)\bigr) - \psi_\mathrm{b}(1)\bigl(O_2\psi_\mathrm{a}(2)\bigr)$$

(b)

$$O_1\begin{vmatrix}\psi_\mathrm{a}(1) & \psi_\mathrm{b}(1)\\ \psi_\mathrm{a}(2) & \psi_\mathrm{b}(2)\end{vmatrix} + O_2\begin{vmatrix}\psi_\mathrm{a}(1) & \psi_\mathrm{b}(1)\\ \psi_\mathrm{a}(2) & \psi_\mathrm{b}(2)\end{vmatrix}$$
$$= \begin{vmatrix}O_1\psi_\mathrm{a}(1) & O_1\psi_\mathrm{b}(1)\\ \psi_\mathrm{a}(2) & \psi_\mathrm{b}(2)\end{vmatrix} + \begin{vmatrix}\psi_\mathrm{a}(1) & \psi_\mathrm{b}(1)\\ O_2\psi_\mathrm{a}(2) & O_2\psi_\mathrm{b}(2)\end{vmatrix}$$

行ごとに掛けたが，列ごとに掛けても同じである．

$$\text{上式} = \begin{vmatrix}O_1\psi_\mathrm{a}(1) & \psi_\mathrm{b}(1)\\ O_2\psi_\mathrm{a}(2) & \psi_\mathrm{b}(2)\end{vmatrix} + \begin{vmatrix}\psi_\mathrm{a}(1) & O_1\psi_\mathrm{b}(1)\\ \psi_\mathrm{a}(2) & O_2\psi_\mathrm{b}(2)\end{vmatrix}$$

この 2 つの表現が等しいことは，一般に N 粒子 N 状態の場合にも成り立つ．このことは，たとえば $O_1\psi_\mathrm{a}(1)$ の余因子（$O_1\psi_\mathrm{a}(1)$ にかかる因子）が等しいことを確かめればよい．たとえば次問 (e) で使うように，列ごとに掛けた表現のほうが有用である．

答 基本 5.16　(a)　4×4 の行列の行列式だから，全部で $4! = 24$ 項ある（3×3 の行列式の 4 つ分で $4 \times 6 = 24$ と考えてもよい）．
(b)　空間部分は電子 1 と 2 の交換に対して対称である（1 と 2 を交換しても不変）．したがってスピン部分は反対称でなければならない．電子 3 と 4 の交換についても同様である．したがってこの項は（比例係数を除き）

$$\psi_{1\mathrm{s}}(1)\psi_{1\mathrm{s}}(2)\psi_{2\mathrm{s}}(3)\psi_{2\mathrm{s}}(4)$$
$$\times \bigl(\chi_{z_+}(1)\chi_{z_-}(2) - \chi_{z_-}(1)\chi_{z_+}(2)\bigr)\bigl(\chi_{z_+}(3)\chi_{z_-}(4) - \chi_{z_-}(3)\chi_{z_+}(4)\bigr)$$

(c)　上式は展開すれば 4 項の線形結合になる．また問 (b) では状態 ψ_1 に電子 1 と 2 を割り振ったが，割り振り方は $_4C_2$ で 6 通りある．したがって全体では $4 \times 6 = 24$ 項あり，それは問 (a) の答に一致する．つまり問 (b) の型で尽くされる．
(d)　問 (b) の型の全スピンはゼロになることと問 (c) から明らか．
(e)　上問 (b) のように，各列に下降演算子 $S_-(i)$ を掛けると考えよう．1 列目に掛けると χ_{z_+} がすべて χ_{z_-} になるので，2 列目と同じになり行列式はゼロである（一般に 2 つの列が同じ行列の行列式はゼロである）．2 列目に掛けると $S_-\chi_{z_-} = 0$ なので，2 列目全体がゼロになり，したがって行列式もゼロ．同様に，3, 4 列目にも $S_-(i)$ を掛けると行列式はゼロになる．

基本 5.17（原子による電気力） 水素原子の横の距離 R だけ離れた位置に、電荷 $+e$ の粒子 P（もう1つの原子核）を置いた。水素原子内の電子の状態は変わらないとして、その粒子と水素原子間のポテンシャルエネルギー U の期待値を計算せよ。水素原子の原子核と、離れておいた粒子は静止しているとし、電子の波動関数（ψ_{000}）を使って求めよ。

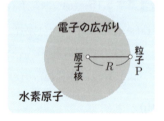

ヒント 水素原子は電気的に中性だから、粒子 P がそこから十分に離れていれば電気力によるポテンシャルエネルギーはゼロのはずである。しかし電子の波動関数は厳密には無限に広がっているので、粒子 P は水素原子を1つの中性粒子とはみなさない。積分は、最初は水素原子の中心を原点とする球座標で表し、角度座標を粒子 P からの距離に変換するとよい。

基本 5.18（H_2^+ イオン） 前問では電子は一方の原子核の周囲だけに存在するとした。しかし実際に2つの同じ原子核（A、B とする）を並べれば、電子の波動関数は、両方に平等に広がるだろう。そこで近似として、各原子核の周囲では、その原子核に属する基底状態の電子であるかのように振る舞うとして

$$\psi = N(\psi_A + \psi_B) \qquad (*)$$

と書けるとする。$\psi_{A(B)}$ は原子核 A（B）の周囲の ψ_{000} であり、N を規格化因子とする（N は ψ_A と ψ_B の重なり具合、つまり R に依存する）。この電子に対するハミルトニアンは次のように書ける（記号は前問と同じ）。

$$H = -\frac{\hbar^2}{2m_e}\Delta + \frac{e^2}{4\pi\varepsilon_0}\left(\frac{1}{R} - \frac{1}{r_A} - \frac{1}{r_B}\right)$$

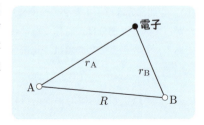

(a) 状態 $(*)$ による H の期待値 $\langle H \rangle$ は、原子核間の距離 R の関数である。$R \to \infty$ とはどのような状態に対応するか。そのときの $\langle H \rangle$ の値は何か。

(b) もしこの系が、水素原子と原子核に分離してしまわないとすれば、$\langle H \rangle$ についてどのような条件が成り立っていなければならないか。$\int \psi_i O \psi_j\, d\boldsymbol{r} = \langle O \rangle_{ij}$（$i$, j は A または B）などと表して条件を求めよ。

注 具体的な計算は応用問題 5.14 で行う。

第5章 ブラケット表示と多体系

答 基本 5.17 求める電子の規格化された波動関数を ψ とすると

$$U \text{ の期待値} = \frac{e^2}{4\pi\varepsilon_0}\left(\frac{1}{R} - \int |\psi(r)|^2 \frac{1}{r'} d^3r\right) \quad (*)$$

と書ける（記号は図を参照）．波動関数は

$$\psi(r) = \sqrt{\frac{q^3}{\pi}} e^{-qr}$$

$$r'^2 = r^2 + R^2 - 2rR\cos\theta$$

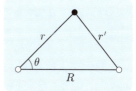

である（q はボーア半径の逆数）．$\left|\frac{dr'}{d\cos\theta}\right| = \frac{Rr}{r'}$ なので，積分変数は

$$r^2 \, dr \, d(\cos\theta) \, d\phi = r^2 \, dr \, \frac{r'}{Rr} \, dr' \, d\phi = \frac{1}{R} r \, dr \, r' \, dr' \, d\phi$$

と変換でき，r' の積分範囲はその定義より

$$0 < r < R \text{ のとき}: \quad R - r < r' < R + r$$

$$R < r \text{ のとき}: \quad r - R < r' < r + R$$

これらを使うと，式 $(*)$ の積分の部分は

$$\frac{q^3}{\pi} \int e^{-2qr} \frac{1}{r'} d\boldsymbol{r} = 2q^3 \int dr \{re^{-2qr} \int dr'\} = \frac{4q^3}{R}\left(\int_0^R e^{-2qr} r^2 \, dr + R\int_R^\infty e^{-2qr} r \, dr\right)$$

$$= \frac{1}{R} - \frac{1}{R} e^{-2qR}(1 + qR)$$

最後の積分は部分積分を使うとよい．以上より，$\frac{1}{R}$ の項が打ち消し合い

$$U \text{ の期待値} = \frac{e^2}{4\pi\varepsilon_0} \frac{1}{R} e^{-2qR}(1 + qR)$$

結果は R の減少関数であり，粒子 P は遠方に押しやられることがわかる．ただしその力は（原子全体は中性なので）指数関数的に急速に減少する．

答 基本 5.18 (a) $R \to \infty$ は中性の水素原子と原子核に完全に分離した状態である．式 $(*)$ の ψ_A は原子核 A 側が水素原子，ψ_B は原子核 B 側が水素原子になっている状態であり，全体としてはその重ね合わせ（共存状態）である．$R \to \infty$ では ψ_A と ψ_B は無限に離れているので任意の演算子 O に対して $\langle O \rangle_\mathrm{AB} = 0$．また $\frac{1}{R} = \left\langle\frac{1}{r_\mathrm{A}}\right\rangle_\mathrm{BB} = \left\langle\frac{1}{r_\mathrm{B}}\right\rangle_\mathrm{AA} = 0$ でもあるので，E_0 を水素原子の基底状態のエネルギーとすれば（$R \to \infty$ では $N = \frac{1}{\sqrt{2}}$）

$$\langle H \rangle = N^2(\langle H \rangle_\mathrm{AA} + \langle H \rangle_\mathrm{BB}) = N^2(\langle 1 \rangle_\mathrm{AA} + \langle 1 \rangle_\mathrm{BB})E_0 = E_0$$

(b) $\int \psi_\mathrm{A} \psi_\mathrm{B} \, d\boldsymbol{r} = \langle 1 \rangle_\mathrm{AB} = S$ と書くと，$N^{-2} = 2(1 + S)$ であり，また

$$\langle H \rangle_\mathrm{AA} = \langle H \rangle_\mathrm{BB} = E_0 + \frac{e^2}{4\pi\varepsilon_0}\left(\frac{1}{R} - \left\langle\frac{1}{r_\mathrm{B}}\right\rangle_\mathrm{AA}\right)$$

$$\langle H \rangle_\mathrm{AB} = \langle H \rangle_\mathrm{BA} = \left(E_0 + \frac{e^2}{4\pi\varepsilon_0}\frac{1}{R}\right)S - \frac{e^2}{4\pi\varepsilon_0}\left\langle\frac{1}{r_\mathrm{A}}\right\rangle_\mathrm{AB}$$

$$\to \quad \langle H \rangle = E_0 + \frac{e^2}{4\pi\varepsilon_0}\left(\frac{1}{R} - \frac{1}{1+S}\left(\left\langle\frac{1}{r_\mathrm{B}}\right\rangle_\mathrm{AA} + \left\langle\frac{1}{r_\mathrm{A}}\right\rangle_\mathrm{AB}\right)\right)$$

右辺第 2 項が負になることが，結合が起こる条件である．

応用問題　2. 多体系（多電子原子・分子） ※類題の解答は巻末

応用 5.9　（クーロン積分計算）　基本問題 5.11 で天下り的に与えた $\langle U_{12}\rangle$ の式は，次のようにして証明することができる．多重極展開と呼ばれる公式

$$\frac{1}{|r_1-r_2|} = \frac{1}{r_1}\sum\left(\frac{r_2}{r_1}\right)^l P_l(\cos\theta_{12}) \quad (r_1 > r_2 \text{の場合}) \qquad (*)$$

から出発する．$r_2 > r_1$ の場合は上式で r_1 と r_2 を入れ換える．ただし $P_l(x)$ は応用問題 3.3 で紹介したルジャンドル多項式である．上式は本書ですでに解説した事項から証明できるが，ここではこれを認めた上で計算を進めよう（右ページの **解説** も参照）．$\langle U_{12}\rangle$ は，上式 $(*)$ に r_1 のみの関数と r_2 のみの関数（つまりそれぞれの角度には依存しない関数）を掛けて積分する．すると，$l\neq 0$ ならば

$$\int P_l(\cos\theta)\sin\theta\, d\theta = 0$$

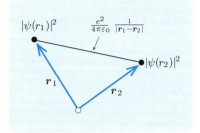

なので，式 $(*)$ の $l=0$ の項しか残らない．以上のことから，$\langle U_{12}\rangle$ を計算せよ．

類題 5.16　（実効ポテンシャル）　すでに理解度のチェック 5.15 で説明したように，上問の $\langle U_{12}\rangle$ は，$|\psi(r_2)|^2$ で与えられる電荷分布による電気ポテンシャルを電子 1 が感じているという形をしている．$|\psi(r_2)|^2 = \frac{q^3}{\pi}e^{-2qr_2}$ という水素型の波動関数を仮定して，このポテンシャルを求めよ．

解説　この答えがクーロンポテンシャルの形になれば，他方の電子の影響は原子核の電荷の実質的な減少とみなせるが，厳密にはそうはなっていない．

応用 5.10　（5 電子原子）　電子を 5 つもつ原子の基底状態を考えよう．電子が 4 つだったらすでに基本問題 5.16 で議論したが，1s 状態に 2 つ，2s 状態に 2 つの電子が入る．そして電子がもう 1 つ増えると，それは 2p 状態になる．この状態の軌道角運動量，スピン角運動量，そして全角運動量を求めよ．

ヒント　この状態の波動関数は，(1s と 2s の 4 電子の波動関数)×(2p の電子の波動関数) という形の項の線形結合によって，全体が完全反対称になっている．まず，各項の角運動量を考えよ．

第 5 章　ブラケット表示と多体系

答　応用 5.9　理解度のチェック 5.15 (b) の解答に記した積分の計算である．試行関数は規格化して書けば
$$|\psi(r)|^2 = \frac{q^3}{\pi} e^{-2qr}$$
また $P_0 = 1$ なので，$r_1 > r_2$ の場合の 2 倍と考えて計算すると

$$\begin{aligned}
\langle U_{12} \rangle &= \left(\frac{q^3}{\pi}\right)^2 (4\pi)^2 \frac{e^2}{4\pi\varepsilon_0} \times 2\int_0^\infty e^{-2qr_2} r_2^2 \, dr_2 \int_{r_2}^\infty e^{-2qr_1} r_1 \, dr_1 \\
&= \frac{32q^6 e^2}{4\pi\varepsilon_0} \int_0^\infty e^{-2qr_2} r_2^2 \, dr_2 \times \left(\frac{r_2}{2q} + \frac{1}{(2q)^2}\right) e^{-2qr_2} \\
&= \frac{32q^6 e^2}{4\pi\varepsilon_0} \left(\frac{1}{2q} \frac{3!}{(4q)^4} + \frac{1}{(2q)^2} \frac{2}{(4q)^3}\right) \\
&= \frac{e^2}{4\pi\varepsilon_0} \frac{5}{8} q \quad (\text{基本問題 5.11 の式})
\end{aligned}$$

解説　式 (∗) の証明の概略は以下の通り．まず，式 (∗) の左辺は，$r_1 = r_2$ を除いて $\Delta_1 \frac{1}{|r_1 - r_2|} = 0$ という式を満たす．ただし Δ_1 は座標 r_1 についてのラプラシアンである．$\frac{1}{|r_1 - r_2|}$ は r_1, r_2 および $\cos\theta_{12}$ の関数だが，それを $P_l(\cos\theta)$ で展開して

$$\frac{1}{|r_1 - r_2|} = \sum K_l(r_1, r_2) P_l(\cos\theta_{12})$$

と書くと，$\Delta_1 \frac{1}{|r_1 - r_2|} = 0$ という条件から $K_l \propto \frac{1}{r_1^{l+1}}$ であることが示せる（応用問題 3.3 を参照）．最後に，$\cos\theta_{12} = 0$ という特殊ケースを考えると，式 (∗) に到達する．

答　応用 5.10　まず直観的に考えよう．1s と 2s の 4 つの電子は s 状態なのだから軌道角運動量はゼロ．そして基本問題 5.16 の結果より合成スピンもゼロ．したがって全角運動量もゼロである．したがって 5 電子の角運動量は 2p 状態の電子だけで決まる．この電子の軌道角運動量は $l = 1$，スピンは $s = \frac{1}{2}$ だから，全角運動量は $j = 1 \pm \frac{1}{2} = \frac{3}{2}$ または $\frac{1}{2}$ である（応用問題 4.8）．どちらであるかは 2p の波動関数（ψ_{21m}）と $\chi_{z\pm}$ の組み合わせ方によって決まる．

　これで正解だが，波動関数は 5 電子で完全反対称にしなければならないので，4 電子と 1 電子を分けて議論していいのかが問題である．それについては次のように考えればよい．たとえば電子 1 と 2 が 1s，電子 3 と 4 が 2s の項をすべて集めると基本問題 5.16 (b) の解答の式になる．これに電子 5 の波動関数を掛けると，角運動量は上記の通りになる．このような項を，電子を入れ替え，符号を適切に選んで線形結合にしたものが完全反対称の 5 電子の波動関数であり，各項の合成角運動量はすべて同じなので，上記の結論が成り立つ．

応用 5.11 （閉殻の角運動量） 電子を 10 個もつ原子の基底状態の合成軌道角運動量，合成スピン，合成全角運動量はすべてゼロであることを示せ．

ヒント 応用問題 5.10 の解答の後半のように考えれば，1s と 2s の 4 電子は全体として角運動量 0 であるとして扱い，残りの 2p 状態の 6 電子だけを考えればよい．後は，基本問題 5.15 の手法で考えればよい．

解説 同じ角運動量の状態がすべて詰まっている状態を，（この角運動量の）殻が詰まっている，つまり閉殻であるという．閉殻の合成角運動量は一般にゼロになる．

応用 5.12 （分布の球対称性） 3 つの電子が 3 種の 2p 状態（角度依存性はそれぞれ Y_{11}, Y_{10}, Y_{1-1}）にある．スピンはすべて χ_{z+} であったとする．電子の位置を観測すると，各位置での発見確率は球対称であることを証明せよ．

ヒント $\psi(r_1, r_2, r_3)$ という関数で表される状態で，$\boldsymbol{r}$ という位置に電子 1 が発見される確率は，電子 2 と 3 の位置は問題にならないので

$$\int |\psi(\boldsymbol{r}_1 = \boldsymbol{r}, \boldsymbol{r}_2, \boldsymbol{r}_3)|^2 \, d\boldsymbol{r}_2 \, d\boldsymbol{r}_3$$

である．このような項を $\boldsymbol{r}_2$ と $\boldsymbol{r}_3$ についても計算して足せばよいが，反対称化されているときはどの項も結果は同じである．

解説 話を簡単にするために電子を 3 つとしたが，6 つの電子が 2p 状態に詰まっている場合も同じである．前問で示したように角運動量がゼロであることからも，分布が球対称であることは推定される．

類題 5.17 （閉殻 -1 電子） 電子を 9 個もつ原子の基底状態の合成軌道角運動量，合成スピン，合成全角運動量を，応用問題 5.11 を参考にして考えよ．

応用 5.13 （p_x, p_y, p_z から作る閉殻） p 状態を表す 3 つの関数 $Y_{1\pm1}, Y_{10}$ は z 方向の角運動量 L_z の固有状態で分けたものである．しかし z 方向だけを特別視する必要はなく，方向について，より均等な表し方もある．それによれば，$Y_{10} \propto \cos\theta = \frac{z}{r}$ であることから，$Y_{11} + Y_{1-1} \propto \frac{x}{r}$，$Y_{11} - Y_{1-1} \propto \frac{y}{r}$ を組み合わせる．それぞれを p_x, p_y, p_z と呼ぼう．3 つの電子がこの 3 種の状態を占めているときの反対称化された波動関数は，応用問題 5.12 のように $Y_{1\pm1}, Y_{10}$ の 3 種の状態を占めているときの波動関数と全体として同じである．そのことを示せ．

第 5 章 ブラケット表示と多体系

答 応用 5.11 p 状態の波動関数の角度部分は $Y_{1\pm1}$, Y_{10} であり，スピン部分は $\chi_{z\pm}$ である．したがってスレーター行列式の要素となる 6 電子の波動関数は，(1 列目から 6 列目まで) $Y_{11}\chi_{z+}$, $Y_{11}\chi_{z-}$, $Y_{10}\chi_{z+}$, $Y_{10}\chi_{z-}$, $Y_{1-1}\chi_{z+}$, $Y_{1-1}\chi_{z-}$ である．このスレーター行列式に下降演算子を掛けてゼロになることを示せばよい．基本問題 5.15 と同様に，列ごとに掛けると考えるとよい．

たとえばスピンの場合は，1 列目に掛けると $S_-\chi_{z+} \propto \chi_{z-}$ になって，2 列目と同じになり行列式はゼロになる．2 列目に掛けると $S_-\chi_{z-} = 0$ なのでゼロ．3 列目以下も同様である．

軌道角運動量の場合は $L_-Y_{11} \propto Y_{10}$, $L_-Y_{10} \propto Y_{1-1}$, $L_-Y_{1-1} = 0$ を考えればよい．いずれかの列に L_- を掛けると他の列に比例したものになるかゼロになる．

答 応用 5.12 $\psi(\boldsymbol{r}_1, \boldsymbol{r}_2, \boldsymbol{r}_3)$ は，積 $Y_{11}(1)Y_{10}(2)Y_{1-1}(3)$ を反対称化したものに比例する．この 3 つは互いに直交しているので，粒子と状態の対応が異なる項の積は ヒント の積分がゼロになる（たとえば積 $Y_{10}^*(2)Y_{11}(2)$ の積分はゼロ）．したがって同じ状態の積のみを考えればよく

$$\text{発見確率} = |Y_{11}|^2 + |Y_{10}|^2 + |Y_{1-1}|^2$$

基本問題 3.12 に記したように $Y_{10} = \sqrt{\frac{3}{4}\pi}\cos\theta$, $Y_{1\pm1} = \mp\sqrt{\frac{3}{8}\pi}\sin\theta\, e^{\pm i\phi}$ なので

$$\text{上式} = \tfrac{3}{8}\pi\sin^2\theta + \tfrac{3}{4}\pi\cos^2\theta + \tfrac{3}{8}\pi\sin^2\theta = \text{定数}$$

答 応用 5.13 スレーター行列式で考えれば，p_x, p_y, p_z から作る閉殻は

$$\begin{vmatrix} p_x(1) & p_y(1) & p_z(1) \\ p_x(2) & p_y(2) & p_z(2) \\ p_x(3) & p_y(3) & p_z(3) \end{vmatrix}$$

2 列目 p_y を i 倍して 1 列目に足せば 1 列目は Y_{11} に比例したものになる（このようにしても行列式は変わらない）．また，その 1 列目 Y_{11} を何倍かして 2 列目 p_y に足せば，2 列目は Y_{1-1} になる．また 3 列目はそのままで Y_{10} なのだから，これは $Y_{1\pm1}$, Y_{10} から作る行列式に等しいことがわかる．

また，このようにすれば電子分布が球対称であることは

$$\left(\tfrac{x}{r}\right)^2 + \left(\tfrac{y}{r}\right)^2 + \left(\tfrac{z}{r}\right)^2 = \text{定数}$$

から，明らかだろう．

応用 5.14 （H_2^+ イオン続き） (a) 基本問題 5.18 によれば，（そこでの近似の範囲内で）水素の原子核が結合する条件は

$$\frac{1}{R} - \frac{1}{1+S}\left(\left\langle \frac{1}{r_B}\right\rangle_{AA} + \left\langle \frac{1}{r_B}\right\rangle_{AB}\right) < 0 \qquad (*)$$

と書けた．3項それぞれの意味を述べ，基本問題 5.9 の，電子が一方の原子核に偏っている場合との比較で，結合が起こりうる原因を説明せよ．

(b) 基本問題 5.17 によれば

$$\left\langle \frac{1}{r_B}\right\rangle_{AA} = \frac{1}{R} - \frac{1}{R}e^{-2qR}(1+qR)$$

である．同様の計算によって，以下の結果を導いてみよ．

$$\left\langle \frac{1}{r_B}\right\rangle_{AB} = q\,e^{-qR}(1+qR)$$
$$S = \int \psi_A \psi_B \, d\boldsymbol{r} = e^{-qR}\left(1 + qR + \tfrac{1}{3}q^2 R^2\right)$$

(c) 以上の結果から，式 $(*)$ の左辺の概形を，横軸を R として描け．特に $R \to 0$ と $R \to \infty$ での振る舞いに注意せよ．そのグラフから何がわかるか．

(d) 基本問題 5.18 で使った $\psi \propto \psi_A + \psi_B$ という形は**結合軌道**と呼ばれるのに対して，$\psi \propto \psi_A - \psi_B$ という形は**反結合軌道**と呼ばれる．なぜか．

類題 5.18 （H_2 分子） 基本問題 5.18（および上問）の方法は，分子全体に広がる電子の波動関数を考えるので**分子軌道法**（**MO**（molecular orbital）**法**）と呼ばれる．特にここでは，各原子の波動関数の線形結合で分子軌道を表したので，**LCAO 近似**（原子軌道（atomic orbital）の線形結合（linear combination）という意味）での MO 法であった．

この方法で水素分子を考えるには，基本問題 5.18 の式 $(*)$ で表される状態の分子を 2 つ配置する．

$$\psi(\boldsymbol{r}_1, \boldsymbol{r}_2) = N^2 \bigl(\psi_A(\boldsymbol{r}_1) + \psi_B(\boldsymbol{r}_1)\bigr)\bigl(\psi_A(\boldsymbol{r}_2) + \psi_B(\boldsymbol{r}_2)\bigr)$$

ただし 2 電子の波動関数は全体として反対称でなければならないので，スピン部分を反対称（$S=0$ の 1 重項）にする．

ハミルトニアンは，

$$H = H_1 + H_2 + \frac{e^2}{4\pi\varepsilon_0}\left(\frac{1}{R} - \frac{1}{r_{12}}\right)$$

ただし H_i は各電子のみの場合のハミルトニアンである

$$H_i = -\frac{\hbar^2}{2m_e}\Delta_i - \frac{e^2}{4\pi\varepsilon_0}\left(\frac{1}{r_{Ai}} + \frac{1}{r_{Bi}}\right)$$

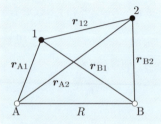

この系が水素分子を形成する条件を，基本問題 5.18 と同様のスタイルで導け．

答 応用 5.14 (a) 第1項は原子核どうしの反発力，第2項は一方の原子核側にある電子と他方の原子核との間の引力，第3項は，両側での電子の波動関数の重なり合いが，両側の原子核を引き付ける効果と解釈できる．基本問題 5.17 によれば，第2項の引力では第1項の反発力を打ち消し合うのに不十分である（ここでは分母の $1+S$ の因子により，さらに状況が悪くなっている）．したがって結合が起こるためには第3項が重要であることがわかる．これは波動関数の重なり合いの効果であり，典型的な量子論的効果といえる．

(b) 基本問題 5.17 と同様の手法により計算すると

$$\left\langle \frac{1}{r_B} \right\rangle_{AB} = \frac{q^3}{\pi} \frac{2\pi}{R} \left(\int_0^R e^{-qr_A} r_A \, dr_A \int_{R-r_A}^{R+r_A} e^{-qr_B} \, dr_B + \int_R^\infty e^{-qr_1} r_A \, dr_A \int_{r_1-R}^{r_1+R} e^{-qr_B} \, dr_B \right)$$

r_B 積分を行った上で，部分積分を使って r_A 積分をすれば与式が得られる．

S も同様だが，r_B 積分に r_B という因子が残っているので，部分積分の回数が増えて面倒である．$\frac{1}{R}$ や e^{-3qR} に比例する項は打ち消し合って消える．

(c) 式を見やすくするために $qR = x$ と書くと

$$\frac{\text{式}(*)\text{の左辺}}{q} = \frac{1}{x} - \frac{1}{1+S}\left(\frac{1}{x} - \frac{1}{x}e^{-2x}(1+x) + e^{-x}(1+x)\right)$$

$x \to 0$ では，$S \to 1$ だから上式 $\to +\frac{1}{x}$．また $x \to \infty$ では，$S \to \frac{x^2}{3}e^{-x}$ だから上式 $\to -xe^{-x}$．以上のことから概形は右図のようになると想像される．負の領域があり，その中でグラフが最小（つまりポテンシャルが最小）になる位置が，実現する原子核間の距離である（数値計算によれば，グラフが最小になる位置は $x = qR \fallingdotseq 2$，つまり R はボーア半径の2倍程度になる）．

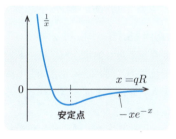

(d) 反結合軌道では，式 $(*)$ の第3項（重なり合いの項）の符号が逆になる．したがって式 $(*)$ は満たされないので，原子核の結合は起こらない．

応用 5.15 （分子の回転運動） これまでは，2つの原子核間の距離を R に固定し，その周囲に存在する電子の波動関数を考えてきた．では分子全体の動きを量子力学的に考えるにはどうすればいいだろうか．電子と原子核を同時に量子力学的に扱うのは難しいので，通常はまず，原子核間の間隔 R を固定し，その状況でのエネルギーの期待値を計算する（これまでやってきたことである）．そしてこれを，原子核間のポテンシャルエネルギー $U(R)$ とみなす．原子核の 2000 分の 1 ほどの質量しかもたない電子は素早く動くので，電子の動きは原子核が静止しているとみなして計算してよく，電子が原子核に与える影響は平均値を使ってよいという考え方である（**ボルン–オッペンハイマー近似**という）．

ポテンシャル U で表される力を互いに及ぼし合っている（そして外力は受けていない）2 物体は，重心は等速直線運動をし，相対運動はポテンシャル U のもとで動く，（換算質量 M をもつ）1 物体の運動とみなせるということは，古典力学ではよく知られている．シュレーディンガー方程式も同様で，相対座標 $\boldsymbol{R}$ についての方程式は

$$\left(-\frac{\hbar^2}{2M}\Delta_{\boldsymbol{R}} + U(R)\right)\psi(\boldsymbol{R}) = E\psi(\boldsymbol{R})$$

と書ける．ただし $\boldsymbol{R}$ は相対座標であり，R はその絶対値である．

$U(R)$ は $R = R_0$ で最小になり，動径方向の運動の基底状態に対しては，$R = R_0$ 付近の幅の狭い（調和振動子の基底状態の幅程度の）波動関数で表されるとしよう．そのときに，分子の回転運動のスペクトルはどうなるか．回転が起きても動径方向の波動関数はほとんど変わらないという前提で説明せよ．

応用 5.16 （オルト水素とパラ水素） 水素原子の原子核は，陽子という粒子 1 つからなる最も簡単な原子核である．陽子は電子の 2000 倍ほどの質量をもつが，スピンは電子と同じで $\frac{1}{2}$ である．したがって水素分子の原子核 2 つの合成スピンは，1 のとき（**オルト水素**という）と，ゼロのとき（**パラ水素**という）がある．
(a) 陽子はフェルミ粒子である．水素分子の基底状態（角運動量が $l = 0$ の状態）での，2つの合成スピンの大きさはいくつか．$l = 1$ ではどうか．
(b) 常温では水素分子の原子核の合成スピンは，ほぼ $\frac{1}{4}$ が $S = 0$，ほぼ $\frac{3}{4}$ が $S = 1$ である．その理由を説明せよ．

ヒント 基本問題 4.3 の計算からわかるように，l が奇数のときの Y_{lm} は奇関数であり，l が偶数ならば偶関数である．

第 5 章　ブラケット表示と多体系

答 応用 5.15　相対座標を極座標で表したときのシュレーディンガー方程式は，第 3 章より（ただし $L^2 = \hbar^2 \Lambda$ を使う）

$$-\frac{\hbar^2}{2M} \frac{1}{R^2} \frac{\partial}{\partial R}\left(R^2 \frac{\partial \psi}{\partial R}\right) + \frac{L^2}{2MR^2} \psi + U(R)\psi = E\psi$$

回転運動がないときは $L = 0$ だから，そのときの解を ψ_0，エネルギーを E_0 とすると

$$-\frac{\hbar^2}{2M} \frac{1}{R^2} \frac{\partial}{\partial R}\left(R^2 \frac{\partial \psi_0}{\partial R}\right) + U(R)\psi_0 = E_0\psi_0$$

次に，角運動量 l の状態を考えよう．その解を $\psi(R)Y_{lm}$ とすれば

$$-\frac{\hbar^2}{2M} \frac{1}{R^2} \frac{\partial}{\partial R}\left(R^2 \frac{\partial \psi}{\partial R}\right) + \hbar^2 \frac{l(l+1)}{2MR^2} \psi + U(R)\psi = E\psi$$

だが，この ψ は上式の ψ_0 とほぼ同じであるとすれば（この問題の前提）

$$E_0\psi + \hbar^2 \frac{l(l+1)}{2MR_0^2} \psi \fallingdotseq E\psi$$

ψ_0 は $R = R_0$ に局在しているとしたので，左辺第 2 項の R を R_0 とした．結局，

$$E \fallingdotseq E_0 + \hbar^2 \frac{l(l+1)}{2I} \quad \text{ただし} \quad I = MR_0^2$$

となる．慣性質量 M は原子核の質量の半分なので，この I は，長さ R_0 の両端に原子核が付いた棒の慣性モーメントに等しい $(2 \times 2M \times (\frac{R_0}{2})^2)$．つまり古典力学での剛体の回転運動のエネルギー $\frac{L^2}{2I}$ が再現された．

答 応用 5.16　(a)　波動関数全体は，相対座標 R についての波動関数 $\psi(R)$ と，2 つの陽子のスピンの積である．フェルミ粒子ならば，粒子の交換に対して波動関数全体に負号が付かなければならない．粒子を交換すると R は $-R$ になることに注意しよう．
　まず $\underline{l = 0}$ のときは ψ は絶対値 R のみにしか依存しないので，ψ は粒子の交換に対して対称．したがってスピン部分が反対称でなければならない．つまり $S = 0$ である．
　$\underline{l = 1}$ のときは Y_{1m} は符号を変える（**ヒント** 参照）．したがってスピン部分は対称であり，$S = 1$ となる．
(b)　問 (a) の話を拡張すれば，$l =$ 偶数 のときは $S = 0$，$l =$ 奇数 のときは $S = 1$ である．$S = 0$ は 1 重項，つまり状態は 1 つ．一方，$S = 1$ は 3 重項で，$S_z = \pm 1, 0$ の 3 状態がある．つまり常温では回転運動が活発であり，$l =$ 偶数 と $l =$ 奇数 とが同じだけ存在するとすれば，$1 : 3$ という比率が説明できる（統計力学によれば，エネルギーが等しいすべての状態は同じ確率で出現する）．

補章A ボルンの規則・確率・相対頻度

● **位置に関するボルンの規則**　規格化された波動関数 $\psi(x)$ で表される状態にある粒子の位置を観測すると、微小な領域 $[x, x+\Delta x]$ 内に検出（観測）される確率は $|\psi(x)|^2 \Delta x$ である（簡単のために1次元で記す）．これを**検出確率**，あるいは発見確率という．

問題 A.1　(a)　規格化されている条件は必要か．
(b)　検出確率を検出頻度という意味で解釈したときに，この規則を説明せよ．

★ 問題の解答は168ページより．

● **検出確率か存在確率か**　上記の規則において，確率は検出位置の確率，すなわち検出確率であった．存在確率ではない．つまりここでの確率という量は，検出を行って初めて意味をもつ量であり，検出前に，どこに存在しているかという確率について述べているわけではない（ボルンは最初は存在確率として彼の主張を述べたが，その誤りはすぐに是正された）．

検出前に確率が語れないとしたら，検出前の ψ は何を表しているのかという問題が生じる．これについては学者間で意見が一致していないが，どのような考え方があるかは補章Bで紹介する（第0章も参照）．

問題 A.2　電子の振る舞いが波によって表されることを示す1つの有名な実験が**2スリット実験**である．その実験を模式的に説明すると，2つの隙間（スリット）が開けられた板に電子が1つ入射する．いずれかのスリットを通り抜けると，電子は後部のスクリーンに衝突して点状の痕跡を残す．このような実験を繰り返してスクリーン上の痕跡を集めると，濃淡の縞模様が現れる．これは，各スリットを通り抜けた電子の2つの波が重なり合って干渉したためであると解釈される．この実験で，検出確率とは何に対応しているだろうか．また，この実験から，検出前に存在確率というものを考えてはいけない理由を説明せよ．

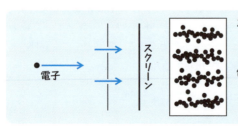

補章 A　ボルンの規則・確率・相対頻度

● **一般のボルンの規則**　ある物理量が，ある演算子 O で表されるとする（O はエルミートであるとする … 第 5 章）．すなわち，λ_i を何らかの定数として

$$O\psi_i = \lambda_i \psi_i$$

という関係が満たされる状態 ψ_i の，この物理量の値は λ_i である（λ_i を決定する何らかの測定手段があるとする）．

一般の状態 ψ は，このような状態のセット $\{\psi_i(x) : i = 1, 2, \ldots\}$ を使って，

$$\psi(x) = \sum c_i \psi_i(x) \tag{A.1}$$

と展開される．ただし ψ も ψ_i もすべて規格化されているとする．係数 c_i のセットが，この状態 ψ の，**物理量 O による表現**である．このとき，一般のボルンの規則は次のように表現できる．

> **一般のボルンの規則：**　式 (A.1) で表される状態 ψ の O の値を観測すると，結果は λ_i のいずれかであり，λ_i となる確率は $|c_i|^2$ である．

問題 A.3　(a)　確率の合計 $\sum |c_i|^2$ が 1 であることを証明せよ．
(b)　ψ は時間の関数なので c_i も時間の関数である．確率の合計が 1 であることが，時間が経過しても変わらないことは何によって保証されるか．

問題 A.4　(a)　式 (A.1) では，演算子 O の固有値が離散的であると仮定した．固有値が連続的に変化するとき，ボルンの規則はどのように表されるか．
(b)　位置に関するボルンの規則が，その一例になっていることを説明せよ．
(c)　運動量 p（波数 k）に対して，問 (a) で求めた規則が具体的にどうなるか，応用問題 5.2 (e) の式を使って説明せよ．

問題 A.5　(a)　電子のスピンが $\chi = \begin{pmatrix} a \\ b \end{pmatrix}$ （$|a|^2 + |b|^2 = 1$）と表される場合に，$s_z = \frac{1}{2}$ が測定される確率と $s_z = -\frac{1}{2}$ が測定される確率を求めよ．またそれから，s_z の測定値の平均を求めよ．そしてそれが，この状態の s_z の期待値 $\langle s_z \rangle = \chi^\dagger s_z \chi$ に等しいことを確かめよ．
(b)　同じ状態に対して，s_x の測定値について同じ議論をせよ．

● **確率と相対頻度（大数の法則）**　次に，量子力学とは無関係な確率論の話をする．ある試行において事象 A が起こる確率が p であるとする（たとえばコインを投げたときに表が出る確率が $p = \frac{1}{2}$）．その試行を N 回繰り返す．ただし各試行の結果は他の試行とは無関係であるとする（独立試行の仮定）．そのときに，事象 A が n 回（そしてそうではない事象が $N - n$ 回）出現する確率 $P_N(n)$ は

補章 A　ボルンの規則・確率・相対頻度

$$P_N(n) = {}_N C_n \, p^n (1-p)^{N-n} \tag{A.2}$$

（${}_N C_n$ は場合の数）．事象 A が出現する**相対頻度**（割合／ratio）を r とする，すなわち

$$r = \frac{n}{N} \tag{A.3}$$

とすると，次の問題で示すように，$N \to \infty$ の極限では $r = p$ となる（そうならない確率はゼロとなるという意味）．これを数学では**大数の法則**という．

問題 A.6　(a)　式 (A.2) を説明せよ．
(b)　次の 2 式を証明せよ．

$$\sum P_N(n) = 1 \tag{$*$}$$

$$\sum \left(p - \tfrac{n}{N}\right)^2 P_N(n) = \frac{p(1-p)}{N} \ \to\ 0 \quad (N \to \infty \text{ のとき}) \tag{$**$}$$

注　以上のことから，N が大きくなると $P_N(n)$ は $n = pN$ に集中している（すなわち $r = p$ である）ことがわかるが，以下の注意が必要である．

(c)　$P_N(n)$ は，$r = $ 一定として $N \to \infty$ とすると，r の値に関わらずゼロとなることを示せ．これは問 (b) の式 ($*$) と矛盾しないか．

ヒント　大きな数の階乗に対するスターリングの公式

$$n! \fallingdotseq \sqrt{2\pi n}\, n^n\, e^{-n}$$

を使う．$P_N(n)$ は $n = pN$ のときに最大になるので，このときに極値がゼロになることを示せばよい．

(d)　スターリングの公式より，n と N を大きくすると（$r = \frac{n}{N}$ は一定とする）

$$P_N(n) \fallingdotseq \frac{1}{\sqrt{\pi q N}} e^{\frac{-(n-pN)^2}{qN}} = \frac{1}{\sqrt{\pi q N}} e^{\frac{-N(r-p)^2}{q}}$$

ただし　$q = 2p(1-p)$

となることがわかる（たとえば『グラフィック講義 熱・統計力学の基礎』を参照）．これが問 (b)，問 (c) の結果と合致していること，および $N \to \infty$ で r の値は p に限定されることを説明せよ．

●　**ボルンの規則の証明**　電子 1 つのスピンが

$$\chi = \alpha \chi_{z_+} + \beta \chi_{z_-} \quad \text{ただし}\ \ |\alpha|^2 + |\beta|^2 = 1 \tag{A.4}$$

と表されるとする．そして，スピンがこれと同じ χ で表される電子が N 個あるとする．N 電子のスピンの状態 χ_N は

$$\chi_N = \chi(1)\chi(2)\cdots\chi(N) \tag{A.5}$$

となる.ただしこれだけでは粒子交換に対して対称だが,電子はフェルミ粒子なので,波動関数の空間部分が完全反対称になっているとする.

式 (A.5) の右辺の各 χ に式 (A.4) を代入して展開する.n 個の電子が $s_z = \frac{1}{2}$,$N-n$ 個の電子が $s_z = -\frac{1}{2}$ である対称化された状態を $\chi_{n,N}$ と記すと

$$\chi_{n,N} = {}_N C_n{}^{-\frac{1}{2}} \big(\chi_{z_+}(1)\cdots\chi_{z_+}(n)\chi_{z_-}(n+1)\chi_{z_+}(N) + (\text{粒子を入れ替えた項})\big) \tag{A.6}$$

であり(規格化した),式 (A.5) は

$$\chi_N = \sum c_{n,N}\chi_{n,N} \quad \text{ただし} \quad c_{n,N} = {}_N C_n{}^{\frac{1}{2}} \alpha^n \beta^{N-n} \tag{A.7}$$

と展開される.ここで

$$\rho_{n,N} = |c_{n,N}|^2 = {}_N C_n\, |\alpha|^{2n}|\beta|^{2(N-n)} \tag{A.8}$$

とすると,これは式 (A.2) の $P_N(n)$ に他ならない ($p=|\alpha|^2$).ボルンの規則によれば,係数 $c_{n,N}$ の 2 乗は $\chi_{n,N}$ という状態が検出される確率なのだから,それが $P_N(n)$ になるのはつじつまが合っている.

しかしここでボルンの規則を持ち出す必要はない.$\rho_{n,N}$ が $N \to \infty$ の極限で,$r = \frac{n}{N} = |\alpha|^2$ に集中することは問題 A.6 で示した.それ以外の r では ρ はゼロである.つまり $N \to \infty$ で $s_z = \frac{1}{2}$ が観測される相対頻度が $|\alpha|^2$ であることが,ボルンの規則は使わずに示されたことになる(ただし ρ の振る舞いで見ればよいということが前提にはなっている).確率とは $N \to \infty$ での相対頻度のことであるという立場に立てば,ボルンの規則が証明されたことになる(ただし測定との関連は補章 B を参照).

問題 A.7 式 (A.6) と式 (A.7) を証明せよ.

問題 A.8 (a) 式 (A.4) のスピンの例では可能な状態は 2 つだけだが,エネルギーなどでは可能な状態は無限個になる.その場合はどのような議論をすればよいか.

ヒント 注目する状態とその他の状態に分ければよい.

(b) 本章冒頭の,位置に関するボルンの規則を,確率とは $N \to \infty$ での相対頻度のことであるとして同様にして証明せよ.

● **有限個の対象** 以上のように,無限個の対象における相対頻度という意味で,ボルンの規則の確率は証明できる.では対象が有限個の場合は何がいえるだろうか.

今まで「確率」という言葉をかなり安易に使ってきたが,物理学で「確率」が何を意味するかは自明ではない.たとえばコインを1枚だけ投げたときにそれが表になる確率は $\frac{1}{2}$ であるといった場合,それは何の具体的な実験事実にも対応していない.それが 100 枚であっても,100 枚すべてが表になるという可能性も排除できない.

168　　　補章 A　ボルンの規則・確率・相対頻度

有限個の状態の測定では，結果の相対頻度がボルンの規則からはずれることもありえる．しかし大きく外れれば不安には感じるだろう．その不安の程度は次のように数値化される．

問題 A.9　（有限回の測定）　問題 A.6 の式 (**) で表されるスピンをもつ電子を 100 個用意し，そのスピンをすべて測定するという実験を無限回行う．「100 個のうち $s_x = \frac{1}{2}$ になったのは n 個」という結果になる相対頻度はどれだけか．

補章 A の問題の解答

答 問題 A.1　(a)　この規則によれば，すべての可能性の確率の合計は
$$\sum |\psi(x)|^2 \Delta x = \int |\psi(x)|^2 dx$$
規格化されていれば右辺は 1 なので，確率の合計が 1 になるという条件を満たす．規格化されていない場合は，$|\psi(x)|^2 \Delta x$ を $\int |\psi(x)|^2 dx$ で割ったものが確率だとすればよい．

(b)　同じ状態 $\psi(x)$ にある粒子を無限個用意し，それらの位置をすべて測定したとき，領域 $[x, x + \Delta x]$ に発見される相対頻度（全体に対する割合）が $|\psi(x)|^2 \Delta x$ になる．測定する粒子が有限個のときは確定的なことはいえないが，「相対頻度が何々になる確率」という量は計算可能である（問題 A.9 参照）．

答 問題 A.2　電子の位置の観測はスクリーン上の痕跡として行われている．したがってボルンの規則は，スクリーン上の痕跡の分布に適用される．痕跡の位置に対して確率という量が考えられるのは，1 回の実験（電子は 1 つ）では，痕跡はどこか 1 か所，そして 1 か所だけにできるからである．

しかしスリットを通る段階ではそうではない．スクリーン上で縞模様ができるのは，入射する電子が 1 つであっても，2 つのスリットそれぞれを通過する状態が共存しており，それがスクリーン上で干渉を引き起こすからである．同時に起きている現象に対しては，それぞれに，一方が起きる確率，他方が起きる確率という量を考えることはできない（$\psi(x)$ は共存の程度を表しているとはいえるがそれは確率ではなく，正の数とも限らない）．

答 問題 A.3　(a)　ψ と ψ_i が規格化されていることと，また（O がエルミートなので）異なる ψ_i は直交していること（$i \neq j$ のとき $\int \psi_i^* \psi_j dx = 0$）より
$$1 = \int |\psi|^2 dx = \int \left(\sum c_i^* \psi_i^*(x)\right)\left(\sum c_j \psi_j(x)\right) dx = \sum |c_i|^2 \int |\psi_i|^2 dx = \sum |c_i|^2$$

(b)　$\int |\psi|^2 dx$ の値は時間に依存しないことは基本問題 2.11 で証明した．

補章 A　ボルンの規則・確率・相対頻度

答 問題 A.4 　(a)　連続して変化する固有値を λ，それに対応する固有関数を $\psi_\lambda(x)$ とする（$O\psi_\lambda(x) = \lambda\psi_\lambda(x)$）．$\psi_\lambda(x)$ によって一般の状態 $\psi(x)$ を展開し，展開係数を $c(\lambda)$ とすると

$$\psi(x) = \int d\lambda\, c(\lambda)\, \psi_\lambda(x) \tag{*}$$

これまでのボルンの規則と同様に考えれば，測定された O の値が微小な領域 $[\lambda, \lambda+\Delta\lambda]$ 内に入る確率は $|c(\lambda)|^2\, \Delta\lambda$ であると推定される．

(b)　位置 x の値が x_0 であると決まっている状態 $\psi_{x_0}(x)$ は，基本問題 2.10 や応用問題 5.2 で導入した δ 関数を使って

$$\psi_{x_0}(x) = \delta(x - x_0)$$

と書ける．これは，$x = x_0$ 以外ではゼロであり，$x = x_0$ では無限大，また $x = x_0$ を含む領域で積分すると 1 になる，という条件で定義される関数である．これによって一般の状態 ψ を展開すると，上式 (*) は

$$\psi(x) = \int dx_0\, c(x_0)\, \delta(x - x_0) = c(x)$$

つまり展開係数 c は $\psi(x)$ そのものであるということであり，問 (a) で記した規則は，本章冒頭の，位置に関するボルンの規則に一致する．

(c)　波数の値が k と決まっている状態は

$$\psi_k(x) = \frac{1}{\sqrt{2\pi}}\, e^{ikx} \tag{**}$$

である．そして応用問題 5.1 の式 (*) が，本問 (a) の式 (*) に相当し

$$c(k) = \widetilde{\psi}(k)$$

となる．つまり運動量の測定値が $p = \hbar k$ である確率は，$\psi(x)$ のフーリエ変換 $\widetilde{\psi}(k)$ によって決まる．

注　式 (**) で係数 $\frac{1}{\sqrt{2\pi}}$ が付くのは，$\psi_k(x)$ の規格化のためである．規格化については応用問題 5.2 を参照． ●

答 問題 A.5 　(a)　それぞれの確率は $|a|^2$ と $|b|^2$．平均値は $\frac{1}{2}(|a|^2 - |b|^2)$．期待値 ($= \chi^\dagger s_z \chi$) も同じ．
(b)　$s_x = \frac{1}{2}$ となる確率は $|\chi^\dagger_{x+}\chi|^2 = \left|\frac{1}{\sqrt{2}}(a+b)\right|^2$．$s_x = -\frac{1}{2}$ となる確率は $|\chi^\dagger_{x-}\chi|^2 = \left|\frac{1}{\sqrt{2}}(a-b)\right|^2$．平均値は $\frac{1}{2}(a^*b + b^*a)$．期待値も同じ．

答 問題 A.6 　(a)　確率 p の事象が n 回，確率 $1-p$ の事象が $N-n$ 回起こることになるが，その順番は任意なので ${}_N C_n$ の場合があり，全体としては式 (A.2) になる．

(b) 設問の式 (∗) は
$$(x+y)^N = \sum {}_N\mathrm{C}_n\, x^n y^{N-n}$$
という展開式で $x=p$, $y=1-p$ とすればよい．この式の両辺を x で微分して x を掛けると
$$Nx(x+y)^{N-1} = \sum n\, {}_N\mathrm{C}_n\, x^n y^{N-n}$$
もう一度 x で微分して x を掛けると
$$Nx(x+y)^{N-1} + N(N-1)x^2(x+y)^{N-2} = \sum n^2\, {}_N\mathrm{C}_n\, x^n y^{N-n}$$
以上の 2 式で $x=p$, $y=1-p$ とすれば，それぞれ
$$Np = \sum n\, {}_N\mathrm{C}_n\, p^n (1-p)^{N-n}$$
$$Np + N(N-1)p^2 = \sum n^2\, {}_N\mathrm{C}_n\, p^n (1-p)^{N-n}$$
これらと式 (∗) も組み合わせれば式 (∗∗) が得られる．

(c) $p = \frac{n}{N}$ として計算すると，${}_N\mathrm{C}_n = \frac{N!}{n!(N-n)!}$ なので，
$$P_N(n) = \left(\frac{N!}{N^N}\right)\left(\frac{n^n}{n!}\right)\left(\frac{(N-n)^{N-n}}{(N-n)!}\right)$$
$$\fallingdotseq \frac{\sqrt{2\pi N}}{\sqrt{2\pi n}} \frac{1}{\sqrt{2\pi(N-n)}} = \frac{1}{\sqrt{2\pi N}} \frac{1}{\sqrt{p}} \frac{1}{\sqrt{1-p}} \to 0$$

つまり $N\to\infty$ の極限では設問の式 (∗) 左辺の各項はすべてゼロになるが，この極限では項の数も無限大になるので，合計がゼロにならなくても矛盾ではない．

(d) $N\to\infty$ で $P_N(n)\to 0$ になっているので問 (c) に合致する．また n を連続変数だとみなして積分すると
$$\int dn\, \frac{1}{\sqrt{\pi qN}} e^{-\frac{(n-pN)^2}{qN}} \fallingdotseq \frac{1}{\sqrt{\pi qN}}\sqrt{\pi qN} = 1 \qquad (***)$$
(積分範囲は $0<n<N$ だが，$|n-pN|<\sqrt{N}$ 付近しかきかないので，$-\infty < n < \infty$ としてガウス積分の公式 $\int_{-\infty}^{\infty} dx\, e^{-Ax^2} = \sqrt{\frac{\pi}{A}}$ を使った)．

被積分関数は $N\to\infty$ でゼロになるが，積分の幅が実質的に $\sqrt{N}$ 程度であり無限大になるので，積分の結果は有限になる．この結果は設問の式 (∗) に合致する．

また，式 (∗∗∗) の積分を r で考えると，$dn = N\, dr$ なので
$$\text{式} (***) \fallingdotseq \int dr\, \sqrt{\frac{N}{\pi q}}\, e^{-\frac{N(r-p)^2}{q}}$$
この式では被積分関数は，$N\to\infty$ で，$r=p$ でない限りゼロ，$r=p$ では逆に無限大になる．つまり r の値は p に限定される．積分変数が n から r に変わっていることが重要である．

補章 A　ボルンの規則・確率・相対頻度

答 問題 A.7　式 (A.6) の係数は，項が $_N\mathrm{C}_n$ 個あることから生じる．この係数を打ち消すために，式 (A.7) の $c_{n,N}$ では係数 $_N\mathrm{C}_n^{\frac{1}{2}}$ が必要となる．

答 問題 A.8　(a) ある物理量の測定値が λ_0 になる確率は，という問題として考える．その値に対応する規格化された固有関数を ψ_0 とする．観測される 1 粒子の規格化された波動関数を

$$\psi = \alpha \psi_0 + \beta \psi'$$

と書く．ただし，残りの部分の ψ' も規格化されているとし，したがって $|\alpha|^2 + |\beta|^2 = 1$ である（ψ' は他の測定値に対応する状態なので ψ_0 と ψ' は直交している）．こうすれば，2 状態の場合とまったく同じになるので，測定値が λ_0 となる相対頻度 r は，$N \to \infty$ の極限で $r = |\alpha|^2$ となる．

(b) 位置の測定値が $[x, x+\Delta x]$ の範囲に入る確率を考えよう．観測される 1 粒子の波動関数を ψ とし，またそのうちの，この範囲の部分だけを取り出したものを ψ_0，そしてそれを規格化したものを $\tilde{\psi}_0$ とする．また，この範囲外の部分だけを取り出したものを ψ' とし，$\psi = \alpha \tilde{\psi}_0 + \psi'$ と書く．α は ψ_0 を規格化したために必要となった係数であり

$$\alpha = \left(\int_x^{x+\Delta x} dx \, |\psi(x)|^2 \right)^{\frac{1}{2}}$$

である．これまでと同じ議論により状態が ψ_0 である相対頻度は $|\alpha|^2$ になり，Δx が微小ならば $|\alpha|^2 \fallingdotseq |\psi(x)|^2 \Delta x$ になる．

答 問題 A.9　(a) 100 個の電子のうち n 個が $s_z = \frac{1}{2}$ となる状態は，式 (A.6) の $\chi_{n,N}$（ただし $N=100$）である．これによって，電子 100 個の状態 $\chi(100)$ は式 (A.7) のように展開される（$N=100$）．この式を，$\chi(100)$ という 100 個の集団 1 つを 101 種類の状態に展開したとみなし，問題 A.8 (a) を適用しよう．すると，100 個を無限回，測定したときに $\chi_{n,100}$ の状態が測定される相対頻度は

$$|c_{n,100}|^2 = {}_N\mathrm{C}_n \, |\alpha|^{2n} |\beta|^{2(100-n)}$$

となる．この相対頻度が非常に小さい結果が 1 回の測定で得られたら（たとえばコイン 100 枚を投げたらすべて表になったら），不安にはなるだろう．しかし相対頻度がゼロではない限り，ありえないことではない．

補章B エンタングルメント・実在・デコヒーレンス

● **電子の「状態」** 位置を測定するまでは粒子は特定の位置に存在するわけではないので,存在確率というものは定義できないと説明した(補章A).では測定前の電子はどのような状態にあるのか.そして測定後にはどのような状態に変わるのか.この問題についてはさまざまな主張があるが,ここでは次の2つの立場を取り上げる.

立場1:粒子がどのような状態にあるのかは,測定しなければわからない.つまり測定前の状態が何かという疑問は答えられない問題であり,科学として問うべき問題ではない.そして測定時に,測定された位置に粒子が存在するという状態が出現する.

立場2:粒子がここにある状態,そこにある状態 … というように複数の状態が最初から共存している.測定後も,粒子がここに測定された状態,そこに測定された状態というように,複数の状態が共存している.

この立場の違いは,測定とは無関係な存在(専門的には**実在**(reality)という)を認めるかという,科学観の根本的な違いにも関係しており,しばしば前者は**実証主義**,後者は**実在主義**と呼ばれる.第0章で述べたコペンハーゲン解釈は前者の立場,多世界解釈は後者の立場に立つ.

問題 B.1 上記の立場の違いは粒子の位置に限る話ではない.たとえばスピンについて考えてみよう.1つの電子が $\chi = \alpha\chi_{z+} + \beta\chi_{z-}$ という状態にあるとし,それを z 方向を向いたシュテルン–ゲルラッハの装置を通し,その後で検出器を通す.電子は検出器に痕跡を残して動き続ける.このプロセスを,(a) 立場1,および,(b) 立場2で記述せよ.

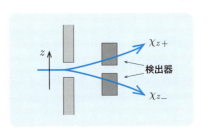

★ 問題の解答は179ページより.

● **エンタングルメント** 上記の立場2に立って測定前の実在を認めるにしても,その実在は,少なくとも量子力学が登場する前の常識的な感覚とは大きな違いがある.その違いの1つは,すでに指摘した「複数の状態の共存」ということだが,もう一点,エンタングルメントという現象がある.

スピンが $\frac{1}{2}$ の2つの粒子(異種だとする)が,左右に互いから遠ざかるように動いているとしよう.また,そのスピンは全体としては $s=0$ になっているとする.

補章 B　エンタングルメント・実在・デコヒーレンス

これまで状態は，しばしば空間部分とスピン部分の積（$\psi\chi$）で表したが，ここではブラケット表示を使って，たとえば $|z_+\rangle_左$ といった書き方をする．これは粒子が左方向に進んでおり，スピンは $s_z = +\frac{1}{2}$ であることを意味する．すると，この 2 粒子を表す状態は次のように書ける（合成スピンがゼロの状態は基本問題 5.12 (b) 参照）．

$$|z_+\rangle_左 |z_-\rangle_右 - |z_-\rangle_左 |z_+\rangle_右 \tag{B.1}$$

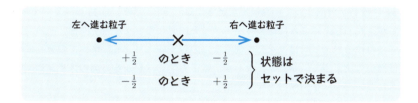

この式は，この 2 粒子の状態が，(1) 左が $s_z = \frac{1}{2}$ であり右が $s_z = -\frac{1}{2}$ というセットと，(2) 左が $s_z = -\frac{1}{2}$ であり右が $s_z = \frac{1}{2}$ というセットの重ね合わせ（共存）であることを意味する．つまり，出発点において状態が式 (B.1) のように与えられれば，時間が経過してこの 2 粒子の間隔がいかに離れようとも（地球上と宇宙のかなたであったとしても），2 粒子の性質はセットとしてのみ指定され，複数のセットが共存しうるということであり，**エンタングルメント**（**量子もつれ**，**量子絡み合い**，あるいは**分離不能性**）といわれる．

式 (B.1) で表される状態がもつ興味深い性質を説明しておこう．この式ではスピンは s_z によって表現されている．しかし他の方向，たとえば z 軸から x 軸方向に θ だけ傾いた方向のスピンによって表現してもこの形は変わらない．たとえば，粒子が左に動いており θ 方向のスピンが $\frac{1}{2}$ である状態を $|\theta_+\rangle_左$ というように表現すると

$$式 (B.1) = |\theta_+\rangle_左 |\theta_-\rangle_右 - |\theta_-\rangle_左 |\theta_+\rangle_右 \tag{B.2}$$

となる（次の問題を参照）．

問題 B.2　式 (B.2) を証明せよ．

ヒント　応用問題 4.5 より（* は左あるいは右）

$$|\theta_+\rangle_* = \cos\frac{\theta}{2} |z_+\rangle_* + \sin\frac{\theta}{2} |z_-\rangle_* \tag{*}$$

であり，同様の計算をすると

$$|\theta_-\rangle_* = -\sin\frac{\theta}{2} |z_+\rangle_* + \cos\frac{\theta}{2} |z_-\rangle_*$$

これらを式 (B.2) の右辺に代入して式 (B.1) に等しいことを示す．

● **局所実在論** 式 (B.1) にしろ式 (B.2) にしろ，互いに離れた粒子の性質がセットで決まっている．しかしそれに対して，互いに影響を与えられないほど十分に離れている粒子の性質は個別に決まっているはずだという従来の常識（専門的には**局所実在論**という）にこだわり，エンタングルメントを否定する人もいた．

その主張では，式 (B.1) によれば，左の粒子の s_z を測定すると瞬時に（つまり測定の影響が伝わるだけの時間がない）遠方の右の粒子の s_z がわかるのだから，右の粒子の s_z は最初から決まっていたはずだと考える．さらに，式 (B.1) はスピンを s_z で表したが，式 (B.2) によれば他の方向のスピンに関してもまったく同様である．したがって右の粒子のスピンは（そして同等な左の粒子のスピンも）すべての方向についても最初から決まっていることになるが，量子力学では異なる方向のスピンは同時に決められないので量子力学は不完全であると主張される．

注 このタイプの議論はアインシュタイン，ポドルスキーおよびローゼンにより最初に指摘されたことであり，しばしば **EPR パラドックス**と呼ばれる． ●

● **隠れた変数の理論とベルの不等式** スピンのすべての方向の値が粒子ごとに個別に決まるように量子力学を修正しようとする試みがなされた．現在の量子力学には導入されていない変数があり，その値を我々は知らないのでさまざまな値が共存しているように見えるという考え方をする．そのような理論を一般に**隠れた変数の理論**というが，具体的に成功した理論があるわけではない．

仮に現実がそのようになっているとすると，量子力学とは相いれない関係式が導かれる．**ベルの不等式**と呼ばれ，さまざまな形のものがあるが，一番重要なのは次の **CHSH 不等式**である．その設定を簡単に説明しよう．

式 (B.1)（あるいは式 (B.2)）で表される 2 粒子のスピンを同時に測定することを考える．この式で表される 2 粒子の状態を何度も生成し，左右の 2 粒子のスピンの方向の同時測定を繰り返す．

測定するスピンの方向は，左の粒子については A 方向または B 方向，右の粒子については A' 方向または B' 方向とする．1 つの粒子については 1 方向しか測定できないが（シュテルン–ゲルラッハ装置をその方向に向ける），左右それぞれでどうするかは独立に選択できる．つまり組合せとしては，AA', AB', BA' そして BB' の 4 通りである．

いずれの場合もスピンの値は $\frac{\hbar}{2}$ か $-\frac{\hbar}{2}$ だが，簡単のためにそれぞれ，1 あるいは -1 であるとする．そして，たとえば AA' とは，各同時測定での測定値の積を表すとする．そして何度も測定を繰り返したときの平均を $\langle AA' \rangle$ というように表す．すると，隠れた変数の理論によれば

補章 B　エンタングルメント・実在・デコヒーレンス

$$|\langle AA'\rangle - \langle AB'\rangle + \langle BA'\rangle + \langle BB'\rangle| \leqq 2 \quad (B.3)$$

という不等式が成り立つが（問題 B.4），量子力学によれば，測定の方向の組合せによってはこの不等式は破れる（問題 B.5）．

　実際には，電子のスピンではなく光子の偏光というものの測定によって上記の不等式が検証され，式 (B.3) は成り立たないことがあり，量子力学の予測が正しいということが確認された．つまり常識にとらわれた局所実在論は誤りであり，エンタングルメントという現象は現実であることがわかった．

問題 B.3　隠れた変数の理論の特徴は，測定に関係なく，$A \sim B'$ のすべての値が各事象で 1 または -1 に決まっているということである（各事象で隠れた変数の値が決まっているので，それに応じてスピンの値も決まっていると考える）．そのことを前提にして式 (B.3) の不等式を導け．

ヒント　式 (B.3) の左辺を $(A+B)A' + (B-A)B'$ と書くとよい．$A+B$ は ± 2 か（A と B が同符号），ゼロか（異符号）のいずれかしかありえず，± 2 のときは $A-B=0$ である．●

問題 B.4　(a) たとえば A 方向と A' 方向の間の角度を $\theta_{AA'}$ と書く．すると，式 (B.1) で表される状態に対しては，量子力学では式 (B.4) の左辺は

$$|\cos\theta_{AA'} - \cos\theta_{AB'} + \cos\theta_{BA'} + \cos\theta_{BB'}| \quad (*)$$

となることを示せ（問題 B.2 の **ヒント** の式 (*) を使う）．
(b) $A \sim B'$ がすべて同一平面内にあり，A から A' までが $\frac{\pi}{4}$，そこから B までが $\frac{\pi}{4}$，そこから B' までが $\frac{\pi}{4}$ だとすると，不等式 (B.3) が成り立たないことを示せ．

問題 B.5　(a) 量子力学でも状態がエンタングルしていなければ，この不等式は成り立つ．たとえば状態を表す項が $|z_+\rangle_左 |z_-\rangle_右$ だけだったら不等式 (B.3) が成り立つことを示せ．

ヒント　不等式の各項を，z 軸に対する測定方向の角度で表す．測定値は左右独立に決まる．●
(b) この 2 つの粒子（粒子 1，粒子 2 とする）が同種粒子（フェルミ粒子）だったら，問 (a) の状態でも反対称化して

$$|z_+(1)\rangle_左 |z_-(2)\rangle_右 - |z_+(2)\rangle_左 |z_-(1)\rangle_右$$

としなければならない（同種粒子ならばどちらの粒子が左に動いていても同じ状態である）．この形はエンタングルしているといえるか．ベルの不等式は破れるか．

● **測定とエンタングルメント** 測定過程の見方についても大きく分けて 2 つの立場がある．

立場 1：状態 $|\psi\rangle$ の物理量には，$|\psi\rangle$ に作用する，対応する演算子 O がある．$|\psi\rangle$ は O の固有状態 $|\psi_i\rangle$ の線形結合で書け

$$|\psi\rangle = \sum c_i |\psi_i\rangle \quad \text{ただし} \quad O|\psi_i\rangle = \lambda_i |\psi_i\rangle \tag{B.4}$$

固有値 λ_i のいずれかが測定される（どの程度の頻度で λ_i が測定されるかは，補章 A の問題になる）．

この立場では，ある状態 $|\psi_i\rangle$ が観測されると，その後はその結果だけを考えればよく，$|\psi\rangle$ に他の状態（$j \neq i$）も含まれていたことは無視とする．これを**波の収縮**という（$|\psi\rangle$ の $|\psi_i\rangle$ への収縮という意味）．もともとこの立場では，観測前の実在というものを認めていないので，他の $|\psi_j\rangle$ がどうなったかという問題は考えず，$|\psi_i\rangle$ という状態が観測されたという事実をそのまま受け入れる．

立場 2：測定とは，対象 ψ と測定装置 M の両方を含む状態 $|\psi\rangle |M\rangle$ の時間発展の結果である．時間発展の結果，測定結果を表すエンタングルした状態が生じる．測定前の装置の状態を $|M_0\rangle$，λ_i という測定結果が出たときの装置の状態を $|M_i\rangle$ と書くと，それぞれの固有状態については

$$|\psi_i\rangle |M_0\rangle \to |\psi_i\rangle |M_i\rangle$$

という変化をするので，$|\psi\rangle$ 全体としては

$$|\psi\rangle |M_0\rangle = \sum c_i |\psi_i\rangle |M_0\rangle \to \sum c_i |\psi_i\rangle |M_i\rangle \tag{B.5}$$

これは，$|\psi_i\rangle |M_i\rangle$ というセットの重ね合わせ（共存）という意味で，エンタングルした状態である（ここでは対象の状態 $|\psi_i\rangle$ は測定後も変わらないとした．変わるとしても議論は同じである）．

測定装置も原子・分子から構成されているので対象物と同レベルで扱う立場 2 は必然のように見えるが，立場 1 は，マクロな対象に対しても量子力学を適用するという考え方がない時代に提唱されたことが影響している．

測定装置の $|M_i\rangle$ の変化までは認めるが，その後，人間が観察したときに特定の状態が選択される（波の収縮）という，立場 1 を発展させた考え方もある．立場 2 では，人間の観察後も，人間の状態もエンタングルした重ね合わせが続くと考える（式 (B.7) 参照）．

問題 B.6 補章 A では，式 (A.5) で表される N 粒子の状態の相対頻度を計算した．頻度とは測定結果の頻度であるべきだが，補章 A では測定装置の状態までは考慮に入れなかった．式 (B.5) のように測定装置まで考慮した場合に，式 (A.6) の計算はどう変わるか．

補章 B　エンタングルメント・実在・デコヒーレンス

● **エンタングルメントと干渉**　量子力学では粒子は波によって表されるので，複数の波が重ね合わさることによって**干渉**という現象が起こる（たとえば問題 A.2 の 2 スリット実験）．しかし粒子あるいは物体が複数ある場合，波もそれらの状態を同時に表すことになり，そのような波が複数，重ね合わされば，それはエンタングルした状態になる．そしてそのような状況では干渉も，エンタングルした波で考えなければならない．そして次の 2 問で示すように，エンタングルした状態ではしばしば干渉は消滅する．

問題 B.7　問題 A.2 の 2 スリット実験で，スリットを通った後の電子の状態を

$$|上\rangle + |下\rangle \tag{B.6}$$

と表そう．それぞれ，上のスリットを通った後の状態，下のスリットを通った後の状態である．それがスクリーン上で重なり合うと干渉縞が生じる．

しかし右図のように，下のスリットのすぐ後ろに検出器を置こう．ここを粒子が通ると検出器に何らかの記録が残るが，粒子はそのまま通過するとする．このような設定ではスクリーン上に干渉縞は生じない．そのことを，粒子と検出器のエンタングルメントを考えて説明せよ．

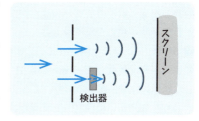

ヒント　測定の場合と同様に考える．検出器 (detector) の，記録なしの状態を $|D_0\rangle$，記録の残った状態を $|D_+\rangle$ として，粒子がスリットを通ったときに状態がどう変化するかを考えよ．スリットを通ったが，まだ検出器の位置を通っていない状態は，$(|上\rangle + |下\rangle)|D_0\rangle$ である．

注　問題文には「検出器」と書いたが，痕跡が残るものならば何でもよい．たとえばその付近に電磁波を充満させておいてもよい．ただし粒子がどちらの経路を通ったかが確認できるように，波長が（経路の間隔よりも）十分に短いものでなければならない．

問題 B.8　(a)　スピンが $\chi = \frac{1}{\sqrt{2}}\begin{pmatrix}1\\1\end{pmatrix}$ という状態にある粒子を，z 方向を向いたシュテルン–ゲルラッハの装置に通す．その後のありうる経路は 2 つあるが，電場をかけることによって，いずれの経路に入ったとしても，また同じ経路に合流するようにする（右図参照）．その後，x 方向を向いたシュテルン–ゲルラッハの装置に通す．そのとき，電子はどのように振る舞うか．

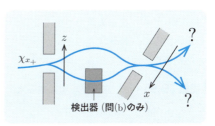

(b) 問 (a) とほとんど同じだが，図の位置に，問題 B.7（2 スリット実験）と同じ検出器を置く．すると，最終的にその粒子はどのように振る舞うか．

注 このように粒子の経路を分離させたり，再度，合流させたりする実験は，実際には電子などの物質を構成する粒子ではなく光子によって行われており，そこではスピンではなく光子の偏光という性質が利用される．●

● **デコヒーレンス** 問題 B.7, 問題 B.8 では検出器がエンタングルすることによって干渉が消滅すると主張した．この主張には 1 つの仮定がある．検出器の状態にいったん，$|D_0\rangle$ と $|D_+\rangle$，といった相違が出たとき，その後検出器の状態が変わっても，（主として，検出器は多くの自由度が関係しているという理由で）相違が消失する可能性はないという仮定である．仮に記録が消失したとしても，消失の過程で別の部分に影響が出るので，全体が完全にもとに戻ることはありえないと考える．このように，対象物の相違（粒子の状態の相違）が，検出器などの周囲の相違をもたらし，その結果として干渉が起こらなくなることを，一般に**デコヒーレンス**という．

● **デコヒーレンスと測定** 式 (B.5) の測定過程もデコヒーレンスの一例である．$|\psi\rangle$ の違いが測定装置 $|M\rangle$ の違いに伝搬すると，各項が干渉しなくなる．それぞれが独立した状態になり，互いの影響によって生じる効果が存在しない．このように考えると，式 (B.5) は，互いに独立した世界が共存していることを表していると解釈できる．これが**多世界解釈**である．

多世界ということを強調するときは，これにさらに観測者（observer，人間など）の状態 $|O\rangle$ もエンタングルさせる．すると式 (B.5) の最後は

$$\sum c_i |\psi_i\rangle |M_i\rangle |O_i\rangle \tag{B.7}$$

となる．ここで $|O_i\rangle$ とは，観測者が測定結果 M_i を読み取ったという状態を表す．この式では，観測者についてもさまざまな状態 $|O_i\rangle$ が共存している．1 つの対象を 1 回だけ測定したとき，その結果は 1 つのはずである．したがって複数の状態が共存している式 (B.5) や式 (B.7) は一見すると奇妙だが，どの状態でも観測者は 1 つの測定結果を認識しているだけであり，現実と矛盾した点はない．

といっても，我々人間でさえも複数の状態が共存していることに違和感を感じる人も多いようで，物理学者の意見が一致しているわけではない．読者の皆さんも考えていただきたい問題である．

問題 B.9 (a) 他世界解釈によると，問題 B.8 (a) では，複数の世界が誕生しているといえるか．
(b) 問題 B.8 (b) ではどうか．

補章 B の問題の解答

答 問題 B.1 (a) 立場 1 では，検出した段階で初めて電子のスピンについて語れるようになる．上の検出器で検出されれば $s_z = \frac{1}{2}$ の状態であることになり，下の検出器で検出されれば $s_z = -\frac{1}{2}$ の状態であることになる．

(b) 立場 2 では，検出前は $s_z = \frac{1}{2}$ と $s_z = -\frac{1}{2}$ の状態の，ある比率での共存状態とみなす．検出後には，電子のスピンは $s_z = \frac{1}{2}$ であり上の検出器に記録が残ったという状態と，電子のスピンは $s_z = -\frac{1}{2}$ であり下の検出器に記録が残ったという状態が，検出前と同じ比率で共存する．2 つの世界が共存しているという言い方もする．

答 問題 B.2 式 (B.2) の第 1 項から計算すると

$$|\theta_+\rangle_左 |\theta_-\rangle_右 = \left(\cos\tfrac{\theta}{2}|z_+\rangle_左 + \sin\tfrac{\theta}{2}|z_-\rangle_左\right)\left(-\sin\tfrac{\theta}{2}|z_+\rangle_右 + \cos\tfrac{\theta}{2}|z_-\rangle_右\right)$$
$$= \cos^2\tfrac{\theta}{2}|z_+\rangle_左|z_-\rangle_右 - \sin^2\tfrac{\theta}{2}|z_-\rangle_左|z_+\rangle_右$$
$$+ \sin\tfrac{\theta}{2}\cos\tfrac{\theta}{2}\left(|z_-\rangle_左|z_-\rangle_右 - |z_+\rangle_左|z_+\rangle_右\right)$$

同様に

$$|\theta_-\rangle_左|\theta_+\rangle_右 = \cos^2\tfrac{\theta}{2}|z_-\rangle_左|z_+\rangle_右 - \sin^2\tfrac{\theta}{2}|z_+\rangle_左|z_-\rangle_右$$
$$+ \sin\tfrac{\theta}{2}\cos\tfrac{\theta}{2}\left(|z_-\rangle_左|z_-\rangle_右 - |z_+\rangle_左|z_+\rangle_右\right)$$

両式の差をとれば式 (B.2) になる．

注 1 この問題では z 軸から x 軸方向への回転を考えたが，y 軸方向への回転もほとんど同じである．そのときは

$$R_x(\theta) = \cos\tfrac{\theta}{2} - i\sigma_x \sin\tfrac{\theta}{2}$$

であり

$$|\theta_+\rangle_* = \cos\tfrac{\theta}{2}|z_+\rangle_* - i\sin\tfrac{\theta}{2}|z_-\rangle_*$$
$$|\theta_-\rangle_* = -i\sin\tfrac{\theta}{2}|z_+\rangle_* + \cos\tfrac{\theta}{2}|z_-\rangle_*$$

を使えば同じ結果が得られる．

注 2 類題 5.12 は，この問題の特殊ケースに相当する．

答 問題 B.3 各事象で測定前から $A\sim B'$ の値がすべて決まっており，ヒントを考えれば，$(A+B)A' + (B-A)B'$ の値は ± 2 である．したがってその平均値の絶対値は 2 以下であることは明らか（別証は『グラフィック講義 量子力学の基礎』参照．）．

答 問題 B.4 (a) 左で A 方向を測定し，結果が -1 だったとすると，右の粒子のスピンは $+A$ 方向ということになる．そのときに，そこから角度 $\theta_{AA'}$ ずれた A' 方向の

スピンを測定すると，問題B.2の ヒント の式 (*) より，1 になる確率が $\cos^2 \frac{\theta_{AA'}}{2}$，$-1$ になる確率が $\sin^2 \frac{\theta_{AA'}}{2}$. したがって平均は

$$\cos^2 \frac{\theta_{AA'}}{2} - \sin^2 \frac{\theta_{AA'}}{2} = \cos\theta_{AA'}$$

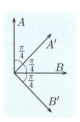

結果が $+1$ だったとしても同じ．他のケースも同様である．
(b) $\cos\theta_{AA'} = \cos\theta_{BA'} = \cos\theta_{BB'} = -\cos\theta_{BA'} = \frac{1}{\sqrt{2}}$ なので，全体としては $\frac{1}{\sqrt{2}} \times 4 = 2\sqrt{2}$ となり，2 よりも大きい．

答 問題 B.5 (a) たとえば，z 方向に対する A 方向の角度を θ_A とする．すると A 方向のスピンの測定結果が 1（スピンが $\frac{1}{2}$）となる確率は問題B.2の ヒント の式 (*) より $\cos^2 \frac{\theta_A}{2}$，$-1$ となる確率は $\sin^2 \frac{\theta_A}{2}$. したがって A の平均値は（前問と同様にして）$\cos\theta_A$. 同様に A' の平均値は $\cos\theta_{A'}$. したがって不等式全体としては

$$|\cos\theta_A \cos\theta_{A'} - \cos\theta_A \cos\theta_{B'} + \cos\theta_B \cos\theta_{A'} + \cos\theta_B \cos\theta_{B'}|$$

これが最大になりうるのは，たとえば $|\cos\theta_A| = |\cos\theta_B| = 1$ のときであり

$$\text{上式} \leq |\cos\theta_{A'} - \cos\theta_{B'}| + |\cos\theta_{A'} + \cos\theta_{B'}|$$

たとえば $\cos\theta_{A'} \geq \cos\theta_{B'} > 0$ のケースを考えると，上式 $= 2\cos\theta_{A'} \leq 2$ である．他のケースも同様．
(b) 左の粒子の測定結果にかかわらず右の粒子の性質は決まっているので，エンタングルメントとはならない．不等式の計算は問 (a) と変わらないので，不等式は満たされる．

答 問題 B.6 ブラケット表示で書こう．粒子 $|\chi(i)\rangle$ ごとに測定をするのだから，粒子ごとに，それを測定する装置の状態 $|M(i)\rangle$ を導入する．そして測定値が $s_z = \frac{1}{2}$ だったら装置の状態は $|M_+(i)\rangle$，$s_z = -\frac{1}{2}$ だったら $|M_-(i)\rangle$ とする．
すると，粒子 i と装置 i のセットの測定後の状態は

$$\alpha \left|\chi_{z_+}(i)\right\rangle |M_+(i)\rangle + \beta \left|\chi_{z_-}(i)\right\rangle |M_-(i)\rangle$$

である．これは $\chi_{z\pm}(i)$ がそれぞれ $|\chi_{z\pm}(i)\rangle |M_\pm(i)\rangle$ に変わっただけなので，補章Aの計算は変わらない．

答 問題 B.7 粒子が上のスリットを通ると検出器には記録が残る．この変化は

$$|上\rangle |D_0\rangle \quad \to \quad |上\rangle |D_+\rangle$$

と表される．下のスリットを通った場合には検出器には変化がないので，$|下\rangle |D_0\rangle$ はそのままである．これを組み合わせれば

補章 B　エンタングルメント・実在・デコヒーレンス　　181

$$(|\text{上}\rangle + |\text{下}\rangle)|D_0\rangle \;\to\; |\text{上}\rangle|D_+\rangle + |\text{下}\rangle|D_0\rangle$$

となる．したがってスクリーン上で $|\text{上}\rangle$ と $|\text{下}\rangle$ が重なり合ったとしても $|D\rangle$ の部分が違うので状態としては異なる．したがって干渉は起こさない（異なる状態の共存度を足し合わせることはできない）．つまりスクリーン上で，検出器がないときには粒子が到達しない位置（縞模様の暗部）にも粒子が到達する．

答 問題 B.8　(a) $\begin{pmatrix}1\\1\end{pmatrix} = \begin{pmatrix}1\\0\end{pmatrix} + \begin{pmatrix}0\\1\end{pmatrix}$ だから，ブラケット表示にすると

$$|x_+\rangle = \tfrac{1}{\sqrt{2}}|z_+\rangle + \tfrac{1}{\sqrt{2}}|z_-\rangle$$

そして最初のシュテルン–ゲルラッハの装置によって，この状態は

$$\tfrac{1}{\sqrt{2}}|z_+\rangle_{経路1} + \tfrac{1}{\sqrt{2}}|z_-\rangle_{経路2} \tag{$*$}$$

となるが，その後の電場の効果によって経路は合わさり，再度，$\tfrac{1}{\sqrt{2}}|z_+\rangle + \tfrac{1}{\sqrt{2}}|z_-\rangle$ と書けるようになる．これは $|x_+\rangle$ に他ならないので，2番目の x 方向のシュテルン–ゲルラッハの装置では $+$ 側に曲がる．

(b) 検出器の状態を前問のように $|D\rangle$ とすると，問 (a) の状態 ($*$) は

$$\tfrac{1}{\sqrt{2}}|z_+\rangle_{経路1}|D_+\rangle + \tfrac{1}{\sqrt{2}}|z_-\rangle_{経路2}|D_0\rangle$$

となる．その後，経路を合わせると

$$\tfrac{1}{\sqrt{2}}|z_+\rangle|D_+\rangle + \tfrac{1}{\sqrt{2}}|z_-\rangle|D_0\rangle$$

となるが，D の部分が違うのでこの2項を合わせて $|x_+\rangle$ にすることはできない．$|z_\pm\rangle \propto |x_+\rangle \pm |x_-\rangle$ なので，2番目のシュテルン–ゲルラッハの装置で $\pm$ どちらに粒子が出てくるかは確率 50% である．

答 問題 B.9　(a) このままでは複数の世界が誕生したとは言えない．最終的に2つの経路に分かれているが，合流すれば一体化するからである（デコヒーレンスが起きていない）．ただし2番目の装置を通過した後の粒子を測定器（検出器）を使って観測すると，多世界への分岐が起こる．その後は互いの干渉は起こらない．

(b) 検出器に粒子の通過が記録した世界と，記録されなかった世界の2つが誕生したと言える（検出器によってデコヒーレンスが起こる）．

注　このようなタイプの実験は実際には，粒子のスピンではなく光子の偏光という性質を使って行われる．

補章C 経路積分

● **考え方** 同時刻に複数の状態が共存する，というのが量子力学の粒子像の基本である．状態を位置で表すことにし，時刻 t において位置 x に存在するという状態の「共存の程度（共存度）」を $\psi(x,t)$ と書こう．これがいわゆる波動関数である．

時刻 t における，位置 x に存在するという状態の共存度（波動関数）は，その直前の時刻 $t-\Delta t$ における各状態からの伝搬の重ね合わせ（線形結合）である．この線形性が量子力学のもう1つの基本的性質である．

時刻 $t-\Delta t$ における位置 x_1 から時刻 t における位置 x_2 への，共存度の伝搬の係数を $K(x_2, x_1; \Delta t)$ とする．K の意味は次の式で表される．

$$\psi(x_2, t) = \int K(x_2, x_1; \Delta t)\psi(x_1, t-\Delta t)\,dx_1 \tag{C.1}$$

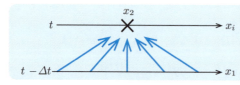

時刻 t_i から，微小な時間発展を N 回繰り返して時刻 t_f まで到達すると考えれば，$K(x_{n+1}, x_n; \Delta t) = K_n$ と略して書くと

$$\begin{aligned}\psi(x_f &= x_{n+1}, t_f)\\ &= \int dx_n \cdots dx_2\,dx_1\,K_n K_{n-1} \cdots\\ &\quad K_1 \psi(x_i = x_1, t_i)\end{aligned} \tag{C.2}$$

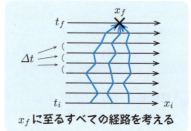

x_f に至るすべての経路を考える

となる．時刻 t_i での位置 x_i から，時刻 t_f での位置 x_f にいたるすべての経路の寄与を足し合わせる（積分する）ことになるので，**経路積分**という．

● **自由粒子の場合** 自由粒子の場合の $K(x, x'; \Delta t)$ の具体的な形を説明しよう．K は粒子の位置には依存せず，差 $\Delta x = x - x'$（と Δt）のみに依存する．そして

$$K(x, x'; \Delta t + \Delta t') = \int dx'' K(x, x''; \Delta t)K(x'', x'; \Delta t') \tag{C.3}$$

という関係が成り立つようにしたい．それには

$$K(x, x'; \Delta t) = Ce^{ia(x-x')^2} \tag{C.4a}$$

C と a は Δt のみの関数であり，b を定数として次のようにすればよい（問題C.1参照）．

補章 C 経路積分

$$a = \frac{b}{\Delta t}, \qquad C = \sqrt{\frac{b}{i\pi \Delta t}} \tag{C.4b}$$

こうしておけば，式 (C.3) を使って時間間隔 Δt をいくらでも延ばせるので，Δt が微小ではなくても式 (C.4a)，(C.4b) が成立する．

問題 C.1 式 (C.4a)，(C.4b) が式 (C.3) の関係を満たしていることを証明せよ．
ヒント 次の，指数が虚数の場合のガウス積分の公式を使う．
$$\int_{-\infty}^{\infty} dx\, e^{iAx^2} = \sqrt{\frac{i\pi}{A}}$$

★ 問題の解答は 186 ページより．

問題 C.2 式 (C.1) の K を式 (C.4a)，(C.4b) の形にしたとき
$$b = \frac{m}{2\hbar} \tag{C.5}$$
とすれば，ψ は $U=0$ のシュレーディンガー方程式を満たすことを示せ．

問題 C.3 $\psi(x, t=0) = e^{ikx}$ だとする．一般の t での $\psi(x,t)$ を，式 (C.1) と式 (C.4a)，(C.4b) を使って求めよ．
ヒント 当然，$\psi(x,t) = e^{-i\omega t} e^{ikx}$ となるはずである．

● **ポテンシャルがある場合** 粒子の振る舞いに外部からの影響がある場合，伝搬すなわち K は x に依存しうる．K に x に依存する因子がかかると考え，それを $e^{-\frac{iU\Delta t}{\hbar}}$ と書く．U は何らかの x の関数であり，ポテンシャルに対応することがわかる（問題 C.4）ので，あらかじめ U と書いた．またこの因子は，$\Delta t \to 0$ の極限で 1 になるようにしてある．

これを式 (C.4a)，(C.4b) と組み合わせ，(C.5) も使えば
$$K(x-x'; \Delta t) = Ce^{\frac{iL\Delta t}{\hbar}} \tag{C.6}$$
$$\text{ただし} \quad L(x, x'; \Delta t) = \frac{m}{2}\left(\frac{x-x'}{\Delta t}\right)^2 - U(x)$$

$U(x)$ 内の x は x' でも，あるいは x と x' の中間の値でもよい（$\Delta t \to 0$ の極限では実質的に $x \to x'$ になるので）．逆にいうと，この公式は Δt が微小な場合にしか使えない．微小ではない時間間隔に対しては，式 (C.2) の形で時間発展を繰り返す．$\Delta t \to 0$ の極限では，式 (C.2) で $t_f - t_i$ を有限にするためには，無限回の積分が必要になる．

この式の伝播の部分だけを取り出すと
$$K(x_{n+1}, x_1; t_f - t_i) = \int dx_n \cdots dx_2\, K_n K_{n-1} \cdots K_1 = C^n \int dx_n \cdots dx_2\, e^{\frac{iS}{\hbar}}$$
$$\text{ただし} \quad S = \sum L\,\Delta t \ \left(= \int L\, dt\right) \tag{C.7}$$

$U=0$ の場合にはこの積分はすぐにできる（問題 C.1 で示した通り）．U が x につい

て1次（一様重力）あるいは2次（調和振動）の場合も計算可能だが，結果は簡単ではない（式 (C.13)）．

問題 C.4 式 (C.1) の K が式 (C.6) であった場合，$\psi(x,t)$ は通常のシュレーディンガー方程式を満たすことを示せ．

● **定常位相の近似** 一般の U の場合の式 (C.2) の重要な近似法がある（U が x の2次以内ならば厳密な結果を与える）．まず1変数の積分 $\int_{-\infty}^{\infty} dx\, e^{i\theta(x)}$ を考える．θ は x の何らかの実数関数である．定常位相の考え方（応用問題 2.2）によれば，積分は θ がほぼ一定，すなわち

$$\frac{d\theta}{dx} = 0 \tag{C.8}$$

の付近の寄与が大きい．そこで，この式を満たす位置を $x = x_0$ とし

$$\theta(x) = \theta(x_0) + \frac{\theta''}{2}(x - x_0)^2 + \cdots \tag{C.9}$$

と展開する．θ'' は θ の $x = x_0$ での2階微分であり，式 (C.8) のため $x - x_0$ の1次の項がない．$x = x_0$ 付近だけが重要なので「$\cdots$」の部分（$x - x_0$ の3次以上の項）は無視できるとすると

$$\int dx\, e^{i\theta(x)} \fallingdotseq e^{i\theta(x_0)} \int e^{\frac{i\theta''}{2}(x-x_0)^2} dx = e^{i\theta(x_0)} \int e^{\frac{i\theta''}{2}y^2} dy = \sqrt{\frac{2\pi i}{\theta''}}\, e^{i\theta(x_0)} \tag{C.10}$$

最後はガウス積分の公式を使った．

同じ発想を式 (C.2) に適用する．まず

$$\frac{\partial S}{\partial x_i} = 0 \quad (x_i = x_2 \sim x_n,\ 両端（x_1 と x_{n+1}）は除く) \tag{C.11}$$

の解を求め（式 (C.8) によって x_0 を求めることに相当），それを S に代入したものを S_0 とし（$\theta(x_0)$ に相当），最後に多変数のガウス積分をする．つまり

$$式 (C.10) \fallingdotseq 前因子 \times e^{\frac{iS_0}{\hbar}} \tag{C.12}$$

となる．前因子とは式 (C.10) の $\sqrt{\frac{2\pi i}{A}}$ に相当する部分である．

この近似法は実用上，有用な場合もそうでない場合もあるが，次項で説明するように，量子力学と古典力学との関係を考える上で非常に重要である．

● **古典軌道との関係** 粒子は，あらゆる可能な経路を動くという量子力学的（経路積分的）粒子像は，粒子は1つの経路に沿って動くという古典力学的粒子像とはまったく異なっているように見える．しかし前項の近似法が成り立つ場合には，経路積分の結果に主に寄与する経路は，式 (C.10) で与えられる経路，およびそれを中心として少しゆらいだ経路となる．

そして式 (C.10) は，古典力学ではラグランジュ方程式と呼ばれている式に他ならず，それはニュートンの運動方程式に等しい（古典力学では S は作用，L はラグランジアンと呼ばれる）．つまり（前項の近似の範囲では）経路積分にきく経路とは，古典力学で与えられる経路とその周辺の揺らぎなのである．そして揺らぎが非常に小さいとみなせるケース（式 (C.9) で θ'' が非常に大きいとみなせるケース）では，ほとんど古典力学の経路に一致するものだけを考えればいいことがわかる．経路積分は，なぜ，そしてどのような場合に古典力学が成立するのか，その説明も与えているのである．

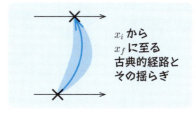

x_i から x_f に至る古典的経路とその揺らぎ

問題 C.5 (a) $U=0$ のとき式 (C.11) で決まる経路が等速運動であることを示せ．
(b) $U \neq 0$ のときは式 (C.11) はどのような形になるか．

● **調和振動** 調和振動子の場合（$U = \frac{1}{2} m \omega^2 x^2$），式 (C.9) の「…」の部分が存在しないので，式 (C.12) は厳密な結果を与える．具体的には

$$S_0 = \frac{m\omega}{2\sin\omega(t_f - t_i)} \left((x_f^2 + x_i^2) \cos\omega(t_f - t_i) - 2 x_i x_f \right) \tag{C.13}$$

前因子 $= \sqrt{\frac{m}{2i\pi\hbar}} \sqrt{\frac{\omega}{\sin\omega(t_f - t_i)}}$

この式の説明，およびその応用は，以下の問題で与える．

問題 C.6 $t=t_i$ で x_i，$t=t_f$ で x_f になるような調和振動の古典解は

$$x(t) = \frac{x_f \sin\omega(t-t_i) - x_i \sin\omega(t-t_f)}{\sin\omega(t_f - t_i)}$$

である．これを調和振動の作用

$$S = \int_{t_f}^{t_i} dt \left(\frac{m}{2} \left(\frac{dx}{dt}\right)^2 - \frac{m\omega^2}{2} x^2 \right)$$

に代入して，式 (C.13) の S_0 になることを確かめよ（前因子の計算は少し複雑なので本書では触れない）．

ヒント 部分積分と運動方程式を使って S を書き換えておくと簡単になる．

問題 C.7 $\omega \to 0$ の極限で，式 (C.13) は自由粒子の K を与えることを示せ．

問題 C.8 (a) $\psi(x,0) = e^{-\frac{\beta}{2} x^2}$ としたとき，K を用いて $\psi(x,t)$ を計算せよ（ただし $\beta = \frac{m\omega}{\hbar}$）．
(b) $\psi(x,0) = x e^{-\frac{\beta}{2} x^2}$ だったらどうなるか．

注 それぞれ基底状態と第1励起状態なので結果は予想できる．式 (C.13) で $t_i = 0$, $t_f = t$ とする．三角関数は $\eta = e^{-i\omega t}$ という変数で書き直すとよい．●

● **エネルギー準位と固有状態** 経路積分は状態の時間発展を与える式だが，エネルギーの固有状態の計算にも役立つ．実際，ある系のエネルギーの固有状態の規格化された波動関数のセットを $\{\psi_n(x); n = 0, 1, 2, \ldots\}$ とし，そのエネルギーを $E_n = \hbar\omega_n$ とすると（$T = t_f - t_i$）

$$K(x_f, x_i; T) = \sum e^{-i\omega_n T} \psi_n(x_f) \psi_n^*(x_i) \tag{C.14}$$

という関係が成り立つ．K がわかっていれば，右辺と比較することによって ψ_n や ω_n がわかる．

問題 C.9 式 (C.14) を証明せよ．

問題 C.10 式 (C.14) で $x_i = x_f = x$ とし x で積分すると，$\int dx |\psi_n(x)|^2 = 1$ なので

$$\int K(x, x; T)\, dx = \sum e^{-i\omega_n T}$$

となる．式 (C.13) を使って調和振動子のエネルギー準位を求めよ．

問題 C.11 上問ではエネルギーだけを求めたが，波動関数も求めることができる．特に基底状態だったら，$T \to -i\infty$ という極限を考えることによって得られる．そのことを示せ．ただしすべての E_n は正であるものとする．
(b) 調和振動の場合に，この手法で基底状態の波動関数を求めよ．
注 一般の状態を得るには，たとえば K を $\eta = e^{-i\omega t}$ で展開するなどさまざまな方法があるが，詳細は拙著『ファインマン経路積分』などを参照していただきたい．●

補章 C の問題の解答

答 問題 C.1 $K(x, x''; \Delta t) = C\, e^{ia(x-x'')^2}$, $K(x'', x'; \Delta t') = C'\, e^{ia'(x'-x'')^2}$ と書こう．するとその積は

$$CC' \exp\bigl(i(a+a')x''^2 - 2i(ax + a'x')x'' + iax^2 + ia'x'^2\bigr)$$
$$= CC' \exp i\bigl((a+a')\bigl(x'' - \tfrac{ax+a'x'}{a+a'}\bigr)^2 + ax^2 + a'x'^2 - \tfrac{(ax+a'x')^2}{a+a'}\bigr)$$
$$= CC' \exp i\bigl((a+a')\bigl(x'' - \tfrac{ax+a'x'}{a+a'}\bigr)^2 + a''(x-x')^2\bigr)$$

ただし $a'' = \tfrac{aa'}{a+a'}$ とした．ここで x'' についての積分をガウス積分の公式を使って行えば

補章 C 経路積分

$$\text{式 (C.3) の右辺} = CC'\sqrt{\frac{i\pi}{a+a'}}\, e^{ia''(x-x')^2}$$

ここで a と C が式 (C.4b) で与えられるとすれば

$$a'' = \frac{b}{\Delta t + \Delta t'}, \qquad C'' = CC'\sqrt{\frac{i\pi}{a+a'}} = \sqrt{\frac{b}{i\pi(\Delta t + \Delta t')}}$$

となり，式 (C.3) の左辺になっていることがわかる．

答 問題 C.2 $K(x, x'; \Delta t = t-t') = \sqrt{\frac{b}{i\pi(t-t')}}\, e^{\frac{ib(x-x')^2}{t-t'}}$ として，K が x と t についてシュレーディンガー方程式を満たすことを示せばよい．まず

$$\frac{\partial K}{\partial t} = -\frac{1}{2(t-t')} K - \frac{ib(x-x')^2}{(t-t')^2} K$$

一方

$$\frac{\partial K}{\partial x} = 2\frac{ib(x-x')}{t-t'} K$$
$$\frac{\partial^2 K}{\partial x^2} = 2\frac{ib}{t-t'} K + \left(2\frac{ib(x-x')}{t-t'}\right)^2 K$$

比較すれば，$b = \frac{m}{2\hbar}$ とすれば K がシュレーディンガー方程式を満たしていることがわかる．

答 問題 C.3

$$\psi(x,t) = C\int dx'\, e^{ia(x-x')^2} e^{ikx'} = C\int dx'\, e^{ia(x'-x)^2} e^{ik(x'-x)} e^{ikx}$$
$$= C\int dx'\, e^{ia(x'-x+\frac{k}{2a})^2} e^{-\frac{ik^2}{4a}} e^{ikx}$$

x' 積分（ガウス積分）の結果は C と打ち消し合うので

$$\text{上式} = e^{-\frac{ik^2}{4a}} e^{ikx} = e^{-i\omega\Delta t} e^{ikx}$$

ただし $\hbar\omega = \hbar^2 \frac{k^2}{2m}$ である（最後は $a = \frac{b}{\Delta t} = \frac{m}{2\hbar}\Delta t$ を代入した）．

答 問題 C.4 問題 C.2 の計算がどう変わるかを考えよう．K に $e^{-\frac{iU(t-t')}{\hbar}}$ という因子がかかるので，$\frac{\partial K}{\partial t}$ に $-\frac{iU}{\hbar}$ という項が加わる．また，U は $U(x')$ のことだとみなせば x 微分に関係しないので，$\frac{\partial^2 K}{\partial x^2}$ は変わらない．したがって U を含むシュレーディンガー方程式が導かれる．

注 U の変数を x と し $U = U(x)$ とみなした場合，$\frac{\partial^2 K}{\partial x^2}$ に，その微分が関係する項が生じる．しかしそれには $t-t'$ という因子がかかっているので，$t-t' \to 0$ の極限では無視できる．本文でも述べたように，式 (C.6) は $t-t' \to 0$ の極限で厳密に正しい．

答 問題 C.5 (a) $U=0$ ならば $S = \frac{m}{2}\sum \frac{(x_i-x_{i-1})^2}{(\Delta t)^2}$ なので

$$\frac{\partial S}{\partial x_i} = \frac{m(-(x_{i+1}-x_i)+(x_i-x_{i-1}))}{(\Delta t)^2} \qquad (*)$$

となる．各 x_i が関係する項は，S の中に2つあることに注意．この式がゼロであるという条件から

$$x_{i+1} - x_i = x_i - x_{i-1}$$

となる．これは各時間間隔 Δt で，位置が同じだけ移動するということだから，等速運動であることを意味する．

(b) U があると式 $(*)$ の右辺に $-\frac{\partial U}{\partial x_i}$ という項が加わる．全体は次のように書き直すとわかりやすい．

$$\frac{m(\frac{x_{i+1}-x_i}{\Delta t} - \frac{x_i-x_{i-1}}{\Delta t})}{\Delta t} = -\frac{\partial U}{\partial x_i}$$

左辺は速度の差を Δt で割ったものであり加速度になる．それが $\frac{\partial U}{\partial x_i}$ に比例するということだから，古典力学の運動方程式に他ならない．

答 問題 C.6 部分積分すると，$S = \frac{m}{2} x \frac{dx}{dt}\big|_{t_f}^{t_i} - \int dt \frac{m}{2} x \left(\frac{d^2 x}{dx^2} + \omega^2 x\right)$ となるが，右辺の積分の中の「$(\cdots)$」の部分は古典力学の運動方程式に他ならないので，古典解 $x(t)$ を代入すればゼロになる．したがって

$$S = \frac{m}{2}\left(x_f \frac{dx_f}{dt} - x_i \frac{dx_i}{dt}\right)$$

与式の $x(t)$ を使って $\frac{dx}{dt}$ を計算すれば，多少の計算の結果，式 (C.13) の S_0 になる（部分積分をしないで直接，S を計算してもよい）．

答 問題 C.7 $\lim_{\omega \to 0} \frac{\omega}{\sin \omega(t_f-t_i)} = \frac{1}{t_f-t_i}$ であることを使えばよい．

答 問題 C.8 (a) $i\frac{\cos \omega t}{\sin \omega t} = -\frac{1+\eta^2}{1-\eta^2}$，$\frac{i}{\sin \omega t} = -\frac{2\eta}{1-\eta^2}$ を使うと，$x_f = x$, $x_i = x'$ なので

$$\psi(x,t) = \int dx' K(x,x';t)\psi(x',0) = \sqrt{\frac{m}{2i\pi\hbar}}\sqrt{\frac{\omega}{\sin\omega(t_f-t_i)}}\int dx' e^{-\frac{m\omega}{2\hbar}(f+x^2)}$$

ただし $f = \frac{2}{1-\eta^2}(x'-\eta x)^2$

積分をして前因子と組み合わせれば簡単になって

$$\psi(x,t) = \sqrt{\eta}\, e^{-\frac{m\omega}{2\hbar}x^2} = e^{-\frac{i\omega}{2}t} e^{-\frac{m\omega}{2\hbar}x^2}$$

（応用問題2.4の波束も，少し複雑になるがほぼ同様の計算ができる．）

(b) 問 (a) の積分の部分だけを，$\psi(x',0)$ に x' を掛けて取り出すと

$$\int dx' x' e^{-\frac{m\omega}{2\hbar}f} = \int dx'(x'-\eta x)e^{-\frac{m\omega}{2\hbar}f} + \eta x \int dx' e^{-\frac{m\omega}{2\hbar}f}$$

補章 C　経路積分

右辺第 1 項は積分するとゼロになるので ($x' - \eta^x$ の奇関数)，結局

$$\psi(x,t) = \sqrt{\eta}\,\eta x\, e^{-\frac{m\omega}{2\hbar}x^2} = e^{-i\frac{3}{2}\omega t}\, x\, e^{-\frac{m\omega}{2\hbar}x^2}$$

この状態のエネルギーが $\frac{3}{2}\hbar\omega$ であることがわかる (x の 1 次式を掛けると第 1 励起状態が得られるが，適切な n 次の多項式を掛けると第 n 励起状態が得られることも，この計算から想像できるだろう)．

答 問題 C.9　左辺に $\psi_{n'}(x')$ を掛けて x' で積分すると，K の定義より

$$\int dx'\, K(x,x';T)\psi'_n(x') = e^{-i\omega_{n'}T}\psi_{n'}(x) \qquad (*)$$

一方，エネルギー固有状態の直交関係より

$$\int dx'\, \psi_n(x')\psi_{n'}(x') = \delta_{nn'}$$

である (右辺はクロネッカーのデルタ)．したがって右辺に $\psi_{n'}(x')$ を掛けて積分しても式 (*) になる．すべての $\psi_{n'}$ についてこうなるので，与式が成り立つといえる．

答 問題 C.10　式 (C.13) より (時間に依存しない部分は略す)

$$\int dx\, K(x,x;T) \propto \frac{1}{\sqrt{\sin\omega T}}\int dx\, e^{i\frac{m\omega}{\hbar}x^2 \frac{\cos\omega T - 1}{\sin\omega T}} \propto \frac{1}{\sqrt{\sin\omega T}} \times \sqrt{\frac{\sin\omega T}{\cos\omega T - 1}}$$

$$\propto \frac{1}{e^{\frac{i\omega T}{2}} - e^{-\frac{i\omega T}{2}}} = \frac{e^{-\frac{i\omega T}{2}}}{1 - e^{-i\omega T}} = \sum e^{-i\omega(n+\frac{1}{2})T}$$

これより，$E_n = \hbar\omega\left(n + \frac{1}{2}\right)$ であることがわかる．

答 問題 C.11　(a) $T \to -i\infty$ の極限では

$$E\, e^{-i\omega_n T} \to e^{-\omega_n |T|} \to 0$$

となるが ($\omega_n > 0$ であるとしたので)，特に ω_n が最小である基底状態の項が最も遅くゼロとなる．したがって，この極限では K は $e^{-\omega_0|T|}|\psi_0(x)|^2$ に近づく．

(b) 式 (C.13) の場合，$T \to -i\infty$ の極限では

$$\sin\omega T = \frac{e^{i\omega T} - e^{-i\omega T}}{2i} \to e^{\frac{\omega|T|}{2i}}$$

同様に，$\cos\omega t \to e^{\frac{\omega|T|}{2}}$ なので

$$K \to \sqrt{\frac{m}{2i\pi\hbar}}\sqrt{2i\omega\, e^{-\omega|T|}}\, e^{-\frac{m\omega}{2\hbar}(x_i^2 + x_f^2)}$$

これより，基底状態のエネルギーが $\frac{\hbar\omega}{2}$，波動関数が

$$\psi_0(x) = \left(\frac{m\omega}{\pi\hbar}\right)^{\frac{1}{4}} e^{-\frac{m\omega}{2\hbar}x^2}$$

であることがわかる．

類題の解答

答 類題 1.1 (a) 最低限必要な光子のエネルギーが W なので，$W = h\nu_0$. すなわち $\nu_0 = \frac{W}{h}$.

(b) W によって 運動エネルギー $= 0$ の電子を取り出せるとすれば，それよりエネルギーが多い部分は，出てくる電子の運動エネルギーになれる．つまり電子は $h\nu - W$ のエネルギーをもてる．

答 類題 1.2 電子の波長を $\lambda_{電}$ とすると

$$p = \frac{h}{\lambda_{電}} = mv \quad \to \quad \lambda_{電} = \frac{h}{mv}$$

光子の波長を $\lambda_{光}$ とすると

$$E = h\nu = \frac{hc}{\lambda_{光}} \quad \to \quad \lambda_{光} = \frac{hc}{E}$$

以上より（$E = \frac{m}{2}v^2$ も使って）

$$\frac{\lambda_{電}}{\lambda_{光}} = \frac{E}{mvc} = \frac{v}{2c}$$

ただし以上で使った式は非相対論的状況（$v \ll c$）でしか成り立たない．そしてそのときは $\lambda_{電} \ll \lambda_{光}$ である．

答 類題 2.1

$$\psi(x) = A\cos\left(\frac{2\pi}{\lambda}(x - x_0)\right)$$
$$= A\sin\left(\frac{2\pi}{\lambda}(x - x_0) + \frac{\pi}{2}\right) = A\sin\left(\frac{2\pi}{\lambda}\left(x - x_0 + \frac{\lambda}{4}\right)\right)$$

つまり式 (2.1) の x_0 の値が変わり，その分，左右にずれただけで，同じタイプの波である．

答 類題 2.2 $v < 0$, $\nu = -\frac{v}{\lambda}$ とすれば，式 (2.2) は

$$\psi(x, t) = A\sin\left(\frac{2\pi}{\lambda}(x - x_0) + 2\pi\nu t\right)$$

となり，したがって理解度のチェック 2.2 解答の式は

$$\psi = A\sin(定数 + 2\pi\nu t)$$

となる．たとえば理解度のチェック 2.1 解答のグラフで $x = x_0$ の位置で見ると，波が右に動けば ψ は減るが，左に動けば ψ は増える．これが，$2\pi\nu t$ の符号が反対になることに対応している．

答 類題 2.3

$$e^{i(\theta+\theta')} = \cos(\theta+\theta') + i\sin(\theta+\theta')$$

一方

$$e^{i\theta}e^{i\theta'} = (\cos\theta + i\sin\theta)(\cos\theta' + i\sin\theta')$$
$$= \cos\theta\cos\theta' - \sin\theta\sin\theta' + i(\sin\theta\cos\theta' + \cos\theta\sin\theta')$$

両式の実数部分どうし，虚数部分どうしが等しいとすれば，三角関数の合成法則が導かれる．

答 類題 2.4 基本問題 2.5 (c) のように

$$\psi(x,t) = A(t)(\sin k_1 x + \sin k_2 x) \qquad (*)$$

として，式 (2.9) に代入する．すると

$$i\hbar \frac{dA}{dt}(\sin k_1 x + \sin k_2 x) = -\frac{\hbar^2}{2m} A(k_1^2 \sin k_1 x + k_2^2 \sin k_2 x)$$

となるが，両辺の括弧は中が違うので打ち消し合わない．つまり A だけの式が導けない．式 $(*)$ という形になると仮定したのが間違っていたのである．

答 類題 2.5 基本問題 2.8 の解答からわかるように，干渉項は $\sin\frac{\pi x}{L}\sin\frac{2\pi}{L}$ に比例する．これを $0 < x < L$ の領域で積分すれば

$$\int_0^L \sin\frac{\pi x}{L}\sin\frac{2\pi}{L}\,dx = \tfrac{1}{2}\int_0^L \left(\cos\frac{\pi x}{L} - \cos\frac{3\pi}{L}\right)dx = 0$$

類題 2.6 (b) からわかるように，これは $\sin\frac{\pi x}{L}$ と $\sin\frac{2\pi}{L}$ が「直交」していることを意味する．

答 類題 2.6 (a)

$$\int |\psi|^2\,dx = |A|^2 \int_0^L \sin^2 k_n x\,dx = |A|^2 \times \frac{L}{2}$$

したがって $|A| = \sqrt{\frac{2}{L}}$ とすればよい．

(b) 類題 2.5 の計算と同じである．

答 類題 2.7 式全体で x が $x - x_0$ に変わればよい．つまり式 $(*)$ を

$$\psi(x) \propto \int e^{-ak^2} e^{ik(x-x_0)}\,dk$$

にする．重みを複素数にして $e^{-ak^2}e^{-ikx_0}$ とせよということである．

答 類題 2.8 $e^{-\frac{x^2}{A}}$ という関数の幅を $\sqrt{A}$ と定義すれば ($x = \pm\sqrt{A}$ のときにこの関数は，ピークの $\frac{1}{e}$ 倍（約 $\frac{1}{3}$）になる），基本問題 2.12 (c) の解答の式より，ψ の幅は $t = 0$ の $2\sqrt{a}$ から，時間が経過すると

$$2\sqrt{a^2 + (\alpha t)^2}$$

になる．$\alpha = \frac{\hbar}{2m}$ なので，m が電子の質量程度のときは大きく，目に見える物体だったらその，10^{30} 分の 1 程度の小ささになる．つまりマクロの物体だったら幅の変化はほとんど見られない．これは日常的な物体の重心の位置の曖昧さが，時間が経過しても広がらないことを意味する（数値計算をしてみると，質量 1 g の物体だと，宇宙年齢ほどの時間が経過しても幅は 1 mm にもならないことがわかる）．

答 類題 2.9 壁が受ける力 F は，単位時間当たりの力積の平均に等しい．したがって

$$F = 2p \times (\text{単位時間当たりの衝突回数}) = 2p \times \frac{(\text{粒子の速さ})}{2L} = \frac{p^2}{mL} = \frac{(\hbar k_1)^2}{mL}$$

一方，応用問題 2.1 (d) の式の右辺からは，$x = 0$ で受ける力は

$$\frac{\hbar^2}{2m} \frac{\partial \psi^*}{\partial x} \frac{\partial \psi}{\partial x}\Big|_{x=0} = \frac{\hbar^2}{2m} \frac{2}{L}(k_1 \cos k_1 x)^2\Big|_{x=0}$$

これは上の F に等しい．

答 類題 2.10 まず e^{-ikx} のほうを考えると，それに対する応用問題 2.2 で導入した位相は

$$\theta = -\omega t - kx \quad (\text{ただし } \hbar\omega = \frac{(\hbar k)^2}{2m})$$

なので，位相が定常になる位置，つまりピークの位置は

$$\frac{d\theta}{dk} = -\frac{d\omega}{dk} t - x = 0 \quad \to \quad x = -\frac{d\omega}{dk} t$$

ただし $\frac{d\omega}{dk}$ は $k = k_0$ での値である．$k_0 > 0$ ならば $\frac{d\omega}{dk} > 0$．$x > 0$ でなければならないので，これは $t = 0$ で $x = 0$ の壁に衝突する波束を表す．

e^{ikx} のほうは，ピークの位置は $x = \frac{d\omega}{dk} t$．$k_0 > 0$ ならば，$t = 0$ で $x = 0$ を出発し，$x \to \infty$ の方向に進んでいく波束に相当する（反射）．

答 類題 3.1 時刻 $t = 0$ で $\psi_E(x)$ の状態は，一般の時刻 t では $e^{-i\omega t}\psi_E(x)$ となる（$\omega = \frac{E}{\hbar}$）．したがって線形結合の場合には

$$\psi(x, t) = Ae^{-i\omega t}\psi_E(x) + Be^{-i\omega' t}\psi_{E'}(x)$$

となる．$e^{-i\omega t}$ の絶対値は 1 なので

$$|A|^2 = |Ae^{-i\omega t}|^2$$

であり（B についても同様），エネルギーの検出確率は時間が経過しても変わらない．

類題の解答

答 類題 3.2 $x<0$ での U の値を U_-（定数とする），$x=0$ のすぐ右側の微小範囲 v の U の値を U_+，そして $U_- > E > U_+$ とする（負側は禁止領域，正側は許容領域）．$x<0$ での解は一般に

$$\psi_- = Ae^{\kappa x}$$

と書ける（$\kappa = \frac{1}{\hbar}\sqrt{2m(U_- - E)}$）．$e^{-\kappa x}$ という項は $x \to -\infty$ に伸ばすと発散してしまうので付けない．同様に，$x=0$ の右側の微小範囲での波動関数 ψ_+ は，$k = \frac{1}{\hbar}\sqrt{2m(E-U_+)}$ とすると

$$\psi_+ = Be^{ikx} + Ce^{-ikx}$$

と書ける．

ここで，$x=0$ での理解度のチェック 3.4 の接続条件を書くと

$$A = B + C, \qquad \kappa A = ik(B - C)$$

$U_- \to \infty$ の極限では $\kappa \to \infty$ になるので，第2式より $A \to 0$．したがって第1式より $C = -B$ となり

$$\psi_+ = 2iB \sin kx$$

つまり $\psi(0_+) = 0$ である（上式は $x \to 0_+$ の極限で厳密に正しい）．

注 $x<0$ では $\psi = 0$ なので ψ は $x=0$ で連続．また積 κA は $\infty \times 0$ で未定になるので，微分に関する接続条件は意味をもたなくなる． ●

答 類題 3.3 領域 II も許容領域（$E > U_0$）ならば

$$\psi_{\mathrm{II}} = Ce^{-ik'x} + De^{ik'x}$$

と書け，自由度が1つ増える．接続条件の数は変わらないので，係数の比率は決まらなくなる．左右からの入射波の大きさの比率は自由に変えられるので，当然である．$E < U_0$ のときは ψ_{II} の形は決まっているので，この自由度はない．

答 類題 3.4 基底状態（$\psi \propto e^{-\frac{1}{2}\beta r^2}$）は θ に依存しないので，r 微分だけ考えればよい．

$$\frac{1}{r}\frac{\partial}{\partial r}\left(r \frac{\partial}{\partial r} e^{-\frac{1}{2}\beta r^2}\right) = (\beta^2 r^2 - 2\beta e)^{-\frac{1}{2}\beta r^2}$$

これに $-\frac{\hbar^2}{2m}$ を掛けると，第1項は $U\psi$ と打消し合うので，$H\psi = E\psi$ は

$$\hbar \omega e^{-\frac{1}{2}\beta r^2} = E e^{-\frac{1}{2}\beta r^2}$$

となり，$E = \hbar \omega$ とすればいいことがわかる．

答 類題 3.5 $U_0 \to \infty$ では $\kappa \to \infty$ なので，前問解答の最後の条件は $\tan kL = 0$，すなわち $\sin kL = 0$ なので，理解度のチェック 3.3 と同じになる．

答 類題 3.6 基本問題 3.1 (a) の解答の ψ_{II} で，k' を $i\kappa$ とすると

$$\psi_{\mathrm{II}} = Be^{-\kappa x} + Ce^{\kappa x}$$

となるが，$x \to \infty$ で ψ_{II} が有限であるためには $C = 0$ でなければならない．つまり解答の $\frac{B}{C}$ の式が無限大にならなければならず（分母がゼロ），それを κ で書けば

$$-\kappa \sin kL - k \cos kL = 0 \quad \to \quad \tan kL = -\frac{k}{\kappa}$$

これは基本問題 3.1 (b) の，束縛状態に対する制限に一致する．

答 類題 3.7 基本問題 3.1 (b) 解答のグラフからわかるように，実線と破線の交点が存在する条件は

$$k_0 > \frac{\pi}{2L}$$

である．$\hbar^2 k_0 - \frac{2}{2m} = U_0$ なので，この条件は

$$\frac{2mU_0}{\hbar^2} > \frac{\pi^2}{4L^2} \quad \to \quad U_0 L^2 > \frac{\pi^2 \hbar^2}{8m}$$

一般に，束縛状態の数 n は（グラフより）

$$k_0 > (2n-1)\frac{\pi}{2L}$$

を満たす自然数 n の最大値である．これは $k_0 L$ すなわち $U_0 L^2$ という組合せで決まる．

答 類題 3.8 63ページのグラフ（対称の場合）と，61ページのグラフ（反対称の場合）の交点の位置を見ればわかる．基底状態は対称，第1励起状態は反対称，その後，対称，反対称と互い違いに並ぶ．

答 類題 3.9 (a) $\kappa = \frac{1}{\hbar}\sqrt{2m(U_0 - E)}$ なので，$E > U_0$ ならば κ は虚数になる．実数で表すには，たとえば基本問題 3.1 のように $k' = \frac{1}{\hbar}\sqrt{2m(E - U_0)}$ と定義し，$\frac{F}{A}$ や $\frac{B}{A}$ の式で，$\kappa = ik'$ と置き換えればよい（$\kappa = -ik'$ としても同じ結果になる）．双曲線関数の定義より

$$\cosh 2\kappa L = \cos 2k' L, \qquad \sinh 2\kappa L = i \sin 2k' L$$

であることに気づけば，さらにわかりやすい形に書ける．
(b) $B = 0$ になるケースである．基本問題 3.4 の解答の式に問 (a) の置き換えをすれば，$\sin 2k' L = 0$ が条件であることがわかる．山の左側での反射と右側での反射がうまく打ち消し合って，全体として反射がなくなっていると解釈できる．

(c) 基本問題 3.4 (c) の計算とほぼ同じ．

(d) $k' = 0$ の場合である．$\kappa = 0$ ということでもあるので，そちらの式を使えば

$$\cosh 2\kappa L = 1, \qquad \frac{1}{\kappa}\sinh 2\kappa L = 2iL$$

なので

$$\frac{F}{A} = (1 - ikL)^{-1}, \qquad \frac{B}{A} = \frac{kL}{1 - ikL}$$

答 類題 3.10 $\int_{-\infty}^{\infty} e^{-\beta x^2} dx = \sqrt{\frac{\pi}{\beta}}$ という式はガウス積分と呼ばれる有名な公式だが，ここでは $\sqrt{\beta}$ に反比例する（変数変換ですぐにわかる）ことだけが重要である．この公式の両辺を β で微分すれば被積分関数に x^2 がかかり，ヒント の結論が得られる．もう一度 β で微分すれば x^4 がかかった場合の答えが得られる．ところで問題は

$$n = 0, n' = 2 \text{ のとき} \quad \int \left(x^2 - \tfrac{1}{2\beta}\right) e^{-\beta x^2} dx$$

$$n = 1, n' = 3 \text{ のとき} \quad \int x\left(x^3 - \tfrac{3}{2\beta} x\right) e^{-\beta x^2} dx$$

なので，ヒント の説明から，どちらもゼロになる．

答 類題 3.11 (a) $f(x) = \sum a_n x^n$ を解答 (b) の式 ($*$) に代入すれば

$$\sum n(n-1) a_n x^{n-2} - \sum \left((2n+1)\beta - \varepsilon\right) a_n x^n = 0$$

これが常に成り立つためには，すべての次数の係数がゼロにならなければならない．x^n 次の係数については，その条件は

$$(n+2)(n+1) a_{n+2} - \left((2n+1)\beta - \varepsilon\right) a_n = 0$$

a_n によって a_{n+2} を決める式であり，次数は 2 つずつ飛んでいるので，解は偶関数（a_0 から出発する），あるいは奇関数（a_1 から出発する）になることがわかる．

(b) 多項式になるには係数がどこかで途切れなければならないが，上式より

$$\varepsilon = (2n+1)\beta$$

ならば，x^n 次で途切れる．つまり，(n 次の多項式) $\times e^{-\frac{\beta}{2}x^2}$ という解のエネルギー E_n は，$\underline{E_n = \left(n + \tfrac{1}{2}\right)\hbar\omega}$ となる．

ε がこの値にならず，f の展開式が途切れることがないとすれば，n が大きくなると

$$a_{n+2} \fallingdotseq \tfrac{2\beta}{n} a_n$$

たとえば偶関数の場合，これは

$$e^{\beta x^2} = \sum \tfrac{1}{m!} (\beta x^2)^m$$

の展開係数の漸化式に相当する（$2m = n$ と対応させる）．したがって ψ 全体は

$$\psi = f(x)\,e^{-\frac{\beta}{2}x^2} \propto e^{\frac{\beta}{2}x^2}$$

となり，$x \to \pm\infty$ で発散し，物理的に正しい解にならない．

答 類題 3.12 基底状態についてはすでに類題 3.4 で確かめた．
<u>第 1 励起状態</u>は，$R = r\,e^{-\frac{1}{2}\beta r^2}$，$\Theta = \cos\theta$ または $\sin\theta$ である．Θ についての式（基本問題 3.7 (b) の式 $(*)$）より $\lambda = 1$ となり，R に対する式は

$$-\tfrac{\hbar^2}{2m}\bigl(\tfrac{1}{r}\tfrac{\partial}{\partial r}\bigl(r\,\tfrac{\partial R}{\partial r}\bigr) - \tfrac{1}{r^2}R\bigr) + \tfrac{1}{2}m\omega^2 r^2 R = ER$$

となる．まず左辺第 1 項を計算すると

$$\tfrac{1}{r}\tfrac{\partial}{\partial r}\Bigl(r\,\tfrac{\partial}{\partial r}\bigl(r\,e^{-\frac{1}{2}\beta r^2}\bigr)\Bigr) = \bigl(\tfrac{1}{r} + \beta^2 r^3 - 4\beta r\bigr)e^{-\frac{1}{2}\beta r^2}$$

この式の右辺第 1 項と第 2 項はそれぞれ，その上の式左辺の第 2 項および第 3 項と打ち消し合う．そして右辺第 3 項と，その上の式の右辺を比較すると

$$E = 2\hbar\omega$$

とすれば式が成り立つことがわかる．
<u>第 2 励起状態</u>の $(1,1)$ と $(2,0) - (0,2)$ は，$R = r^2\,e^{-\frac{1}{2}\beta r^2}$，$\Theta = \cos 2\theta$ または $\sin 2\theta$ である．いずれの場合も $\lambda = 4$ となり，R についての式

$$-\tfrac{\hbar^2}{2m}\bigl(\tfrac{1}{r}\tfrac{\partial}{\partial r}\bigl(r\,\tfrac{\partial R}{\partial r}\bigr) - \tfrac{4}{r^2}R\bigr) + \tfrac{1}{2}m\omega^2 r^2 R = ER$$

となる．まず左辺第 1 項を計算すると

$$\tfrac{1}{r}\tfrac{\partial}{\partial r}\Bigl(r\,\tfrac{\partial}{\partial r}\bigl(r^2\,e^{-\frac{1}{2}\beta r^2}\bigr)\Bigr) = \bigl(4 + \beta^2 r^2 - 6\beta r^2\bigr)e^{-\frac{1}{2}\beta r^2}$$

これを上式に代入すれば，$E = 3\hbar\omega$ とすれば成り立つことがわかる．
<u>第 2 励起状態</u>の $(2,0) + (0,2)$ は，$R = \bigl(r^2 - \tfrac{1}{\beta}\bigr)e^{-\frac{1}{2}\beta r^2}$，$\Theta = 1$ であり，$\lambda = 0$ である．後は同様に計算すると $E = 3\hbar\omega$ であることがわかる．上の $(2,0) + (0,2)$ と同じ E の解なので，$(2,0)$ と $(0,2)$ も個別に解である．

答 類題 3.13 (a) 基本問題 3.7 (b) の解答の式 $(**)$ に代入し，結果を $e^{-\frac{1}{2}\beta r^2}$ で割って整理すると（変数は r のみなので常微分で書く）

$$-\tfrac{\hbar^2}{2m}\tfrac{d^2 f}{dr^2} + \bigl(-\tfrac{\hbar^2}{2mr} + \hbar\omega r\bigr)\tfrac{df}{dr} + \bigl(\hbar\omega - E + \tfrac{\hbar^2 \lambda}{2mr^2}\bigr)f = 0$$

(b) $\Theta \propto \cos m\theta$ あるいは $\sin m\theta$ が解になり，$\lambda = m^2$．$\theta = 0$ と 2π で Θ が同じにならなければならないという条件より，m は（正負の）整数でなければならない．

解は複素波 $e^{im\phi}$ で表すこともできる．$m=0$ の場合は Θ は定数（この問題は 3 次元の場合の Φ と同じである．基本問題 3.9 を参照）．
(c) $f=$ 定数 を問 (a) で求めた式に代入すると
$$\hbar\omega - E + \frac{\hbar^2 \lambda}{2mr^2} = 0$$
これがすべての r に対して成り立つのだから
$$E = \hbar\omega, \qquad \lambda = 0$$
となる．$\lambda=0$ ならば Θ は定数なので，これは基本問題 3.7 で求めた基底状態である．
(d) 同じく $f=r+a$ を代入すると
$$\left(\hbar\omega - E + \frac{\hbar^2 \lambda}{2mr^2}\right)(r+a) + \left(-\frac{\hbar^2}{2mr} + \hbar\omega r\right) = 0$$
これを，r の同じ次数の項ごとにまとめ，その係数をすべてゼロとする．r の係数より $E=2\hbar\omega$．$\frac{1}{r}$ の係数より $\lambda=1$．$\frac{1}{r^2}$ の係数より $a=0$ とわかる．$\lambda=1$ ならば Θ は $\cos\theta$ か $\sin\theta$ なので，これは基本問題 3.7 で求めた $(1,0)$ と $(0,1)$ である．
(e) 同じく $f=r^2+ar+b$ を代入して同じ計算をする．r^2 の係数より $E=3\hbar\omega$．r の係数より $a=0$．$\frac{1}{r^2}$ の係数より $b\lambda=0$ となる．最後に r^0 の係数より
$$b=0 \text{ のとき } \lambda=4 \text{（つまり } m=\pm 2), \qquad \lambda=0 \text{ のとき } b=-\frac{1}{\beta}$$
がわかる．前者は $(1,1)$ と $(2,0)-(0,2)$，後者は $(2,0)+(0,2)$ である．

答 類題 3.14 式 $(*)$ の解は $\Phi \propto e^{\pm i\sqrt{\nu}}$ なので，$\nu<0$ ならば指数全体が実数になる．そうなると Φ は単調増加（または単調減少）の関数になるので，$\phi=0$ と $\phi=2\pi$ で同じ値にすることができない．

答 類題 3.15 $l=2$ ならば，$m=0,\pm 1,\pm 2$ である．
$$m=0: \quad \Theta = \frac{d^2}{dx^2}(1-x^2)^2 = 12x^2-4 \propto 3x^2-1$$
$$\to \quad \Theta\Phi \propto 3\cos^2\theta - 1 = 2\cos^2\theta - \sin^2\theta$$
$$m=\pm 1: \quad \Theta = (1-x^2)^{\frac{1}{2}} \frac{d^3}{dx^3}(1-x^2)^2 \propto x(1-x^2)^{\frac{1}{2}}$$
$$\to \quad \Theta\Phi \propto \cos\theta\sin\theta\, e^{\pm i\phi}$$
$$m=\pm 2: \quad \Theta = (1-x^2) \frac{d^4}{dx^4}(1-x^2)^2 \propto (1-x^2)$$
$$\to \quad \Theta\Phi \propto \sin^2\theta\, e^{\pm 2i\phi}$$

答 類題 3.16 波動関数は $\psi = \psi_x(x)\psi_y(y)\psi_z(z)$ と変数分離の形とする．ハミルトニアンは $H = H_x + H_y + H_z$ と 3 つの調和振動に分けられ，エネルギーは $E_x = \left(n_x + \frac{1}{2}\right)\hbar\omega$ などの和になるので，全エネルギーは

$$E = E_x + E_y + E_z = \left(n_x + n_y + n_z + \tfrac{3}{2}\right)\hbar\omega$$

となる．解は (n_x, n_y, n_z) の，3つの非負の整数の組合せで表される．

基底状態： $n_x + n_y + n_z = 0$

$$(0,0,0) \quad \psi_{000} \left(= \psi_{x0}\psi_{y0}\psi_{z0}\right) \propto e^{-\frac{1}{2}\beta(x^2+y^2+z^2)} = e^{-\frac{1}{2}\beta r^2}$$

第1励起状態： $n_x + n_y + n_z = 1$　3通り

$$(1,0,0) \quad \psi_{100} \left(= \psi_{x1}\psi_{y0}\psi_{z0}\right) \propto x\, e^{-\frac{1}{2}\beta(x^2+y^2+z^2)} = r\sin\theta\cos\phi\, e^{-\frac{1}{2}\beta r^2}$$

$$(0,1,0) \quad \psi_{010} \propto y\, e^{-\frac{1}{2}\beta(x^2+y^2+z^2)} = r\sin\theta\sin\phi\, e^{-\frac{1}{2}\beta r^2}$$

$$(0,0,1) \quad \psi_{001} \propto z\, e^{-\frac{1}{2}\beta(x^2+y^2+z^2)} = r\cos\theta\, e^{-\frac{1}{2}\beta r^2}$$

ψ_{001} は $l=1$, $m=0$ に相当し，$\psi_{100} \pm i\psi_{010}$ が $l=1$, $m=\pm 1$ に相当する．

第2励起状態： $n_x + n_y + n_z = 2$　6通り

$$(2,0,0) \quad \psi_{200} \left(= \psi_{x2}\psi_{y0}\psi_{z0}\right) \propto \left(x^2 - \frac{1}{2\beta}\right) e^{-\frac{1}{2}\beta r^2} \quad (\psi_{020}, \psi_{002}\ \text{も同様})$$

$$(1,1,0) \quad \psi_{110} \left(= \psi_{x1}\psi_{y1}\psi_{z0}\right) \propto xy\, e^{-\frac{1}{2}\beta r^2} \quad (\psi_{011}, \psi_{101}\ \text{も同様})$$

第2励起状態を球座標での変数分離型にするには，上記6つの状態の線形結合を考えなければならない．

$$\psi_{200} + \psi_{020} + \psi_{002} \propto \left(r^2 - \frac{3}{2\beta}\right) e^{-\frac{1}{2}\beta r^2}$$

このケースは $\Theta\Phi$ は定数である（$l=0$ に相当）．他の組合せは任意性があるが，類題 3.15 の 5 つの $\Theta\Phi$ に合わせることもできる．たとえば

$$2\psi_{002} - \psi_{200} - \psi_{020} \propto (2z^2 - x^2 - y^2) e^{-\frac{1}{2}\beta r^2} = r^2(2\cos^2\theta - \sin^2\theta) e^{-\frac{1}{2}\beta r^2}$$

これは $\Theta\Phi$ の $l=2$, $m=0$ に相当する．$m=\pm 1$, $m=\pm 2$ の場合も試みていただきたい．

答 類題 3.17　(a) a と $\exp\{\lambda a^\dagger\}$ の交換関係は

$$a\exp\{\lambda a^\dagger\} - \exp\{\lambda a^\dagger\}a = \lambda\exp\{\lambda a^\dagger\}$$

である．この式は指数を展開して応用問題 3.2 (c) の交換関係を使ってもいいが，a は形式的に微分 $\frac{d}{da^\dagger}$ とみなせる（同問解答 (c)）ことを使い，$\frac{de^{\lambda x}}{dx} = \lambda e^{\lambda x}$ であることを考えてもわかる．

(b) $a = \frac{1}{\sqrt{2\beta}}\left(\beta x + \frac{d}{dx}\right)$ を代入して整理すれば与式が得られる．$\frac{dy}{dx} = -ay$ の解は $y \propto e^{-\frac{1}{2}ax^2}$ であることを考えれば，与式の解は

$$\psi_\lambda \propto e^{-\frac{\beta}{2}(x-x_0)^2} \quad \text{ただし} \quad x_0 = \lambda\sqrt{\tfrac{2}{\beta}}$$

であることがわかる．これは応用問題 2.4 で扱った波束である．これについてのさらに詳しい議論は応用問題 5.8 と類題 5.9 を参照．

答 類題 3.18

$$\left(-\tfrac{\hbar^2}{2m}\tfrac{d^2}{dx^2} + mgx\right)\psi_E = E\psi_E$$

に与式を代入すると

$$\text{左辺} = \int A(k)\left(\tfrac{\hbar^2 k^2}{2m} + mgx\right)e^{ikx}\,dk$$

ここで第 2 項の x を $-i\tfrac{\partial}{\partial k}$ に置き換え，さらに部分積分をすると

$$\text{左辺} = \int e^{ikx}\left(\tfrac{\hbar^2 k^2}{2m} + img\tfrac{\partial}{\partial k}\right)A(k)\,dk$$

これが任意の x に対して $E\psi_E$ に等しいのだから，被積分関数が両辺で等しくなければならず

$$EA(k) = \left(\tfrac{\hbar^2 k^2}{2m} + img\tfrac{\partial}{\partial k}\right)A(k)$$

ここで $A(k) = e^{i\alpha k^3}\widetilde{A}(k)$ という形だとすると（α は応用問題 3.7 で定義した）

$$img\tfrac{\partial \widetilde{A}}{\partial k} = E\widetilde{A} \quad \to \quad \widetilde{A} \propto e^{-i\frac{E}{mg}k}$$

以上を組み合わせれば，応用問題 3.7 (b) と同じ結果になる（ただし同問での $\widetilde{k}$ がここでは k と書かれている）．

注 $A(k)$ は $\psi_E(x)$ のフーリエ変換であり，満たす微分方程式が 1 階なのですぐに解けた．

答 類題 3.19

$$\int |\psi_\text{入}|^2\,dx = \iiint A(k_1)A^*(k_2)\,e^{i(k_1-k_2)x - i(\omega_1-\omega_2)t}\,dk_1\,dk_2\,dx$$

この式で x 積分の範囲は $-\infty < x < 0$ だが，波束がまだ左遠方にある状況では $-\infty < x < \infty$ として構わない．そうすると

$$\int e^{i(k_1-k_2)x}\,dx = 2\pi\delta(k_1-k_2)$$

なので，$k_1 = k_2$，したがって $\omega_1 = \omega_2$ にもなり，結局

$$\int |\psi_\text{入}|^2\,dx = \int |A(k)|^2\,dk$$

同様に $\int |\psi_\text{反}|^2\,dx = \int |B(k)|^2\,dk$ なので，

$$\text{反射率} = \frac{\int |B(k)|^2\,dk}{\int |A(k)|^2\,dk} \fallingdotseq \left(\tfrac{k_0 - k_0'}{k_0 + k_0'}\right)^2$$

ただし分子分母ともピークの位置での被積分関数 ($k=k_0$) で代表されるとし，理解度のチェック 3.5 の結果を使った．

また透過波については
$$\int |\psi_\text{透}|^2 \, dx = \iiint C(k_1)\, C^*(k_2)\, e^{i(k_1'-k_2')x - i(\omega_1 - \omega_2)t}\, dk_1\, dk_2\, dx$$

x 積分の結果は $\delta(k_1' - k_2')$ になるのは同じだが，積分変数は k_1' ではなく k_1 なので
$$\int \delta(k_1' - k_2')\, dk_1 = \int \delta(k_1' - k_2')\, \frac{dk_1}{dk_1'}\, dk_1' = \frac{dk_2}{dk_2'} = \frac{k_2'}{k_2}$$

となり，1 ではない．したがって
$$\int |\psi_\text{透}|^2\, dx = \int |C(k)|^2\, \frac{k}{k'}\, dk$$

であり，理解度のチェック 3.5 の結果も使うと
$$\text{透過率} = \frac{\int |C(k)|^2\, \frac{k'}{k}\, dk}{\int |A(k)|^2\, dk} \fallingdotseq \frac{4 k_0 k_0'}{(k_0 + k_0')^2}$$

これより，反射率 + 透過率 = 1 という結果が得られる．

答 類題 3.20 波数 k が決まった状態の反射と透過は基本問題 3.4 で計算してあるので，その結果に応用問題 3.9 (b) の手法を適用すればよい．たとえば反射波は，$\frac{B}{A} = \left|\frac{B}{A}\right| e^{-i 2\delta}$ と書くと，$2\frac{d\delta}{dk}$ だけ波束の動きが遅れることがわかる．透過波も同様に $\frac{F}{A} = \left|\frac{F}{A}\right| e^{-i 2\delta}$ と書くと，$2\frac{d\delta}{dk}$ だけずれる．

答 類題 4.1 x と p_x の同時固有値 ψ があるとすると，理解度のチェック 4.5 より，$i\hbar \psi = 0$ でなければならない．しかし $i\hbar \neq 0$ なので $\psi = 0$ となる．つまりこのような状態は存在しない．

答 類題 4.2 (a) 理解度のチェック 4.11 で求めた $\chi_{y\pm}$ を使おう．
$$\begin{pmatrix} 1 \\ 0 \end{pmatrix} = \frac{1}{2} \begin{pmatrix} 1 \\ i \end{pmatrix} + \frac{1}{2} \begin{pmatrix} 1 \\ -i \end{pmatrix} = \frac{1}{\sqrt{2}} \chi_{y+} + \frac{1}{\sqrt{2}} \chi_{y-} \qquad (*)$$

したがって，2 番目の装置を通った後のビームは，$\pm y$ 方向に同程度に分かれる．また
$$\chi_{y+} \propto \begin{pmatrix} 1 \\ i \end{pmatrix} = \begin{pmatrix} 1 \\ 0 \end{pmatrix} + i \begin{pmatrix} 0 \\ 1 \end{pmatrix}$$

であり，右辺の係数の絶対値は同じなので，3 番目の装置を通った後のビームは，$\pm z$ 方向に同程度に分かれる．

(b) χ_{y+} と χ_{y-} を重ね合わせると，問 (a) の式 $(*)$ より χ_{z+} に戻るので，3 番目の装置では一方だけに曲がる．ただしこれは，合流までに χ_{y+} と χ_{y-} の係数が変化しない，あるいは同じように変化するとの前提での話であり，状況によってはそうはならない．詳しくは補章 B を参照．

答 類題 4.3　$L_-\psi = 0$ になる状態を求めればよい．$m < 0$ ならば
$$e^{im\phi} = (e^{-i\phi})^{|m|} = (\cos\phi - i\sin\phi)^{|m|} \propto (x - iy)^{|m|}$$
そして基本問題 4.3 (b) と同様の計算により
$$L_-(x - iy)^{|m|} = 0$$
となる．したがって $\psi = f \times (x - iy)^{|m|}$ と書けるとし，f が角度には依存しないとすれば $L_-\psi = 0$ なので，これは m が最小の状態（$m = -l$）である．実際，基本問題 3.10 (c) によれば，$m = -l$ のとき $\Theta \propto \sin^l\theta$ になるので
$$Y_{l-l} \propto \sin^l\theta\, e^{-il\phi} \propto (x - iy)^l$$
となっている（基本問題 4.3 (c) の計算と同様）．

答 類題 4.4
$$Y_{22} \propto (x + iy)^2 \propto \sin^2\theta\, e^{2i\phi}$$
$$Y_{21} \propto z(x + iy) \propto \cos\theta\sin\theta\, e^{i\phi}$$
であることは基本問題 4.3 で示した．同問 (d) と同様の計算により
$$Y_{20} \propto L_-Y_{21} \propto L_- z(x + iy) \propto 2z^2 - x^2 - y^2 \propto 2\cos^2\theta - \sin^2\theta$$
Y_{2-1} は，これにさらに L_- を掛けて計算してもよいが，
$$Y_{2-2} \propto (x - iy)^2 \propto \sin^2\theta\, e^{-2i\phi}$$
であることはすでにわかっているので，これに L_+ を掛けたほうが簡単で
$$Y_{2-1} \propto z(x - iy) \propto \cos\theta\sin\theta\, e^{-i\phi}$$

答 類題 4.5　(a)　平面上の問題では回転は，その平面の回転しかないので，角運動量演算子も 1 つだけである．極座標で考えると $L = -i\hbar\frac{\partial}{\partial\theta}$．ハミルトニアンは回転対称なので $[L, H] = 0$．

基本問題 3.7 の第 1 励起状態を考えると，$L\psi_{10} \propto \psi_{01}$ なので縮退は回転対称性で説明できる．また第 2 励起状態は $L\psi_{11} \propto \psi_{20} - \psi_{02}$ なので，この縮退は回転対称性で説明できるが，$\psi_{20} + \psi_{02}$ の縮退は説明できない．

ここでは深入りしないが，$\psi_{20} + \psi_{02}$ の縮退は，位置座標と運動量を混ぜる回転に対する対称性に起因することが知られている．調和振動のポテンシャルが位置座標の 2 乗であることによる特殊性である．

(b) 3つの第1励起状態は Y_{1m} $(m=0,\pm 1)$ の3つに比例するので，その縮退は回転対称性の結果である．6つの第2励起状態のうち5つは（類題3.16の解答に示したように）Y_{2m} $(m=0,\pm 1,\pm 2)$ に比例するので，その縮退は回転対称性の結果である．$\psi_{200}+\psi_{020}+\psi_{002}$ の縮退はそれでは説明できない．2次元の場合と同様の事情がある．

答 類題 4.6 応用問題 4.4 (a) と同様に

$$R_x(\phi) = e^{-i\phi\frac{\sigma_x}{2}} = \cos\frac{\phi}{2} - i\sigma_x \sin\frac{\phi}{2} = \begin{pmatrix} \cos\frac{\phi}{2} & -i\sin\frac{\phi}{2} \\ -i\sin\frac{\phi}{2} & \cos\frac{\phi}{2} \end{pmatrix}$$

具体的な計算として $\phi = \frac{\pi}{2}$ の場合を考えると

$$R_x\left(\frac{\pi}{2}\right) = \begin{pmatrix} \frac{1}{\sqrt{2}} & -\frac{i}{\sqrt{2}} \\ \frac{-i}{\sqrt{2}} & \frac{1}{\sqrt{2}} \end{pmatrix}$$

なので

$$R_x\left(\tfrac{\pi}{2}\right)\chi_{z+} = \tfrac{1}{\sqrt{2}}\begin{pmatrix} 1 \\ -i \end{pmatrix} = \chi_{y-}$$

$$R_x\left(\tfrac{\pi}{2}\right)\chi_{z-} = \tfrac{1}{\sqrt{2}}\begin{pmatrix} -i \\ 1 \end{pmatrix} = -\tfrac{i}{\sqrt{2}}\begin{pmatrix} 1 \\ i \end{pmatrix} = -i\chi_{y+}$$

係数は $\chi_{y\pm}$ をどう定義するかに依存するが，χ_{z+} が χ_{y-}，χ_{z-} が χ_{y+} になることは定義に依存しない，重要な（そして予想通りの）結果である．

答 類題 4.7

$$R_x(\phi_1)R_x(\phi_2)$$
$$= \begin{pmatrix} \cos\frac{\phi_1}{2} & -\sin\frac{\phi_1}{2} \\ \sin\frac{\phi_1}{2} & \cos\frac{\phi_1}{2} \end{pmatrix}\begin{pmatrix} \cos\frac{\phi_2}{2} & -\sin\frac{\phi_2}{2} \\ \sin\frac{\phi_2}{2} & \cos\frac{\phi_2}{2} \end{pmatrix} = \begin{pmatrix} \cos\frac{\phi_1+\phi_2}{2} & -\sin\frac{\phi_1+\phi_2}{2} \\ \sin\frac{\phi_1+\phi_2}{2} & \cos\frac{\phi_1+\phi_2}{2} \end{pmatrix}$$

途中の計算は省略したが，最後に三角関数の加法定理を使った．$R_y(\phi)$ についても同様である．

答 類題 4.8 角度 $\frac{\pi}{2N}$ だけ回転した上で χ_{z+} だけを取り出すと，取り出せる割合は $\left|\cos\frac{\pi}{4N}\right|^2$ である．これを N 回繰り返すと，最終的に χ_{z+} が取り出せる確率は $\left|\cos\frac{\pi}{4N}\right|^{2N}$ である．応用問題 4.6 (d) で示したように，これは $N\to\infty$ の極限で1である．

答 類題 4.9 第1項：$p = -i\hbar\frac{\partial}{\partial r}$ であることを考えれば，p の期待値は $b \sim \frac{\hbar}{a_0}$ 程度（応用問題 3.6 参照，「$\sim$」は同程度であることを示す）．クーロンポテンシャルは $\frac{e^2}{4\pi\varepsilon_0 a_0} \sim \frac{\hbar c\alpha}{a_0}$ 程度なので（$\alpha a_0 = \frac{\hbar}{mc}$ も使って）

第1項／クーロンポテンシャル $\sim \left(\frac{\hbar}{a_0}\right)^4 \frac{1}{8m^3c^2} \frac{a_0}{\hbar c \alpha} \sim \left(\frac{\hbar}{mc}\right)^3 \frac{1}{8\alpha a_0^3} \sim \frac{\alpha^2}{8}$

第2項：$\delta(r)$ の期待値は $|\psi(0)|^2$ なので $b^3 \sim \frac{1}{a_0^3}$ 程度（応用問題3.6参照）．したがって

第2項／クーロンポテンシャル $\sim \frac{e^2\hbar^2}{4\pi\varepsilon_0} \frac{1}{8m^2c^2} \frac{4\pi}{a_0^3} \div \frac{e^2}{4\pi\varepsilon_0 a_0} \sim \left(\frac{\hbar}{mc}\right)^2 \frac{1}{a_0^2} \sim \alpha^2$

ただし $l=0$ としている（$l \neq 0$ ならば $\psi(0) = 0$）．どちらも α^2 程度である．

答 類題 5.1

$$\alpha = \chi_{y+}^\dagger \begin{pmatrix} 1 \\ 0 \end{pmatrix} = \frac{1}{\sqrt{2}} \begin{pmatrix} 1 & -i \end{pmatrix} \begin{pmatrix} 1 \\ 0 \end{pmatrix} = \frac{1}{\sqrt{2}}$$

$$\beta = \chi_{y-}^\dagger \begin{pmatrix} 1 \\ 0 \end{pmatrix} = \frac{1}{\sqrt{2}} \begin{pmatrix} 1 & i \end{pmatrix} \begin{pmatrix} 1 \\ 0 \end{pmatrix} = \frac{1}{\sqrt{2}}$$

確認 $\alpha\chi_{y+} + \beta\chi_{y-} = \frac{1}{\sqrt{2}} \frac{1}{\sqrt{2}} \begin{pmatrix} 1 \\ i \end{pmatrix} + \frac{1}{\sqrt{2}} \frac{1}{\sqrt{2}} \begin{pmatrix} 1 \\ -i \end{pmatrix} = \begin{pmatrix} 1 \\ 0 \end{pmatrix}$ ●

答 類題 5.2 行列の場合は，共役の共役がもとに戻る（すなわち $(M^\dagger)^\dagger = M$）であることは，共役行列の定義からすぐにわかるだろう．演算子の場合も同様だが，きちんと証明するには次のようにすればよい．

まず，$O^\dagger$ とは次の等式が任意の ψ_i に対して成り立つ演算子である．

$$\int (O^\dagger \psi_2)^* \psi_1 \, dx = \int \psi_2^* (O\psi_1) \, dx$$

同様に，$(O^\dagger)^\dagger$ は次の式から定義される．

$$\int ((O^\dagger)^\dagger \psi_4)^* \psi_3 \, dx = \int \psi_4^* (O^\dagger \psi_3) \, dx$$

ここで $(\int \psi_b^* \psi_a \, dx)^* = \int \psi_a^* \psi_b \, dx$ という関係を上式の両辺に使えば

$$\int \psi_3^* ((O^\dagger)^\dagger \psi_4) \, dx = \int (O^\dagger \psi_3)^* \psi_4 \, dx$$

この式で ψ_3 を ψ_2，ψ_4 を ψ_1 と書き直せば

$$\int \psi_2^* ((O^\dagger)^\dagger \psi_1) \, dx = \int (O^\dagger \psi_2)^* \psi_1 \, dx$$

この式と第1式を比べれば

$$\int \psi_2^* ((O^\dagger)^\dagger \psi_1) \, dx = \int \psi_2^* (O\psi_1) \, dx$$

任意の ψ_i についてこの式が成り立つのだから，$(O^\dagger)^\dagger = O$ である．

答 類題 5.3 (a) $\langle \psi_2 | \psi_1 \rangle^* = \langle \psi_1 | \psi_2 \rangle$
(b) $\langle \psi_2 | O | \psi_1 \rangle^* = \langle \psi_1 | O^\dagger | \psi_2 \rangle$
(c) $\langle \psi_2 | O^\dagger | \psi_1 \rangle^* = \langle \psi_1 | (O^\dagger)^\dagger | \psi_2 \rangle = \langle \psi_1 | O | \psi_2 \rangle$

答 類題 5.4 (a) 基本問題 5.3 (b) の展開式に $\phi = 0$ を代入すれば $f = 0$ となる. f は $\phi \to 0_+$ の極限では 1 だが, 右端の $\phi \to 2\pi + 0_-$ の極限では -1 なので, その中間の値になったと考えればよい (もともと展開式を求めるときに $f(0)$ の値が何であるかは関係がない).

(b) $\frac{\pi}{2\sqrt{2}} = 1 + \frac{1}{3} - \frac{1}{5} - \frac{1}{7} + \frac{1}{9} + \cdots$

(c) $\frac{\pi}{2\sqrt{3}} = 1 - \frac{1}{5} + \frac{1}{7} - \frac{1}{11} + \cdots$

(d) $f = 0$ となる. 問 (a) と同様, $\phi = \pi$ の両側の値の平均値になった.

答 類題 5.5 (a)
$$\int \sin m\phi \cos m'\phi \, d\phi = \int \sin m\phi \sin m'\phi \, d\phi = \int \cos m\phi \cos m'\phi \, d\phi = 0$$
を証明すればよい. ただし積分領域は $0 < \phi < 2\pi$ であり, 2 番目と 3 番目の式では $m \neq m'$ である. cos の場合は $m = 0$ であってもよい.

(b) 規格化するとそれぞれ $\frac{1}{\sqrt{\pi}} \sin m\phi$, $\frac{1}{\sqrt{\pi}} \cos m\phi$, そして定数関数 (cos の $m = 0$ のケース) は $\frac{1}{\sqrt{2\pi}}$ となる. 後は式 (5.8) に代入すればよい.

答 類題 5.6 (a) 基本問題 5.5 (d) と同様の計算で
$$c_n = \frac{\sqrt{2L}}{\pi n}\bigl(1 - (-1)^n\bigr) \quad \text{したがって} \quad f = \frac{2}{\pi} \sum \frac{1}{n}\bigl(1 - (-1)^n\bigr) \sin\bigl(\tfrac{\pi}{L} n x\bigr)$$
n が奇数の場合のみ残る.

(b) $\frac{\pi}{4} = 1 - \frac{1}{3} + \frac{1}{5} - \frac{1}{7} + \cdots$

(c) $\phi = 0$ を代入すれば $f = 0$ となる ($\phi = 2\pi$ でも同様). ここでの展開の基底 $\sin\bigl(\frac{\pi}{L} n x\bigr)$ は両端でゼロという境界条件を課して求めたので, $f(x)$ が $0 < x < L$ でどのような関数であっても, 展開式は両端ではゼロになる (両端で不連続に変わる関数になる).

答 類題 5.7 (a) L_z はエルミートなので理解度のチェック 5.9 (b) より L_z^2 もエルミート. L_x^2 も L_y^2 も対称性から L_z の場合と同じはずなのでエルミート. したがってそれらの和である $\boldsymbol{L}^2$ もエルミート.

(b) Y_{lm} の ϕ 部分は $e^{im\phi}$ なので, 直交性は理解度のチェック 5.12 (b) で示した通りである.

(c) 概略だけを示す. まず θ 積分は, $x = \cos\theta$ とすると
$$\int_0^{2\pi} f(\theta) \sin\theta \, d\theta = \int_{-1}^1 f(x) \, dx$$
と書ける. また, $g(x)$ を x の a 次の多項式だとし, $a < b$ だとすると, 部分積分によって

$$\int_{-1}^{1} g(x)\,\frac{d^b}{dx^b}(1-x^2)^b\,dx = (-1)^b \int_{-1}^{1} \frac{d^b g}{dx^b}(1-x^2)^b\,dx = 0$$

となる．後は，球関数の θ 依存部分が基本問題 3.10 の Θ で表されることを使えばよい．

答 類題 5.8 まず，ある時刻で $|\psi\rangle = \frac{1}{\sqrt{2}}(|n\rangle + |n+1\rangle)$ であったとすると

$$\langle \psi | x | \psi \rangle = \frac{1}{2}\frac{1}{\sqrt{2\beta}}\left(\langle n|a|n+1\rangle + \langle n+1|a^\dagger|n\rangle\right) = \sqrt{\frac{n+1}{2\beta}}$$

一般の時刻では $\sqrt{\frac{n+1}{2\beta}}\cos\omega t$ となる．

答 類題 5.9 n の平均値 $\overline{n}$ を求めるには，(応用問題 5.8 の最初の式より) 重み $\frac{\lambda^{2n}}{n!}$ で平均を計算すればよい．$\sum \frac{\lambda^{2n}}{n!} = e^{2\lambda}$ の両辺を λ で微分し $\frac{\lambda}{2}$ を掛ければ

$$\sum_n \frac{\lambda^{2n}}{n!} = \lambda^2 e^{2\lambda}$$

なので

$$\overline{n} = \frac{\sum_n \frac{\lambda^{2n}}{n!}}{\sum \frac{\lambda^{2n}}{n!}} = \lambda^2$$

したがって平均エネルギーは，$\overline{E} = \hbar\omega\left(\overline{n} + \frac{1}{2}\right) = \hbar\omega\left(\lambda^2 + \frac{1}{2}\right)$.

一方，古典力学での単振動のエネルギーは，振幅が $\lambda\sqrt{\frac{2}{\beta}}$ のときは

$$E = \frac{1}{2}\hbar\omega\left(\lambda\sqrt{\frac{2}{\beta}}\right)^2 = \hbar\omega\lambda^2$$

λ が（零点振動（基底状態の幅）を無視できる程度に）十分に大きければ両者は一致する．

答 類題 5.10 ハミルトニアン H の固有状態 ψ_i のセットを $\{\psi_i : i=0,1,2,\ldots\}$ とする．$H\psi_i = E_i \psi_i$ であり，$E_0 < E_1 < E_2 < \cdots$ であるとする．任意の関数 ψ を ψ_i で展開し

$$\psi = a_0 \psi_0 + a_1 \psi_1 + a_2 \psi_2 + \cdots$$

異なる固有状態は直交するので（$i \neq j$ ならば $\int \psi_i^* \psi_j\,dx = 0$），規格化条件 $\int \psi^* \psi\,dx = 1$ は

$$|a_0|^2 + |a_1|^2 + |a_2|^2 + \cdots = 1$$

である．ψ の展開式を使って期待値を計算すれば（直交関係を使って）

$$\int \psi^* H \psi\,dx = E_0 |a_0|^2 + E_1 |a_1|^2 + E_2 |a_2|^2 + \cdots$$
$$= E_0\left(1 - |a_1|^2 - |a_2|^2 - \cdots\right) + E_1 |a_1|^2 + E_2 |a_2|^2 + \cdots$$
$$= E_0 + (E_1 - E_0)|a_1|^2 + (E_2 - E_0)|a_2|^2 + \cdots \geqq E_0$$

等号が成り立つのは，$|a_1|^2 = |a_2|^2 = \cdots = 0$ のときである．

答 類題 5.11 たとえば，$\psi_a(\boldsymbol{r}_1)\psi_{a'}(\boldsymbol{r}_2) + \psi_b(\boldsymbol{r}_1)\psi_{b'}(\boldsymbol{r}_2)$ という可能性もあり，一般には，このような形の無限個の項の和になる．

答 類題 5.12 (a) 同種粒子を入れ替えても状態は変わらないので，それぞれを表す波動関数は比例関係になければならない．そのことを比例定数を c として，$\psi(\boldsymbol{r}_2, \boldsymbol{r}_1) = c\psi(\boldsymbol{r}_1, \boldsymbol{r}_2)$ と書こう．もう一度交換すると，$\psi(\boldsymbol{r}_1, \boldsymbol{r}_2) = c\psi(\boldsymbol{r}_2, \boldsymbol{r}_1) = c^2\psi(\boldsymbol{r}_1, \boldsymbol{r}_2)$．したがって $c^2 = 1$ となり，$c = \pm 1$ となる（ただしこの議論では，粒子の交換では常に同じ比例係数 c がかかると仮定している．それについては次の問 (b) を参照）．

(b) もし対称の状態 $\psi_a(\boldsymbol{r}_1, \boldsymbol{r}_2)$ と反対称の状態 $\psi_b(\boldsymbol{r}_1, \boldsymbol{r}_2)$ があるとすると，その重ね合わせ $\psi_a(\boldsymbol{r}_1, \boldsymbol{r}_2) + \psi_b(\boldsymbol{r}_1, \boldsymbol{r}_2)$ は対称でも反対称でもなく，同種粒子を入れ換えても同じ状態にはならないことになる．これは同種粒子を入れ替えても状態は変わらないという基本原理に反する．同じ議論により，問 (a) において，状態によって係数 c が異なると矛盾が生じる．

答 類題 5.13 ガウス積分の公式

$$\int e^{-Ax^2}\,dx = \sqrt{\frac{\pi}{A}}, \qquad \int x^2 e^{-Ax^2}\,dx = \frac{1}{2}A\sqrt{\frac{\pi}{A}}$$

を使う．まず規格化すると，$\psi = \left(\frac{\beta}{\pi}\right)^{\frac{1}{4}} e^{-\frac{\beta}{2}x^2}$．これを使うと期待値は

$$\langle H \rangle = -\frac{\hbar^2}{2m_e}\left(\frac{\beta}{\pi}\right)^{\frac{1}{2}}\left(\frac{\pi}{\beta}\right)^{\frac{1}{2}}\left(\beta^2\frac{1}{2\beta} - \beta\right) + \frac{1}{2}m\omega^2\left(\frac{\beta}{\pi}\right)^{\frac{1}{2}}\left(\frac{\pi}{\beta}\right)^{\frac{1}{2}}\frac{1}{2\beta}$$
$$= \frac{\hbar^2}{4m_e}\beta + \frac{1}{4m\omega^2}\frac{1}{\beta}$$

$\frac{d\langle H \rangle}{d\beta} = 0$ という条件から $\beta = \frac{m\omega}{\hbar}$ となる．

答 類題 5.14 1 行目については $\chi_{z\pm} = \frac{1}{\sqrt{2}}(\chi_{x+} \pm \chi_{x-})$ を代入すればよい．また 2 行目は

$$\chi_{z+} = \frac{1}{\sqrt{2}}(\chi_{y+} + \chi_{y-}), \qquad \chi_{z-} = -\frac{i}{\sqrt{2}}(\chi_{y+} - \chi_{y-})$$

を代入すればよい．与式の比例関係の係数は，任意性のある $\chi_{x\pm}$ や $\chi_{y\pm}$ の係数をどのように決めたかに依存する（上式はすべて，本書のように $\chi_{x\pm}$ や $\chi_{y\pm}$ を定義した場合である）．

答 類題 5.15 基底状態（基本問題 5.13）：

$$\begin{vmatrix} \psi_{1s}(1)\chi_{z+}(1) & \psi_{1s}(1)\chi_{z-}(1) \\ \psi_{1s}(2)\chi_{z+}(2) & \psi_{1s}(2)\chi_{z-}(2) \end{vmatrix}$$

第 1 励起状態（基本問題 5.14）：

3 重項の $s_z = \pm 1$（複号同順）

$$\begin{vmatrix} \psi_{1s}(1)\chi_{z_\pm}(1) & \psi_{2s}(1)\chi_{z_\pm}(1) \\ \psi_{1s}(2)\chi_{z_\pm}(2) & \psi_{2s}(2)\chi_{z_\pm}(2) \end{vmatrix}$$

3 重項の $s_z = 0$

$$\begin{vmatrix} \psi_{1s}(1)\chi_{z_+}(1) & \psi_{2s}(1)\chi_{z_-}(1) \\ \psi_{1s}(2)\chi_{z_+}(2) & \psi_{2s}(2)\chi_{z_-}(2) \end{vmatrix} + \begin{vmatrix} \psi_{1s}(1)\chi_{z_-}(1) & \psi_{2s}(1)\chi_{z_+}(1) \\ \psi_{1s}(2)\chi_{z_-}(2) & \psi_{2s}(2)\chi_{z_+}(2) \end{vmatrix}$$

1 重項（単項）

$$\begin{vmatrix} \psi_{1s}(1)\chi_{z_+}(1) & \psi_{2s}(1)\chi_{z_-}(1) \\ \psi_{1s}(2)\chi_{z_+}(2) & \psi_{2s}(2)\chi_{z_-}(2) \end{vmatrix} - \begin{vmatrix} \psi_{1s}(1)\chi_{z_-}(1) & \psi_{2s}(1)\chi_{z_+}(1) \\ \psi_{1s}(2)\chi_{z_-}(2) & \psi_{2s}(2)\chi_{z_+}(2) \end{vmatrix}$$

答 類題 5.16 理解度のチェック 5.14 の解答の式 $(*)$ より，電子 1 が感じる電子 2 によるポテンシャルは $\int U_{12}|\psi(r_2)|^2 d\boldsymbol{r}_2$ である．式を簡単にするために比例係数は省略して

$$U_{12} = \frac{1}{|r_1 - r_2|}$$

としよう．応用問題 5.9 の問題文で説明したように，$r_1 > r_2$ ならば $U_{12} = \frac{1}{r_1}$，$r_1 < r_2$ ならば $U_{12} = \frac{1}{r_2}$ としてよい．したがって上記の積分は，角度積分をした後では（$\frac{q^3}{\pi}$ を省略すると）

$$\frac{4\pi}{r_1}\int_0^{r_1} e^{-2qr_2} r_2^2\, dr_2 + 4\pi \int_{r_1}^\infty e^{-2qr_2} r_2^2\, dr_2$$
$$= \frac{4\pi}{(2q)^2}\frac{1}{qr_1}(1 - e^{-2qr_1}) - \frac{4\pi}{(2q)^2} e^{-2qr_1}$$

$\frac{q^3}{\pi}$ を掛けてまとめると次のようにも書ける．

$$\frac{1}{r_1}\bigl(1 - (1+qr_1)e^{-2qr_1}\bigr)$$

答 類題 5.17 $l=1$, $s=\frac{1}{2}$ の電子をもう 1 つ足すと，すべての合成角運動量がゼロになる．したがって，9 個の状態の合成軌道角運動量は $l=1$，合成スピンは $s=\frac{1}{2}$，そして合成全角運動量は $j=\frac{3}{2}$ または $\frac{1}{2}$ である．どちらが基底状態になるかは LS 結合の符号による．

答 類題 5.18 基本問題 5.18 と応用問題 5.14 の記号を使う．規格化因子は $\int |\psi|\, dr_1\, dr_2 = 1$ という条件から，$N^2 = \frac{1}{(2(1+S))^2}$.

次に H の期待値だが

$$\langle H \rangle = \langle H_1 \rangle + \langle H_2 \rangle + \frac{e^2}{4\pi\varepsilon_0}\langle \frac{1}{r_{12}} \rangle + \frac{e^2}{4\pi\varepsilon_0}\frac{1}{R}$$

最初の 2 項は 1 粒子演算子なので，応用問題 5.14 と同様に計算でき

$$\langle H_i \rangle = N\bigl(\langle H_i \rangle_{\mathrm{AA}} + \langle H_i \rangle_{\mathrm{BB}} + \langle H_i \rangle_{\mathrm{AB}} + \langle H_i \rangle_{\mathrm{BA}}\bigr)$$
$$= E_0 - \frac{e^2}{4\pi\varepsilon_0}\frac{1}{1+S}\bigl(\langle \frac{1}{r_{\mathrm{B}i}} \rangle_{\mathrm{AA}} + \langle \frac{1}{r_{\mathrm{B}i}} \rangle_{\mathrm{AB}}\bigr)$$

また

$$\text{第3項} = \frac{e^2}{4\pi\varepsilon_0} N^2 X$$

と書くと，X は 16 項あるが 4 つにまとまり

$$\begin{aligned}
X = &\ 2\int \frac{1}{r_{12}} |\psi_\mathrm{A}(1)|^2 |\psi_\mathrm{B}(2)|^2 \, d\boldsymbol{r}_1 \, d\boldsymbol{r}_2 \\
&+ 2\int \frac{1}{r_{12}} |\psi_\mathrm{A}(1)|^2 |\psi_\mathrm{A}(2)|^2 \, d\boldsymbol{r}_1 \, d\boldsymbol{r}_2 \\
&+ 4\int \frac{1}{r_{12}} \psi_\mathrm{A}(1)\psi_\mathrm{B}(1)\psi_\mathrm{A}(2)\psi_\mathrm{B}(2) \, d\boldsymbol{r}_1 \, d\boldsymbol{r}_2 \\
&+ 8\int \frac{1}{r_{12}} |\psi_\mathrm{A}(1)|^2 \psi_\mathrm{A}(2)\psi_\mathrm{B}(2) \, d\boldsymbol{r}_1 \, d\boldsymbol{r}_2
\end{aligned}$$

となる．$\langle H \rangle - 2E_0$ が負ならば水素分子が形成される．ψ に水素原子の波動関数を使えば応用問題 5.14 と同様に計算できるが，特に X の第 3 項は面倒である．束縛エネルギーの計算値は，実験値よりも少な目（60% 程度）になり，さらに改良した計算方法が考えられている．

索 引

● あ行 ●

アインシュタインの関係　22

位相　22
位相速度　43
井戸型ポテンシャル　5

運動量　4
運動量演算子　48

エーレンフェストの定理　4, 23, 36
エネルギー準位　50
エネルギーの固有状態　48
エルミート演算子　121
エルミート共役　120
エルミート行列　120
演算子　48
エンタングルメント　173

オルト水素　162

● か行 ●

角運動量　88
角運動量の合成　116
角振動数　22
確率波　2
隠れた変数の理論　174
下降演算子　100, 138
干渉　177
干渉効果　35
完全対称　143
完全反対称　143

規格化　23, 34, 74, 120
期待値　23, 36
基底状態　12
軌道角運動量　88
逆ゼノン効果　114
逆フーリエ変換　136
球関数　5, 74
球対称性によるスペクトルの縮退　91
球ベッセル関数　76
境界条件　49
共役演算子　121
共役ベクトル　120
局在した波　38
局所実在論　174
許容領域　49
禁止領域　49

空洞放射　7
クーロン積分　145, 156
クーロンポテンシャル　5
群速度　43

経路積分　182
結合軌道　160
原子の安定性　8
検出確率　23, 164

交換関係（交換子）　78, 89
光子　7
光電効果　8
光量子　7
光量子仮説　7
黒体放射　7

コペンハーゲン解釈　2
固有関数　48, 121
固有状態　48
固有値　48, 90, 121
固有ベクトル　90, 121
コンプトン散乱　8
コンプトン波長　16

● さ行 ●

散乱状態　50

時間に依存しないシュレーディンガー方程式　48
時間に依存するシュレーディンガー方程式　48
試行関数　142
実在　172
実在主義　172
実証主義　172
周期的境界条件　136
周波数　6
縮重　68
縮退　68
縮退度　68
シュテルン–ゲルラッハの実験　90
シュレーディンガー方程式　2, 23
昇降演算子　100
上昇演算子　100, 134
消滅演算子　78, 134
振動数　6

水素イオン　154, 160
水素原子　5
水素分子　160

スピン　90
スピン演算子　90
スピン軌道結合　118
スピンの回転　106
スピンの合成　5, 146, 150
スペクトル　8, 50
スペクトルの離散性　8
スレーター行列式　143

正規直交基底　120
正弦波　22
生成演算子　78, 134
接続条件　49
ゼノン効果　116
漸化式　66
前期量子論　9

相対頻度　166
束縛状態　49

● た行 ●

対称　143
大数の法則　166
多世界解釈　3, 178
単項　151

超微細構造　119
調和振動子　50
調和振動（単振動）　5, 20, 46, 50
直交　35, 120
直交条件　34
直交性　49

定常位相　42

索　引

ディラックのδ関数　34, 136
デコヒーレンス　178

透過　5, 49
等加速度運動　5, 44
同時固有関数　89
同時固有状態　89
ド・ブロイの関係　22
ド・ブロイの物質波仮説　9
トンネル効果　49
トンネル効果の公式　64

● な行 ●

内積　120
波数　22
波数ベクトル　22
波の収縮　2, 176

● は行 ●

パウリ行列　90
パウリ原理　143
パウリの排他律　143
波束　3, 5, 23, 38
波長　6
ハミルトニアン　48
パラ水素　162
反結合軌道　160
反交換　96
反射　5, 49
反対称　143

微細構造　118
微細構造定数　16, 118
表面項　133

フーリエ変換　136
フェルミ粒子　143
複素波　22
物質波仮説　9
物理量Oによる表現　165
ブラケット表示　121
プランク定数　4, 7
プランクの仮説　7
分離不能性　173
分散関係　43
分子軌道法　160
分子の回転　162

閉殻　158
ヘリウム原子　148, 150
ベルの不等式　174
変数分離　50
変分法　142

ボーアの量子条件　9, 16
ボーア半径　16, 17
ボーア模型　9
ボース粒子　143
ボルン–オッペンハイマー近似　162
ボルンの規則　2, 164
ボルンの規則の拡張　34

● ら行 ●

ラゲールの多項式　82
ラゲールの陪多項式　82
ラプラシアン　48

離散化　50
離散スペクトル　50

リュードベリ定数　12
リュードベリの公式　8, 12
量子化（物理量の）　23
量子化（エネルギー準位の）　50
量子絡み合い　173
量子数　51
量子もつれ　173

ルジャンドルの多項式　80
ルジャンドル陪関数　80

励起状態　12
零点振動　59
連続スペクトル　50

レンツベクトル　108

● 欧字 ●

1重項　151
1粒子演算子　152
2スリット実験　164
2粒子演算子　152
3重項　151
CHSH不等式　174
EPRパラドックス　174
LCAO近似　160
MO法　160

著者略歴

和田純夫
(わ　だ　すみ　お)

1972年　東京大学理学部物理学科 卒業
2015年　東京大学総合文化研究科専任講師 定年退職
現　在　成蹊大学非常勤講師

主要著訳書
「物理講義のききどころ」全6巻（岩波書店），
「一般教養としての物理学入門」（岩波書店），
「プリンキピアを読む」（講談社ブルーバックス），
「ファインマン経路積分」（講談社），
「新・単位がわかると物理がわかる」（共著，ベレ出版），
「ファインマン講義　重力の理論」（訳書，岩波書店），
「ライブラリ物理学グラフィック講義」1～6巻（サイエンス社），
「グラフィック演習　力学の基礎」（サイエンス社），
「グラフィック演習　電磁気学の基礎」（サイエンス社），
「グラフィック演習　熱・統計力学の基礎」（サイエンス社）

ライブラリ 物理学グラフィック講義＝別巻4
グラフィック演習 量子力学の基礎

2016年8月10日ⓒ　　　　　初 版 発 行

著　者　和田純夫　　　発行者　森平敏孝
　　　　　　　　　　　印刷者　大道成則

発行所　株式会社　サイエンス社

〒151-0051　東京都渋谷区千駄ヶ谷1丁目3番25号
営業　☎ (03)5474-8500（代）　振替 00170-7-2387
編集　☎ (03)5474-8600（代）
FAX　☎ (03)5474-8900

印刷・製本　太洋社

《検印省略》

本書の内容を無断で複写複製することは，著作者および出版社の権利を侵害することがありますので，その場合にはあらかじめ小社あて許諾をお求め下さい。

ISBN978-4-7819-1385-8
PRINTED IN JAPAN

サイエンス社のホームページのご案内
http://www.saiensu.co.jp
ご意見・ご要望は
rikei@saiensu.co.jp　まで．

ライブラリ 物理学グラフィック講義
和田 純夫 著

グラフィック講義 **物理学の基礎**
2色刷・A5・本体1900円

グラフィック講義 **力学の基礎**
2色刷・A5・本体1700円

グラフィック講義 **電磁気学の基礎**
2色刷・A5・本体1800円

グラフィック講義 **熱・統計力学の基礎**
2色刷・A5・本体1850円

グラフィック講義 **量子力学の基礎**
2色刷・A5・本体1850円

グラフィック講義 **相対論の基礎**
2色刷・A5・本体1950円

＊表示価格は全て税抜きです．

サイエンス社

―――― ライブラリ 物理学グラフィック講義 ――――
和田 純夫 著

グラフィック演習 **力学の基礎**
2色刷・A5・本体1900円

グラフィック演習 **電磁気学の基礎**
2色刷・A5・本体1950円

グラフィック演習 **熱・統計力学の基礎**
2色刷・A5・本体1950円

グラフィック演習 **量子力学の基礎**
2色刷・A5・本体1950円

＊表示価格は全て税抜きです．
―――――――― サイエンス社 ――――――――

はじめて学ぶ 力学
阿部龍蔵著　2色刷・A5・本体1500円

力　学［新訂版］
阿部龍蔵著　A5・本体1600円

力学講義
武末真二著　2色刷・B5・本体2200円

新・基礎 力学
永田一清著　2色刷・A5・本体1800円

コア・テキスト 力学
青木健一郎著　2色刷・A5・本体1900円

演習力学［新訂版］
今井・高見・高木・吉澤・下村共著
2色刷・A5・本体1500円

新・演習 力学
阿部龍蔵著　2色刷・A5・本体1850円

新・基礎 力学演習
永田・佐野・轟木共著　2色刷・A5・本体1850円

＊表示価格は全て税抜きです。

サイエンス社

はじめて学ぶ 電磁気学
阿部龍蔵著　2色刷・A5・本体1500円

わかる電磁気学
松川　宏著　2色刷・B5・本体2300円

新・基礎 電磁気学
佐野元昭著　2色刷・A5・本体1800円

電磁気学ノート
末松監修　長嶋・伊藤共著　B5変・本体3200円

演習電磁気学［新訂版］
加藤著　和田改訂　2色刷・A5・本体1850円

新・演習 電磁気学
阿部龍蔵著　2色刷・A5・本体1850円

電磁気学演習［新訂版］
山村・北川共著　A5・本体1850円

新・基礎 電磁気学演習
永田・佐野・轟木共著　2色刷・A5・本体1950円

＊表示価格は全て税抜きです．

サイエンス社

はじめて学ぶ 量子力学
　　　　阿部龍蔵著　2色刷・A5・本体1600円

量子力学講義
　　　　小川哲生著　2色刷・B5・本体2450円

新版 シュレーディンガー方程式
　－量子力学のよりよい理解のために－
　　　　　　仲　滋文著　A5・本体1800円

新版 量子論の基礎
　－その本質のやさしい理解のために－
　　　　　　清水　明著　A5・本体2000円

演習量子力学［新訂版］
　　　　岡崎・藤原共著　A5・本体1850円

新・演習 量子力学
　　　　阿部龍蔵著　2色刷・A5・本体1800円

目で見る美しい 量子力学
　　　　　　外村　彰著　A5・本体2800円

＊表示価格は全て税抜きです．

サイエンス社